外弹道测量设备
精度解析与误差校准

张锦斌　马万权　著

国防工业出版社

·北京·

内 容 简 介

本书对试验场外弹道测量系统精度校准理论及数据处理方法进行了综述，对火炮测速雷达的数据处理方法、各种使用条件下的误差解析、测速精度测试计算、多台雷达共同校准方法与单台雷达自校准方法均作了较详尽的论述，实验数据丰富。本书在系统地论述外测系统中强相关性测量数据的数据处理方法及其应用的基础上，用测速雷达构成的强相关数据雷达系统，给出了运用强相关性测量数据的概率统计特性大幅度提高数据处理精度的过程。

本书对从事外弹道测量系统研究、设计和应用的专业技术人员具有较高的参考价值，也可作为高等院校雷达、无线电测量等专业高年级本科生、研究生、教师的参考用书。

图书在版编目(CIP)数据

外弹道测量设备精度解析与误差校准／张锦斌，马万权著．—北京：国防工业出版社，2020.11
ISBN 978-7-118-12088-2

Ⅰ.①外… Ⅱ.①张… ②马… Ⅲ.①外弹道试验
Ⅳ.①TJ06

中国版本图书馆 CIP 数据核字(2020)第 232018 号

※

国防工业出版社出版发行

(北京市海淀区紫竹院南路23号 邮政编码100048)
北京虎彩文化传播有限公司印刷
新华书店经售

*

开本710×1000 1/16 印张14¾ 字数255千字
2020 年 11 月第 1 版第 1 次印刷 印数1—1000 册 定价 98.00 元

(本书如有印装错误,我社负责调换)

国防书店：(010)88540777   书店传真：(010)88540776
发行业务：(010)88540717   发行传真：(010)88540762

序

  当今世界对陆海空天各类飞行器的研制试验以及投入使用前的定型、鉴定、改进都需要在各类试验场(靶场)配置相应的外弹道测量系统、遥测系统甚至计算模拟系统和数据传输通信系统,其中外弹道测量系统和设备所获得的各类大量数据则是鉴定火箭、导弹控制系统制导精度和射击准确度的重要依据,因此对外测设备的精度测试鉴定校准方法及系统总体的精度解析,就成为飞行器在靶场进行试验和提供可信的数据处理结果报告十分重要的工作之一。

  本书第一作者早年在中国人民解放军军事工程学院(哈军工)攻读导弹飞行力学专业毕业,又在酒泉、云南试验基地从事较长时期的外弹道测量实践,积累许多经验,曾在原国防科委测控通信研究所和原电子工业部第 54 研究所参与多年外弹道测量设备的研制试验工作,通过理论和实践的结合,在外测系统误差解析和精度校准与数据处理方面积累了许多值得推广借鉴的科研成果。

  本书对试验场外弹道测量系统、设备、精度校准理论方法及数据处理作了全面概要的介绍和评述,对火炮测速雷达的数据处理方法、各种使用条件下的误差解析、测速精度测试计算、多台雷达共同校准方法与单台雷达自校准方法均作了较详尽的论述。其具有试验数据充分,所有结论都用数据证明的特点。

  特别是本书关于外测系统相关性随机变量的论述。相关性随机变量是外弹道测量数据客观存在,但长期以来其应用只限于跟踪望远镜观测处理导弹拦截来袭目标的脱靶量数据,而在其他场合数据处理中由于数据相关矩的存在,使数据处理精度有所降低。为避免这种不利因素,人们希望尽量获得相互独立的数据,其手段之一是增加数据采样间隔时间以此削弱数据的相关性。作者创造性地提出运用强相关性测量数据的概率统计特性,系统地介绍了外测系统中相关性测量数据的数据处理方法及其应用,以及用测速雷达构成的强相关数据雷达系统、火炮测速雷达数据相关性解析和自校方法,结合数据处理的方法大幅度提高了测量精度。

　　本书作者在火炮测速雷达的精度测试方面,总结多年来的科研实践经验和感悟,以著书的方式开辟了促进发展的新途径,关于相关性随机变量的论述是其他文献资料中不多见的,值得称道。

李宗荣

前　言

　　本书是论述外弹道测量设备测量精度和误差校准方法的专著。虽然此类著述已有问世[35]，但是本书之所以有必要出版，作者认为有两个理由，可以提出来供同行参详。第一，本书所涉及的外弹道测量数据，除了通常所指的外弹道测量数据外，重点是外弹道测量数据中的强相关性测量数据，所应用的差分方法对强相关性测量数据的误差有强大的杀伤力。如果充分发掘外弹道测量数据中的强相关性数据，或者通过数据融合性相关处理把外弹道测量数据变换成强相关性测量数据，并且正确充分地运用现有的成熟的数据处理技术，外弹道测量数据测量精度可能会有大幅度的提高，外弹道测量设备的精度校准技术则可能迈上一个新的台阶。第二，本书以较多地篇幅阐述了火炮测速雷达精度测试方法。火炮弹丸比起火箭、导弹自是小得多，兵器试验场与航天试验场也不可同日而语，但同属外弹道测量，在技术上有许多相同之处。我们提出的测速雷达精度测试方法，都是从科研生产实践和经过大量的外场试验总结出来的，论据充分、方法实用、数据详实，已经在科研生产、军工试验部门广泛应用。

　　本书共有 10 章。第 1 章外弹道测量系统概论，概述了外弹道测量系统、外测系统中的强相关性测量数据和测速雷达精度测试；第 2、第 3 章论述了外测系统中强相关性测量数据的数据处理方法及在外测系统数据处理中的应用；第 4 章介绍了火炮测速雷达数据处理方法；第 5 章介绍了一个用测速雷达构造的强相关数据雷达系统；第 6、第 7 章对测速雷达误差因素和火炮测速雷达在使用条件下测速精度进行了细致的解析；第 8 章介绍了外弹道测量设备随机误差计算方法；第 9、第 10 章介绍了测速雷达精度自校准方法和对火炮测速雷达精度测试数据的分析。

　　本书的内容，大部分是作者多年来从事相关科研工作的技术积累，部分内容参考了国内相关的科技成果；相关性测量数据处理方法，则是作者退休后研究思

V

考的心得。

　　本书为张锦斌和马万权所著,相关内容得到了张金槐教授、刘利生研究员、王正兴主任等同志的指导帮助。李宗棠教授热情为本书写序,平凡将军和王元钦教授热心为本书联系出版,在此一并表示衷心感谢。

　　精度测试研究与实践工作仍在不断深入发展中,由于作者水平有限,涉及内容又较多,加之时间仓促,不当之处在所难免,恳请读者批评指正。

目　　录

第1章　外弹道测量系统概论 ……………………………………………… 1

1.1　外弹道测量系统概述 ……………………………………………… 1

1.2　外测系统强相关性测量数据系统概述 ……………………………… 2

1.3　测速雷达精度测试概述 …………………………………………… 7

第2章　外测系统中强相关性测量数据的数据处理方法 ……………… 11

2.1　电影望远镜对相遇过程参数的测量和处理 ……………………… 11

2.2　数据相关技术在测向系统中的应用 ……………………………… 17

2.3　测量飞行器相遇过程参数的数据处理方法 ……………………… 21

第3章　强相关性测量数据在外测系统数据处理中的应用 …………… 39

3.1　电影经纬仪测量目标空间坐标的增量算法 ……………………… 39

3.2　雷达或光电经纬仪测量目标空间坐标的增量算法 ……………… 50

3.3　目标空间坐标的增量算法的精度分析 …………………………… 52

3.4　坐标增量算法之数学模拟 ………………………………………… 54

3.5　强相关性测量数据处理方法应用之推广 ………………………… 57

3.6　光学跟踪测量设备测角精度的校准 ……………………………… 58

3.7　关于增量算法的首参数选取问题 ………………………………… 62

3.8　强相关性测量数据处理对测量设备的技术要求 ………………… 64

第4章　火炮测速雷达数据处理方法 …………………………………… 66

4.1　火炮测速雷达数据处理方法概述 ………………………………… 66

4.2　火炮弹丸的径向速度计算 ………………………………………… 68

4.3　火炮弹丸切向速度计算 …………………………………………… 73

4.4　雷达测速数据的递推滤波与合理性检验 ………………………… 81

4.5　火炮弹丸初速计算 ………………………………………………… 89

4.6　火炮实弹射击中要求处理的其他参数 …………………………… 94

第5章　强相关数据雷达系统 …………………………………………… 97

5.1　强相关数据雷达系统的设计构想 ………………………………… 97

5.2　测量弹丸坐标的意义和方法 ……………………………………… 100

5.3 运用测速雷达测量弹丸坐标的方法 ……………………… 102

5.4 强相关数据雷达系统的构想原理 ……………………… 107

5.5 强相关数据雷达系统数据处理方法 ……………………… 108

5.6 弹丸坐标的滤波处理 ……………………………………… 111

5.7 强相关数据雷达系统综合算例 ………………………… 113

第6章 测速雷达误差因素解析 …………………………………… 118

6.1 测速雷达测速误差概述 ………………………………… 118

6.2 雷达测量弹丸径向速度的误差因素 …………………… 118

6.3 雷达测量弹丸切向速度的测速误差因素 ……………… 125

6.4 雷达测量弹丸初速的测速误差因素 …………………… 129

6.5 雷达各分机精度指标分配 ……………………………… 132

第7章 火炮测速雷达在使用条件下测速精度解析 …………… 134

7.1 火炮运动对炮载雷达测速精度的影响 ………………… 134

7.2 舰船运动对雷达测量舰炮弹丸初速的影响 …………… 147

7.3 火炮测速雷达的最少测量点数和雷达作用距离的关系 … 158

第8章 外测设备随机误差计算方法 …………………………… 175

8.1 计算随机误差方法引言 ………………………………… 175

8.2 变量差分法计算随机误差的原理 ……………………… 175

8.3 变量差分法差分阶数的选取 …………………………… 178

8.4 随机误差变量差分算法的统计分析 …………………… 179

第9章 测速雷达精度自校准方法 ……………………………… 189

9.1 测速雷达精度校准方法概述 …………………………… 189

9.2 运用卡尔曼滤波方法解算测速雷达的系统误差的自校准
方法 ………………………………………………………… 190

9.3 雷达测速精度的速度差分自校准方法 ………………… 198

9.4 测速雷达测速精度自校准的评说 ……………………… 204

第10章 对火炮测速雷达精度测试数据的分析 ……………… 206

10.1 精度测试数据的分析引言 …………………………… 206

10.2 Grubbs 方法和加权平均法 …………………………… 206

10.3 M 型雷达和 H 型雷达精度测试数据分析 ………… 210

10.4 通过对某型舰炮测速数据分析雷达精度 …………… 214

10.5 通过对火炮测速雷达国际演示试验数据分析雷达精度 … 217

10.6 通过对 X155 自行火炮测速数据分析雷达精度 ……… 224

参考文献 ……………………………………………………………… 226

第1章 外弹道测量系统概论

1.1 外弹道测量系统概述

1. 外弹道测量的作用

外弹道测量指利用光学和无线电外测系统获取并提供飞行器飞行过程中的运动轨迹参数而进行的跟踪测量活动。外弹道测量的主要目的是为飞行器设计、改进、技术性能评定、定型试验提供精确的飞行试验弹道参数。

随着飞行器测量精度需求的不断提高和试验技术的发展,外弹道测量技术和外弹道测量系统也在不断地发展。外弹道测量的数据处理技术必须与之相适应,发挥系统关键设备能力,创新系统集成运用方式,才能满足飞行器不断提高的测量要求。

2. 外弹道测量系统精度分析

考核和评定飞行器命中目标的精度,是飞行试验的重要目的之一,也是武器定型和改进设计的重要依据。外弹道测量数据就是评定武器命中精度的重要依据。

随着武器系统的快速发展,外测系统必须相应发展,甚至要超前发展。外测系统的建设依据武器系统发展的要求,对外测系统的各项性能指标特别是精度指标必须充分设计论证,这样就促进了精度估算、误差分配、误差传播理论的发展。为此还要进行外测系统数据处理方法先期研究设计工作。

一旦外测系统进入飞行器试验场,就需要对其精度进行鉴定。精度鉴定就是对外测系统或设备测量元素的测量误差进行统计分析和精度评定。有了外测系统测量元素的精度评定结果,就可以应用误差传播原理得到外弹道测量参数的实际测量精度。

外弹道测量系统精度评定的基本原理就是要用一个比被鉴定系统(或设备)精度更高的系统(设备)作比较标准,跟踪测量同一目标(静止或运动),将测

1

量数据在时间序列上作差,并对其进行统计分析,得到外测系统的各类误差和总精度。通常跟踪的目标是校准塔、气球、飞机、飞艇、导弹和航天器等,比较标准有精密光学测量设备(光电经纬仪等)和卫星导航测量系统。在试验场最常用的是以飞机为跟踪目标的精度校飞方法。这种鉴定外测系统的方法称为"硬比"方法。

精度鉴定是飞行器试验场经常性的技术工作,飞机校飞周期长,耗费大,组织实施复杂。利用最佳弹道估计理论的自校准技术,得到了人们的重视。这种"软比"方法在外测系统测量精度的评定中有更广泛的应用价值。

1.2   外测系统强相关性测量数据系统概述

1. 强相关性测量数据的来源及其应用价值

作为随机变量的测量数据一般都是具有相关性的测量数据。测量数据的相关性是由测量设备本身的共同性、操控方法的关联性、环境条件的一致性,对测量过程的作用和影响,所获得的参数的特性。其测量误差的概率统计特性具有连带性和相同性。只有独立测量的数据,才不具有相关性。

靶场测量设备获取的目标测量数据都是带有相关性的随机变量。数据的相关性有强有弱,独立测量的数据不具有相关性,其相关系数 $\gamma_{xy} = 0$。靶场测量设备对飞行目标的测量数据,是飞行过程数据,很难获得完全独立的数据,在数据处理的精度计算中,应考虑数据相关性的影响。

具有相关性的数据,其数据处理结果的精度,由于相关矩的影响会降低数据精度,而且相关性越强,其影响越大。因此测量实践中,希望采用不受相关性影响的独立测量方法。在靶场,采取一定的措施可以减小数据的相关性,例如加大数据采样间隔时间,但这会减少数据量,使数据滤波精度受到影响。任何事物都具有两面性,此消彼长是事物发展的客观规律,只要抓住事物本质,技术运用得当,也能获得相对较好的结果。因此,在有相关性影响的情况下,也能做得较好。

长期以来,飞行器试验场的测控系统较好地满足了火箭导弹在靶场试验的测量要求,这是因为测控系统在研制时,其性能指标就是针对火箭导弹试验要求而提出的,例如为了鉴定某型号导弹制导系统精度,要求对火箭关机点测速精度为 0.2m/s。

由于测控要求的不断提高,必须挖掘现有测控网的潜力,改革创新使用方法,走出一条具有我国特色的发展测控事业的道路。考查研究测量数据相关性对测量精度的影响,应用数据的相关特性,提高外弹道测量精度,是一项有益的科学技术工作。

哲学上认为物极必反,一件事物走到头了,就可能走向它的反面。如果我们抓住数据强相关性的特点,能使误差抵消,则就能走出一条新的路子。幸运的是,传统靶场就有这样的强相关性数据测量系统和处理强相关性数据的方法。例如,地空导弹靶场和空空导弹靶场使用的电影望远镜和反导弹靶场使用的电影望远镜测量处理双目标相遇过程脱靶量的现实案例,只是人们没有把这种方法推广应用到其他测量设备。这种方法的关键,就是对强相关性测量数据运用数字差分技术,使相关性数据的误差得以消除,即强强抵消,从而获得比一般数据处理方法精度更高的数据处理结果。

受上述现实的启示,我们曾经利用研制试验测速雷达积累的经验和数据,构造了一个强相关数据雷达测量系统,模拟演算的结果,满足了常规兵器靶场火炮密集度试验的要求,要知道用高精度标尺在立靶上测量弹痕的要求是毫米级的。

为了进一步探讨处理强相关性测量数据方法,对试验场测量初始段弹道的电影经纬仪测量数据采用较高采样率,提高了数据的相关性,并采用了数据融合性强相关处理和线性化处理相结合的方法,研究设计了一套目标空间坐标增量算法。数学模拟结果验证了处理强相关性数据的可行性,从而使我们认识到处理强相关性测量数据的意义和实用价值。由此,我们看到了推广应用强相关性测量数据处理方法的前景。光测设备能做到,雷达也应该能做到。

探讨处理强相关性数据的处理方法不是无的放矢,靶场测控系统在测量实践中也确实存在强相关性数据,如多目标测量雷达同一波束测量的双目标(或多目标)的距离 R、距离变化率 $\dot{R}$ 就是强相关性测量参数。因为这时雷达测量参数在雷达相同的工作状态下,雷达的电子电波特性、机械运动特性、电子环境传输特性完全相同,因而测量参数的各种误差因素,如目标跟踪误差、电波传播误差、电子噪声等,具有相同的概率统计特性。又如光学跟踪望远镜在观测导弹拦截试验时,其同帧画幅中的双目标参数(高低角、方位角)也具有相同的概率统计特性。因为这时的目标跟踪误差、大气折射误差、望远镜焦距误差等也具有相同的概率统计特性。以上所讨论的雷达和光学跟踪望远镜测量双目标参数时,由测量设备的机械连带性、测量环境和电子电器误差的同一性所产生的测量参数的连带性和同一性就产生了测量数据的强相关性。

强相关性测量参数来自飞行器试验场现实存在的强相关性测量设备和经过研究设计布设的强相关性测量系统。在对具有强相关性的测量参数的研究中发现,系统的误差因素具有同一性。强相关性测量数据,相关系数 $\gamma_{xy}=1$,不但系统误差相同,随机误差也相同,在数据处理过程中,采取差分处理技术,可以消除相关性误差因素后,其数据处理精度可以提升到令人鼓舞的结果。

在靶场测量实践中,利用数据的相关性,特别是强相关性,即线性相关 ($\gamma_{xy}=1$),能满足某些试验的特殊要求,如利用电影望远镜同帧画幅处理拦截试验的脱靶量。由于强相关性测量数据在概率统计特性上具有的特点,对于能输出强相关性测量数据的测量设备所测量的强相关性测量数据,实行数字差分措施,能消除所有相关性数据误差,包括系统误差和随机误差,所剩下的只有相关性参数之差的数据输出误差或读出误差,这样数据误差就很小了。因此数字差分技术是处理相关性测量数据的有效方法。对于要求很高测量精度的试验项目或有特殊要求的项目,运用数字差分技术处理相关性测量系统的数据能获得良好的结果。

2. 获取强相关性测量数据的方法

既然强相关性测量数据具有如此好的应用价值,我们有必要设法获取强相关性测量数据。因为强相关性测量数据是由同一套设备,在相同的环境条件下,在同一(或邻近)时域,以相同的操控方式,在同一波束或同帧画幅中获得的多目标或双目标测量数据,因此,获取强相关性测量数据的途径大致有以下几个方面:

(1)靶场现有测量设备中,如电影望远镜,其拍摄的双目标同帧画幅角度数据,就是强相关性测量数据。

(2)其他现有的测量设备,如单脉冲雷达、电影经纬仪、光电经纬仪等,按原来的技术性能所测数据虽有相关性,由于数据采样率较低,也有较弱的相关性。如果要利用这些设备获取强相关性数据,需进行必要的技术革新。技术革新的要求就是增大数据采样率。因为测量数据间隔越短,两个数据相关性越强。根据数学模拟结果,数据采样率增加到 80 ~ 100 次/s,测量数据的相关性就很强了。

(3)对随机变量函数进行线性化处理。从数学上我们知道,在自变量的充分狭小的变化范围内,任何连续可微函数均可近似地以线性函数代替(即线性化)。自变量的变化范围越狭小,函数越近似于线性,则所可能产生的误差将越小,以致在应用时,这一函数在该区域内能充分精确地近似于线性。那么以线性函数代替非线性函数后,线性函数的相关系数 $\gamma_{xy}=1$。

4

（4）匀速跟踪目标的测量设备，所获方位角测量数据 A_i 或 $\alpha_i(i = 1,2,\cdots,n)$ 是强相关性测量数据。

① 在平稳跟踪目标的情况下，其他测量设备的方位角测量数据，也是强相关性数据；

② 对固定目标的测量数据也是强相关性测量数据。

（5）强相关性测量数据（$Y_{xy} = 1$）的组合也是强相关性测量数据。例如 x_i（$i=1,2,\cdots,n$）是强相关性数据，x_i^2（$i=1,2,\cdots,n$）也是强相关性数据。

（6）具有多目标测量能力的无线电测量设备，不论是单脉冲体制还是干涉仪体制，只要两个（或多个）目标在同一个波束内，所获得的目标参数就是强相关性测量数据。

（7）在有限范围内，火炮测速雷达的测速数据是强相关性测量数据。

（8）对测量数据进行融合相关性处理，可以获得强相关性测量数据。

（9）运用靶场现有设备，构造强相关性测量系统，获取强相关测量数据。

3. 强相关性测量数据的类型

（1）在测量时间上具有同一性的相关性测量数据。如电影望远镜同帧画幅的双目标角度数据，一个画幅上可测量导弹和目标的 4 个数据，分别为导弹和目标的方位角 α 和高低角 γ。应用上是使用导弹和目标角度差 $\Delta\alpha$、$\Delta\gamma$ 计算拦截试验的脱靶量。这种数据是强相关的，4 个数据具有时间的同一性。

（2）多目标测量雷达，测量的多个目标高低角 A、方位角 E、距离 R、距离变化率 $\dot{R}$，是同一波束、同一时间内的多目标数据，为强相关性测量数据。

（3）邻近性相关数据，是指相邻两个或几个测量数据线性相关。相邻的两数据具有较强的相关性，数据采样间隔时间越短，相关性越强。在数据采样频率较高的情况下，连续多次测量的同一个目标的数据，符合四同条件（同一台测量设备、相同的操作控制方式、同一段时间、相同的环境条件），这样获得的数据是邻近性相关数据。对于邻近性相关数据实施差分处理，可消除相关性测量误差。目标空间坐标增量算法在应用上属于这种情况。它所估算的参数是进行了强相关性处理的相关性随机变量的函数，在估算区间内连续可微，这使得计算在很小的数据采样间隔内能对随机变量函数进行线性化处理。

（4）强相关测量系统"测量"的数据，在应用上须是同一时刻的数据才具有强相关性，不同时刻间的数据，相关性就弱了。

4. 研究设计强相关性元素测量系统

测量设备研制中,在满足测量要求的前提下,设计强相关性元素测量系统,将可以降低测量设备的研制难度。为了测量反导弹拦截试验的相遇段数据,早期研制了某型电影望远镜,其目的在于获取较多的同帧画幅。同帧画幅的双目标角度差数据是解算双目标相遇段脱靶量数据的关键。获取的同帧画幅越多,脱靶量的处理精度越高,因而对摄影频率提出了较高的要求(40~800 帧/s)。同帧画幅中,双目标的角度数据是强相关性测量数据,双目标的角度差,可以消除所有的误差因素,而解算双目标相遇段脱靶量数据时,只需要双目标角度差数据,因而对某型电影望远镜的测角精度未提过高的要求,从而降低了研制难度,较快地研制出某型电影望远镜。我们把角度差视为测量元素,则测量同帧画幅的电影望远镜就是一个元素强相关性测量系统。

5. 运用数字差分技术处理相关性测量数据

强相关性测量系统获取的测量数据仍然是随机变量系列,同一时刻测量的双目标数据具有强相关性;不同时刻的测量数据也有相关性,数据间隔时间越短,相关性越强,数据间隔时间越长,其相关性越弱。

数字差分技术的运用,可以有效地提高强相关性测量系统的数据处理精度。同一时刻的强相关性测量数据的差分,可以消除所有的测量误差,仅剩下数据输出误差。对高数据采样率下获得的临近性相关数据,采用数字差分技术也能在很大程度上削弱数据测量误差。

强相关性测量数据或线性相关数据,其相关系数 $\gamma_{xy} = 1$,对其实施差分运算时,会使系统误差和随机误差都得以消除。

例如,匀速跟踪目标的测量设备,所获方位角测量数据 $\alpha_i (i = 1, 2, \cdots, n)$ 是强相关性测量数据。

光学跟踪测量设备对飞行目标的方位角观测模型:

$$\alpha_i = \alpha_{i-1} + \dot{\alpha}_{i-1} \cdot h + \frac{1}{2}\ddot{\alpha}_{i-1}h^2 + \varepsilon_\alpha$$

式中: $\dot{\alpha}_{i-1}$ 为光学跟踪测量设备对目标的跟踪角速度; $\ddot{\alpha}_{i-1}$ 为光学跟踪测量设备对目标的跟踪角加速度; ε_α 为方位角测角随机误差; $i = 1, 2, \cdots, n$; h 为测角数据采样间隔时间。

如果跟踪目标的加速度 $\ddot{\alpha}_{i-1} = 0$，在平稳跟踪的情况下，看作匀角速度跟踪目标。则

$$\alpha_i = \alpha_{i-1} + \dot{\alpha}_{i-1} \cdot h + \varepsilon_\alpha$$

现在来分析测角数据相关性：

根据概率论中两个随机变量相关性的定理，α_i 与 α_{i-1} 的相关矩为

$$K_{\alpha_i\alpha_{i-1}} = M[(\alpha_i - m_{\alpha_i})(\alpha_{i-1} - m_{\alpha_{i-1}})]$$

这里 m_{α_i} 和 $m_{\alpha_{i-1}}$ 是随机变量 α_i 与 α_{i-1} 的数学期望。由于步长 h 为常数，匀角速度 $\dot{\alpha}_{i-1}$ 也视为常数，α_i 的数学期望为

$$m_{\alpha_i} = m_{\alpha_{i-1}} + \dot{\alpha}_{i-1} \cdot h + m_{\varepsilon_\alpha}$$

由于随机误差的数学期望为零，$m_{\varepsilon_\alpha} = 0$，所以

$$m_{\alpha_i} = m_{\alpha_{i-1}} + \dot{\alpha}_{i-1} \cdot h$$

$$K_{\alpha_i\alpha_{i-1}} = M[(\alpha_{i-1} + \dot{\alpha}_{i-1} \cdot h - m_{\alpha_{i-1}} - \dot{\alpha}_{i-1} \cdot h)(\alpha_{i-1} - m_{\alpha_{i-1}})]$$

$$K_{\alpha_i\alpha_{i-1}} = M[(\alpha_{i-1} - m_{\alpha_{i-1}})(\alpha_{i-1} - m_{\alpha_{i-1}})] = M[(\alpha_{i-1} - m_{\alpha_{i-1}})^2]$$

这里，测角数据的相关矩就是测角数据的方差：

$$K_{\alpha_i\alpha_{i-1}} = D[\alpha] = \sigma_\alpha^2$$

统计数学认为

$$\sigma_{\alpha_i} = \sigma_{\alpha_{i-1}} = \sigma_\alpha$$

根据相关系数的定义，测角数据的相关系数：

$$\gamma_{\alpha_i\alpha_{i-1}} = \frac{K_{\alpha_i\alpha_{i-1}}}{\sigma_{\alpha_i}\sigma_{\alpha_{i-1}}} = \frac{\sigma_\alpha^2}{\sigma_\alpha\sigma_\alpha} = 1$$

表明测角数据具有强相关性。

进一步分析两个测角数据差 $\Delta\alpha_i$ 的方差：

对于 $\Delta\alpha_i = \alpha_i - \alpha_{i-1}$

$$\sigma_{\Delta\alpha}^2 = \sigma_{\alpha_i}^2 + \sigma_{\alpha_{i-1}}^2 - 2\gamma_{\alpha_i\alpha_{i-1}}\sigma_{\alpha_i}\sigma_{\alpha_{i-1}} = (\sigma_{\alpha_i} - \sigma_{\alpha_{i-1}})^2$$

$$\sigma_{\Delta\alpha} = \sigma_{\alpha_i} - \sigma_{\alpha_{i-1}} \approx 0$$

这表明，相关性测角数据的增量（差分）$\Delta\alpha_i$ 的随机误差趋近于零，而系统误差已在差分运算过程中得以消除。

1.3 测速雷达精度测试概述

1. 测速雷达精度测试的意义

火炮弹丸初速是火炮内弹道学和外弹道学都非常关注的参数之一。靶场试

验和炮兵射击非常重视获得准确的初速数据 V_0。这里"准确的初速数据 V_0"，就是指测速雷达所提供的初速 V_0 误差小，或者说精度高。准确的初速有很多用途，如修正初速偏差量，研究火炮阵地设置方法，探讨冷炮误差规律，根据初速减退量确定火炮身管寿命等。

在测速雷达的使用和存储环境中，存在一些因素影响雷达的测速精度。保管使用得当，会长期保持出厂时的精度状况。如能采取有效措施，则可以避开不利于提高测速精度的因素。这些工作直接关系着雷达的战斗状况，也影响炮兵的战斗力。

但是在长期使用中，总会有部分雷达因种种原因使雷达测速精度降低了。如果使用精度太差的测速数据去评估火炮弹初速 V_0，就会使初速偏差量修正不准，从而影响火炮的命中准确度。因此，及时发现雷达的测速精度是否变坏了，是至关重要的。精度测试工作是掌握雷达精度状况的最重要的手段。定期进行专门的精度测试试验，或结合各种打炮的机会进行精度测试，这样雷达才能保持良好的状态。

2. 测速雷达精度测试的一般方法

火炮在靶场试验和炮兵射击中，为了使雷达测速数据满足技术要求，必须达到必要的试验次数。当雷达随机误差较大时，适当地增加试验发数，仍可满足技术要求。如果雷达的系统误差较大，增加试验发数也不能满足技术要求。对于系统误差的影响，唯一的解决办法就是进行精度校准。另一方面，在炮兵部队的战术应用中，雷达测速数据的较大误差（包括随机误差和系统误差），将会影响火炮射击的精确度。因而对火炮测速雷达定期进行精度测试和校准，在重要试验和重大战斗、战役前进行精度测试和校准是必要的。

1) 计算测速雷达的随机误差

计算外弹道测量设备随机误差比较常用的是变量差分方法。这种方法概念清楚，计算也并不复杂，对打炮获得的测速数据可随时计算。因此，我们采用变量差分方法计算测速雷达的随机误差。

使用中程测速雷达测量一发弹，其数据量大于 50 点，就能获得准确的测速随机误差。对于每发弹只测十点速度数据，由于样本量较小，需要对 6 发弹的数据联合处理，才能计算出准确的测速随机误差。

2) 外弹道测量设备系统误差的测试方法

外弹道测量设备系统误差的测试（即精度校准）有多种方法，简述如下。

（1）经典测试方法——比较法。

经典或传统的测试（鉴定）方法，是一种直接硬比的方法。它是将作为比较标准的系统 S_0 与被鉴定的系统 S_1，对进行标校的目标在同一采样时刻的测量数据 S_1 和 S_0 作差（$\Delta S = S_1 - S_0$）得到差分序列，经统计处理分析，得到被鉴定系统误差统计量。这里，要求鉴定系统 S_0 的精度远高于被鉴定系统 S_1 的精度。

一般要求比较标准的精度应比被鉴定设备的精度高 3 倍以上。

（2）测速雷达自校准方法。

① 测速雷达共同校准方法。以同型或不同型的测量设备对同一飞行目标进行测量（测量参数包括速度等），对所获数据采用卡尔曼滤波方法进行数据处理，解出各设备的误差模型系数，从而校正各设备的系统误差。

② 测速雷达自校准方法。上述方法对校准测速雷达的系统误差是有效的，但对炮兵部队和各战区战勤部门弹道试验站以及某些任务比较单纯的靶场，在人力、物力方面均感力所不及。为此，我们经多年的研究试验，研究设计出了一种适用于上述单位的自校准方法。该方法采用两部同型或不同型的测速雷达，采用相同的参数（指开始测量时间 t_y 和采样间隔时间 t_p）。由于对同一时刻测量的同一目标的速度应相等，如不相等，即是由测量误差引起的。根据这个道理，应用测量求差法建立数学模型，采用卡尔曼滤波方法或递推最小二乘法求解两台雷达的测速系统误差。由于实施方法简单，参校雷达都能得到校正，因此称此法为自校准方法。

③ 弹道融合鉴定法。使用多部同型或不同型的测速雷达，对同一飞行目标测速。采用卡尔曼递推滤波方法或递推最小二乘法计算最佳弹道（速度）估计。以被试雷达的测速数据与之比对，从而获得被试雷达的系统误差值。

弹道融合方法也可用在飞行目标空间坐标增量算法之中，配合数据相关性转换，获得较高精度的强相关性数据。

④ 利用测速雷达数据强相关性对雷达进行自校准。我们在研究外测系统测量数据的相关性时，发现测速雷达的测速数据具有很强的相关性，数理统计分析认为其为线性相关性质。对线性相关性数据运用差分处理技术，可以消除相关性误差，其中主要是系统误差。我们运用这个原理，提出雷达测速精度的速度差分自校准方法。这种自校准方法与其他精度校准方法相比，不但方法简单，而且概念清晰，效果显著。只需在研制生产雷达时对雷达软件稍加改动，即可实时输出包括雷达测速精度在内的测量数据。

（3）多台测速雷达的综合利用。多台测速雷达的测速数据综合利用可以提高测速精度。测速精度和使用雷达数量的关系如下：

$$\sigma_{V_{0总}} = \sigma_{V_0} / \sqrt{m}$$

式中：σ_{V_0} 为单台雷达的初速测量精度；$\sigma_{V_{0总}}$ 为 m 台雷达的初速测速精度；m 为使用的雷达台数。

当使用的雷达台数 $m = 4$ 时，则总的测速精度 $\sigma_{V_{0总}} = 0.5\sigma_{V_0}$。

多台雷达的综合利用与精度测试可在靶场由炮兵部队业务主管部门组织实施。精度测试过程中，精度异常的雷达应进行预防性维修。

第2章　外测系统中强相关性测量数据的数据处理方法

2.1　电影望远镜对相遇过程参数的测量和处理

1. 某型电影望远镜主要性能指标

某型电影望远镜,主要用于测量反导弹低空拦截试验的脱靶量,也可用于观测记录导弹飞行试验中的高速事件,如助推器脱落、级间分离等。影响其测量性能的主要技术指标如下:

(1) 光学系统主镜口径为 500mm;

(2) 焦距为 3m、6m 两挡;

(3) 摄影频率为 40~800 帧/s,可调;

(4) 测角精度为 30″;

(5) 测角数据实时输出频率为 10、20 次/s;

(6) 专用判读仪对同帧画幅的判读误差为 0.1″~0.2″;

(7) 光电计时仪计时精度为 10^{-5} s。

2. 坐标系设定

假定坐标系 $o - xyz$ 如图 2-1 所示。

原点 o 为导弹发射台中心点,在地球切平面上的投影点; ox 轴在过原点 o 的地球切平面上,指向导弹发射方向; oy 轴过原点 o ,向上为正; oz 轴按右手系确定。

图中, $1^{\#}$ 、 $2^{\#}$ 表示 1 号、2 号电影望远镜观测站,其站址坐标分别为 (x_{01}, y_{01}, z_{01}) 和 (x_{02}, y_{02}, z_{02}) 。

3. 电影望远镜测量目标空间坐标算法

电影望远镜测量目标空间坐标方法与电影经纬仪测量方法相同,也是采用

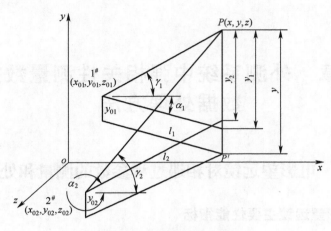

图 2-1　假定坐标系示意图

两台设备的交会测量方法。目标空间坐标计算公式如下：

$$
\begin{cases}
x = x_{01} + \dfrac{(x_{01} - x_{02})\tan\alpha_2 - (z_{01} - z_{02})}{\tan\alpha_1 - \tan\alpha_2} \\[4mm]
z = z_{01} + \dfrac{(x_{01} - x_{02})\tan\alpha_2 - (z_{01} - z_{02})}{\tan\alpha_1 - \tan\alpha_2}\tan\alpha_1 \\[4mm]
y = y_{01} + \dfrac{(x_{01} - x_{02})\tan\alpha_2 - (z_{01} - z_{02})}{\tan\alpha_1 - \tan\alpha_2}\sec\alpha_1\tan\gamma_1
\end{cases}
\quad (2\text{-}1)
$$

或

$$
\begin{cases}
x = x_{02} + \dfrac{(x_{01} - x_{02})\tan\alpha_1 - (z_{01} - z_{02})}{\tan\alpha_1 - \tan\alpha_2} \\[4mm]
z = z_{02} + \dfrac{(x_{01} - x_{02})\tan\alpha_1 - (z_{01} - z_{02})}{\tan\alpha_1 - \tan\alpha_2}\tan\alpha_2 \\[4mm]
y = y_{02} + \dfrac{(x_{01} - x_{02})\tan\alpha_1 - (z_{01} - z_{02})}{\tan\alpha_1 - \tan\alpha_2}\sec\alpha_2\tan\gamma_2
\end{cases}
\quad (2\text{-}1)'
$$

式中：α_1、γ_1 为 1# 站测量的高低角和方位角；α_2、γ_2 为 2# 站测量的高低角和方位角。

4. 相遇过程的脱靶量及其精度计算方法

电影望远镜采用长焦距高速摄影，可以获得若干张同帧画幅（图 2-2），配以电影望远镜本身的测角能力,从而可以获得脱靶量参数。

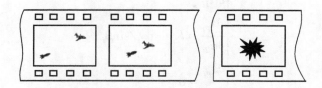

图2-2　电影望远镜同帧画幅示意图

1) 用线性化方法计算双目标坐标之差

设(x_p、y_p、z_p)为导弹 p 在假定坐标系中的空间坐标,(x_m、y_m、z_m)为来袭目标 m 在假定坐标系中的空间坐标。($\Delta x = x_m - x_p$,$\Delta y = y_m - y_p$,$\Delta z = z_m - z_p$)为导弹坐标与目标坐标之差。

运用线性化方法,用式(2-1)对目标坐标 $(x_{m_i}, y_{m_i}, z_{m_i})$ 在导弹坐标 $(x_{p_i}, y_{p_i}, z_{p_i})$ 处按泰勒级数展开,且只取一阶项,而忽略高阶项,则有

$$
\begin{bmatrix} x_{m_i} \\ y_{m_i} \\ z_{m_i} \end{bmatrix} = \begin{bmatrix} x_{p_i} \\ y_{p_i} \\ z_{p_i} \end{bmatrix} + \begin{bmatrix} \dfrac{\partial x_{p_i}}{\partial \alpha_{1i}} & \dfrac{\partial x_{p_i}}{\partial \alpha_{2i}} & \dfrac{\partial x_{p_i}}{\partial \gamma_{1i}} \\[2mm] \dfrac{\partial y_{p_i}}{\partial \Delta \alpha_{1i}} & \dfrac{\partial y_{p_i}}{\partial \Delta \alpha_2} & \dfrac{\partial y_{p_i}}{\partial \Delta \gamma} \\[2mm] \dfrac{\partial z_{p_i}}{\partial \Delta \alpha_{1i}} & \dfrac{\partial z_{p_i}}{\partial \Delta \alpha_{2i}} & \dfrac{\partial z_{p_i}}{\partial \gamma_{1i}} \end{bmatrix} \cdot \begin{bmatrix} \Delta \alpha_{1i} \\ \Delta \alpha_{2i} \\ \Delta \gamma_{1i} \end{bmatrix}, \quad i = 1, 2, \cdots, n
$$

则目标坐标与导弹坐标之差为

$$
\begin{bmatrix} \Delta x_i \\ \Delta y_i \\ \Delta z_i \end{bmatrix} = \begin{bmatrix} x_{m_i} - x_{p_i} \\ y_{m_i} - y_{p_i} \\ z_{m_i} - z_{p_i} \end{bmatrix} = \begin{bmatrix} \dfrac{\partial x_{p_i}}{\partial \alpha_{1i}} & \dfrac{\partial x_{p_i}}{\partial \alpha_{2i}} & \dfrac{\partial x_{p_i}}{\partial \gamma_{1i}} \\[2mm] \dfrac{\partial y_{p_i}}{\partial \alpha_{1i}} & \dfrac{\partial y_{p_i}}{\partial \alpha_{2i}} & \dfrac{\partial y_{p_i}}{\partial \gamma_{1i}} \\[2mm] \dfrac{\partial z_{p_i}}{\partial \alpha_{1i}} & \dfrac{\partial z_{p_i}}{\partial \alpha_{2i}} & \dfrac{\partial z_{p_i}}{\partial \gamma_{1i}} \end{bmatrix} \cdot \begin{bmatrix} \Delta \alpha_{1i} \\ \Delta \alpha_{2i} \\ \Delta \gamma_{1i} \end{bmatrix} \tag{2-2}
$$

式中: $\Delta \alpha_1$ 为 1# 光测站的同帧画幅方位角之差; $\Delta \alpha_2$ 为 2# 光测站的同帧画幅方位角之差; $\Delta \gamma_1$ 为 1# 光测站的同帧画幅高低角角之差。

式(2-2)中各偏导数的表达式如下:

$$\begin{cases} \dfrac{\partial x_{p_i}}{\partial \alpha_{1i}} = -\,l_{1i}\cos\alpha_{2i}/\sin\beta_i \\[2mm] \dfrac{\partial x_{p_i}}{\partial \alpha_{2i}} = l_{2i}\cos\alpha_{1i}/\sin\beta_i \\[2mm] \dfrac{\partial x_{p_i}}{\partial \gamma_1} = 0 \\[2mm] \dfrac{\partial y_{p_i}}{\partial \alpha_{1i}} = -\,l_{1i}\tan\gamma_{1i}\,\mathrm{ctg}\beta_i \\[2mm] \dfrac{\partial y_p}{\partial \alpha_2} = l_2\tan\gamma_1/\sin\beta \\[2mm] \dfrac{\partial y_p}{\partial \gamma_{1i}} = l_1\sec^2\gamma_1 \\[2mm] \dfrac{\partial z_{p_i}}{\partial \alpha_{1i}} = -\,l_{1i}\sin\alpha_{2i}/\sin\beta_i \\[2mm] \dfrac{\partial z_{p_i}}{\partial \alpha_{2i}} = l_{2i}\sin\alpha_{1i}/\sin\beta_i \\[2mm] \dfrac{\partial z_{p_i}}{\partial \gamma_{1i}} = 0 \end{cases}$$

式中：$\begin{cases} l_{1i} = [\,(x_{p_i} - x_{01})^2 + (z_{p_i} - z_{01})^2\,]^{1/2} \\ l_{2i} = [\,(x_{p_i} - x_{02})^2 + (z_{p_i} - z_{02})^2\,]^{1/2} \end{cases}; \beta_i = \alpha_{1i} - \alpha_{2i}\,。$

将各偏导数代入式(2-2)化简后，得坐标差近似计算方程：

$$\begin{bmatrix} \Delta x_i \\ \Delta y_i \\ \Delta z_i \end{bmatrix} = \begin{bmatrix} (l_{2i}\cos\alpha_{1i}\cdot\Delta\alpha_{2i} - l_{1i}\cos\alpha_{2i}\cdot\Delta\alpha_{1i})/\sin\beta_i \\ \tan\gamma_{1i}[\,-l_{1i}\cos\beta_i\cdot\Delta\alpha_{1i} + l_2\cdot\Delta\alpha_{2i}\,]/\sin\beta_i + l_{1i}\sec^2\gamma_{1i}\cdot\Delta\gamma_i \\ (l_{2i}\sin\alpha_{1i}\cdot\Delta\alpha_{2i} - l_{1i}\sin\alpha_{2i}\cdot\Delta\alpha_{1i})/\sin\beta_i \end{bmatrix}$$

$$(2\text{-}3)$$

因为我们是利用同帧画幅测角数据计算脱靶量，采样间隔时间就是摄影频率的倒数。式(2-3)中的角度差 $\Delta\alpha_{1i}$、$\Delta\alpha_{2i}$、$\Delta\gamma_{1i}$ 就是同帧画幅上输出的导弹和目标的角坐标之差。

2) 双目标坐标之差的测量精度

双目标坐标之差的测量误差由下式表示：

14

$$
\begin{bmatrix} \sigma_{\Delta x_i}^2 \\ \sigma_{\Delta y_i}^2 \\ \sigma_{\Delta z_i}^2 \end{bmatrix} = \begin{bmatrix} \left(\dfrac{\partial x_{p_i}}{\partial \alpha_{1i}}\right)^2 & \left(\dfrac{\partial x_{p_i}}{\partial \alpha_{2i}}\right)^2 & 0 & 2\dfrac{\partial x_{p_i}}{\partial \alpha_{1i}}\dfrac{\partial x_{p_i}}{\partial \alpha_{2i}} & 0 & 0 \\ \left(\dfrac{\partial y_{p_i}}{\partial \alpha_{1i}}\right)^2 & \left(\dfrac{\partial y_{p_i}}{\partial \alpha_{2i}}\right)^2 & \left(\dfrac{\partial y_{p_i}}{\partial \gamma_{1i}}\right)^2 & 2\dfrac{\partial y_{p_i}}{\partial \alpha_{1i}}\dfrac{\partial y_{p_i}}{\partial \alpha_{2i}} & 2\dfrac{\partial y_{p_i}}{\partial \alpha_{1i}}\dfrac{\partial y_{p_i}}{\partial \gamma_{1i}} & 2\dfrac{\partial y_{p_i}}{\partial \alpha_{2i}}\dfrac{\partial y_{p_i}}{\partial \gamma_{1i}} \\ \left(\dfrac{\partial z_{p_i}}{\partial \alpha_{1i}}\right)^2 & \left(\dfrac{\partial z_{p_i}}{\partial \alpha_{2i}}\right)^2 & 0 & 2\dfrac{\partial z_{p_i}}{\partial \alpha_{1i}}\dfrac{\partial z_{p_i}}{\partial \alpha_{2i}} & 0 & 0 \end{bmatrix} \cdot \begin{bmatrix} \sigma_{\Delta\alpha_{1i}}^2 \\ \sigma_{\Delta\alpha_{2i}}^2 \\ \sigma_{\Delta\gamma_{1i}}^2 \\ K_{\Delta\alpha_{1i}\Delta\alpha_{2}} \\ K_{\Delta\alpha_{1i}\Delta\gamma_{1i}} \\ K_{\Delta\alpha_{2}\Delta\gamma_{1i}} \end{bmatrix}
$$

其中,相关矩为 $\begin{cases} K_{\Delta\alpha_{1i}\Delta\alpha_{2i}} = \rho_{1i}\sigma_{\Delta\alpha_{1i}}\sigma_{\Delta\alpha_{2i}} \\ K_{\Delta\alpha_{1i}\Delta\gamma_{2i}} = \rho_{2i}\sigma_{\Delta\alpha_{1i}}\sigma_{\Delta\gamma_{1i}} \\ K_{\Delta\alpha_{1i}\Delta\alpha_{2i}} = \rho_{3i}\sigma_{\Delta\alpha_{1i}}\sigma_{\Delta\alpha_{2i}} \end{cases}$

由于测量元素之差 $\Delta\alpha_{1i}$、$\Delta\alpha_{2\ i}$、$\Delta\gamma_{1i}$ 也具有强相关性,相关系数

$$\rho_{1i} = \rho_{2i} = \rho_{3i} = 1$$

因此,上式变为

$$
\begin{pmatrix} \sigma_{\Delta x_i}^2 \\ \sigma_{\Delta y_i}^2 \\ \sigma_{\Delta z_i}^2 \end{pmatrix} = \begin{pmatrix} \left[\dfrac{\partial x_{p_i}}{\partial \Delta\alpha_{1i}}\sigma_{\Delta\alpha_{1i'}} + \dfrac{\partial x_{p_i}}{\partial \Delta\alpha_{2i}}\sigma_{\Delta\alpha_{2i'}}\right]^2 \\ \left[\dfrac{\partial y_{p_i}}{\partial \Delta\alpha_{1i}}\sigma_{\Delta\alpha_{1i'}} + \dfrac{\partial y_{p_i}}{\partial \Delta\alpha_{2i}}\sigma_{\Delta\alpha_{2i'}} + \dfrac{\partial y_{p_i}}{\partial \Delta\gamma_{1i}}\sigma_{\Delta\gamma_{1i'}}\right]^2 \\ \left[\dfrac{\partial z_{p_i}}{\partial \Delta\alpha_{1i}}\sigma_{\Delta\alpha_{1i'}} + \dfrac{\partial z_{p_i}}{\partial \Delta\alpha_{2i}}\sigma_{\Delta\alpha_{2i'}}\right]^2 \end{pmatrix}
$$

即

$$
\begin{pmatrix} \sigma_{\Delta x_i} \\ \sigma_{\Delta y_i} \\ \sigma_{\Delta z_i} \end{pmatrix} = \begin{pmatrix} \dfrac{\partial x_{p_i}}{\partial \Delta\alpha_{1i}}\sigma_{\Delta\alpha_{1i'}} + \dfrac{\partial x_{p_i}}{\partial \Delta\alpha_{2i}}\sigma_{\Delta\alpha_{2i'}} \\ \dfrac{\partial y_{p_i}}{\partial \Delta\alpha_{1i}}\sigma_{\Delta\alpha_{1i'}} + \dfrac{\partial y_{p_i}}{\partial \Delta\alpha_{2i}}\sigma_{\Delta\alpha_{2i'}} + \dfrac{\partial y_{p_i}}{\partial \Delta\gamma_{1i}}\sigma_{\Delta\gamma_{1i'}} \\ \dfrac{\partial z_{p_i}}{\partial \Delta\alpha_{1i}}\sigma_{\Delta\alpha_{1i'}} + \dfrac{\partial z_{p_i}}{\partial \Delta\alpha_{2i}}\sigma_{\Delta\alpha_{2i'}} \end{pmatrix} \tag{2-4}
$$

由以上公式看出,双目标空间坐标之差的测量精度取决于双于目标角度之差的测量精度 $\sigma_{\Delta\alpha}$、$\sigma_{\Delta\gamma}$。假定 $\Delta\alpha_1 = \Delta\alpha_2 = \Delta\gamma_1 = \Delta\alpha$,则双目标坐标之差的精度表达式如下:

$$\begin{cases} \sigma_{\Delta x_i} = \dfrac{\sigma_{\Delta \alpha}}{\sin\beta_i} \left(l_{1i}^2 \cos^2\alpha_{2i} + l_{2i}^2 \cos^2\alpha_{1i} \right)^{1/2} \\[3mm] \sigma_{\Delta y_i} = \sigma_{\Delta \alpha} \left[\left(\dfrac{\partial y_{p_i}}{\partial \alpha_{1i}} \right)^2 + \left(\dfrac{\partial y_{p_i}}{\partial \alpha_{2i}} \right)^2 + \left(\dfrac{\partial y_{p_i}}{\partial \gamma_{1i}} \right)^2 \right]^{1/2} \\[3mm] \sigma_{\Delta z_i} = \dfrac{\sigma_{\Delta \alpha}}{\sin\beta_i} \left(l_{1i}^2 \sin^2\alpha_{2i} + l_{2i}^2 \sin^2\alpha_{1i} \right)^{1/2} \end{cases} \tag{2-5}$$

这组精度公式与电影经纬仪交会测量的水平投影公式(即"L"公式)大致相同,所不同的只是将 σ_α、σ_γ 改为 $\sigma_{\Delta\alpha}$、$\sigma_{\Delta\gamma}$。由此可知,使用同帧画幅处理出的双目标距离差 Δx、Δy、Δz 其测量精度可以大幅度提高。

由此可知,相遇过程的脱靶量的精度 σ_ρ 取决于相遇过程中双目标坐标之差的精度 $\sigma_{\Delta x}$、$\sigma_{\Delta y}$、$\sigma_{\Delta z}$,而坐标差的精度又取决于双目标角度差的精度 $\sigma_{\Delta\alpha}$ 和 $\sigma_{\Delta\gamma}$。包括系统误差和随机误差,所剩下的只有相关性参数之差的输出误差或读出误差,这样数据误差就很小了。

3) 相遇过程的脱靶量及其精度计算公式

显然,相遇过程的脱靶量为

$$\rho_i = \sqrt{\Delta x_i^2 + \Delta y_i^2 + \Delta z_i^2} \tag{2-6}$$

式中:$\Delta x_i, \Delta y_i, \Delta z_i$ 为双目标空间位置坐标之差。特别注意:这里的序号 i 是同帧画幅的序号。

脱靶量精度为

$$\sigma_{\rho_i} = \frac{1}{\rho_i} \sqrt{\Delta x_i^2 \sigma_{\Delta x_1}^2 + \Delta y_i^2 \sigma_{\Delta y_i}^2 + \Delta z_i^2 \sigma_{\Delta z_i}^2} \tag{2-7}$$

由于测量到 n 点测量数据,对 n 个脱靶距离进行数据滤波处理,可以进一步滤除随机误差,提高脱靶量测量精度。

$$\begin{cases} \hat{\rho} = \displaystyle\sum_{i=1}^{N} w(i)\rho_i \\[3mm] w(i) = 3\left[\dfrac{(3n^2 - 3n + 2) - 6(2n-1)(n-i) + 10(n-i)^2}{n(n+1)(n+2)} \right] \\[3mm] \sigma_\rho = \rho\mu(n) \\[3mm] \mu^2(n) = \dfrac{3(3n^2 - 3n + 2)}{n(n+1)(n+2)} \end{cases} \tag{2-8}$$

式中:$w(i)$ 为权系数;$\mu(n)$ 为平滑系数。

16

2.2 数据相关技术在测向系统中的应用

1. 改进的双站交会测向系统

设两个测向站和一个前置的发射站(有合作目标),构建改进的双站交会测向系统,如图 2-3 所示。

$1^{\#}$ 站:站址坐标为 (x_{01}, y_{01}),对辐射源 M 测量的方位角为 α_1。

$2^{\#}$ 站:站址坐标为 (x_{02}, y_{02}),对辐射源 M 测量的方位角为 α_2。

要求测向站都具有多目标测量能力。P 为发射固定信号的合作目标,两站对其测量的方位角分别为 α_{01}、α_{02}。

安全起见,合作目标可设在我方控制的区域内。也可派突击队员在敌方区域内隐蔽设置,或用飞行器空投在敌方区域内,完成任务后即行自毁。

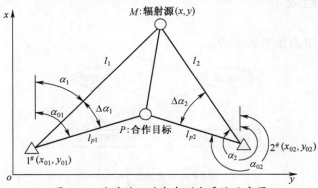

图 2-3　改进的双站交会测向系统示意图

2. 关于合作目标

合作目标组成如图 2-4 所示,它具有如下功能:

(1) 发射固定频率信号。

(2) 有一部北斗卫星定位导航系统接收终端,可以连续对自身定位。

(3) 发射同步信号,使测向机同步工作。

(4) 适于由飞行器投放。

(5) 连续发送自身定位数据。

(6) 完成任务后,可以由自毁装置炸毁。

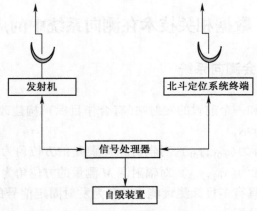

图 2-4　合作目标组成示意图

3. 测向系统组成

测向系统组成如图 2-5 所示。

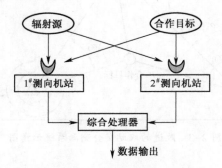

图 2-5　测向系统组成示意图

1#测向机站、2#测向机站接收辐射源的信号,经过处理转化为方位角信号 α_1、α_2,接收合作目标的信号有方位角 α_{01}、α_{02},同步采样信号和合作目标的位置数据(x_{po}、y_{po})。综合处理器在其中一个测向机站中,输出数据为辐射源的位置数据(x、y)。

4. 合作目标定位方程

合作目标的位置方程为

$$\begin{cases} x_p = x_{01} + \dfrac{(x_{01} - x_{02})\tan\alpha_{02} - (y_{01} - y_{02})}{\tan\alpha_{01} - \tan\alpha_{02}} \\ y_p = y_{01} + \dfrac{(x_{01} - x_{02})\tan\alpha_{02} - (y_{01} - y_{02})}{\tan\alpha_{01} - \tan\alpha_{02}}\tan\alpha_{01} \end{cases} \tag{2-9}$$

对合作目标定位精度公式:

$$\begin{cases} \sigma_{x_p} = \dfrac{\sigma_\alpha}{\sin\beta_p}\left[l_{p_1}^2\cos^2\alpha_{02} + l_{p_2}^2\cos^2\alpha_{01} \right]^{\frac{1}{2}} \\ \sigma_{y_p} = \dfrac{\sigma_\alpha}{\sin\beta_p}\left[l_{p_1}^2\sin^2\alpha_{02} + l_{p_2}^2\sin^2\alpha_{01} \right]^{\frac{1}{2}} \end{cases} \tag{2-10}$$

式中

$$\begin{cases} \beta_p = \alpha_{01} - \alpha_{02} \\ \\ l_{p_1} = \dfrac{(x_{01} - x_{02})\tan\alpha_{02} - (y_{01} - y_{02})}{\tan\alpha_{01} - \tan\alpha_{02}}\sec\alpha_{01} \\ \\ l_{p_2} = \left[(x_{01} - x_{02}) + \dfrac{(x_{01} - x_{02})\tan\alpha_{02} - (y_{01} - y_{02})}{\tan\alpha_{01} - \tan\alpha_{02}} \right]\sec\alpha_{02} \end{cases}$$

合作目标的位置数据也可由北斗卫星定位导航系统接收终端获得其位置数据。当使用重复测量数据的平均值时,可以获得精度更高的结果:

$$\begin{bmatrix} \bar{x}_p \\ \bar{y}_p \end{bmatrix} = \frac{1}{n}\sum_{i=1}^{n}\begin{bmatrix} x_{pi} \\ y_{pi} \end{bmatrix} \tag{2-11}$$

设当 x_{pi}、y_{pi} 为正态分布随机变量 $N(0, \sigma_{po})$ 时,则

$$\begin{bmatrix} \sigma_{\bar{x}_p} \\ \sigma_{\bar{y}_p} \end{bmatrix} = \frac{1}{\sqrt{n}}\begin{bmatrix} \sigma_{x_{po}} \\ \sigma_{y_{po}} \end{bmatrix} \tag{2-12}$$

则当 $n = 25$ 时:

$$\begin{bmatrix} \sigma_{\bar{x}_p} \\ \sigma_{\bar{y}_p} \end{bmatrix} = 0.2 \times \begin{bmatrix} \sigma_{x_{po}} \\ \sigma_{y_{po}} \end{bmatrix}$$

北斗卫星定位导航系统接收终端定位精度约为厘米级,坐标平均值的精度更高。因此我们采用北斗卫星定位导航系统接收终端测量的平均值作为合作目标的坐标值。

5. 测向系统对辐射源的坐标增量方程

由于测向机具有同时测量双目标的能力,则可同时测量辐射源和合作目标的方位角。1#站和2#站测量数据分别为 (α_1, α_{01}) 和 (α_2, α_{02}),运用差分算法可以计算出辐射源相对合作目标的坐标增量,即

$$
\begin{cases}
\Delta x = \dfrac{1}{\sin\beta}(l_2\cos\alpha_1\Delta\alpha_2 - l_1\cos\alpha_2\Delta\alpha_1) \\[3mm]
\Delta y = \dfrac{1}{\sin\beta}(l_2\sin\alpha_1\Delta\alpha_2 - l_1\sin\alpha_2\Delta\alpha_1)
\end{cases}
\tag{2-13}
$$

式中

$$
\begin{cases}
\Delta\alpha_1 = \alpha_1 - \alpha_{10},\ \Delta\alpha_2 = \alpha_2 - \alpha_{20},\ \beta = \alpha_1 - \alpha_2 \\[3mm]
l_1 = \dfrac{(x_{01} - x_{02})\tan\alpha_2 - (y_{01} - y_{02})}{\tan\alpha_1 - \tan\alpha_2}\sec\alpha_1 \\[3mm]
l_2 = \left[(x_{01} - x_{02}) + \dfrac{(x_{01} - x_{02})\tan\alpha_2 - (y_{01} - y_{02})}{\tan\alpha_1 - \tan\alpha_2}\right]\sec\alpha_2
\end{cases}
$$

坐标增量的精度可由下式估算:

$$
\begin{cases}
\sigma_{\Delta x} = \dfrac{\sigma_{\Delta\alpha}}{\sin\beta}(l_1^2\cos^2\alpha_2 + l_2^2\cos^2\alpha_1)^{1/2} \approx \sigma_{\Delta\alpha}/\sigma_\alpha \\[3mm]
\sigma_{\Delta y} = \dfrac{\sigma_{\Delta\alpha}}{\sin\beta}(l_1^2\sin^2\alpha_2 + l_2^2\sin^2\alpha_1)^{1/2} \approx \sigma_{\Delta\alpha}/\sigma_\alpha
\end{cases}
\tag{2-14}
$$

这里,方位角 $\Delta\alpha$ 的误差 $\sigma_{\Delta\alpha}$ 已经消除了测角相关性误差的影响。

6. 测向系统对辐射源观测的位置方程

测向系统对辐射源观测的位置方程如下:

$$
\begin{cases}
x = \bar{x}_p + \Delta x \\
y = \bar{y}_p + \Delta y
\end{cases}
\tag{2-15}
$$

精度公式为

$$
\begin{cases}
\sigma_x = (\sigma_{\bar{x}_p}^2 + \sigma_{\Delta x}^2)^{1/2} \\[2mm]
\sigma_y = (\sigma_{\bar{y}_p}^2 + \sigma_{\Delta y}^2)^{1/2}
\end{cases}
\tag{2-16}
$$

为了进一步消减随机误差的影响,也可以对辐射源进行重复测量,以多次测量的平均值为计算结果:

$$\begin{bmatrix} \bar{x} \\ \bar{y} \end{bmatrix} = \frac{1}{n} \sum_{i=1}^{n} \begin{bmatrix} x_i \\ y_i \end{bmatrix}, i = 1, 2, \cdots, n \tag{2-17}$$

7. 讨论

（1）本节讨论的"差分技术在测向系统中的应用"的问题,只是相关性测量数据应用的特例。后者要求延伸测量到尽量远的地方,并且利用了导弹发射塔架作为高精度的测量基准;前者测量的可能只是一个固定目标,其测量基准是由合作目标配带的北斗卫星定位导航系统接收终端测定的。

（2）测向系统测量的辐射源与合作目标的角度差,是真正意义上的"强相关性测量元素"的角度差,而"数字差分技术在靶场光测数据处理中的应用"的角度差,是在极短时间内测量的角度差,我们称为"临近相关性测量元素",二者的差异不会对差分技术的应用带来不利的影响。

2.3　测量飞行器相遇过程参数的数据处理方法

飞行器在空间相遇过程的参数是外弹道测量中一类重要参数。它发生在战术导弹或战略导弹拦截来袭目标的过程中。此外,卫星拦截、宇宙飞船和目标飞行器交会对接中,也有类似的过程。这类参数之所以重要,是因为它直接表明了导弹制导系统和引信战斗部配合的水准。

当测量相遇过程参数的手段不完备时,常通过回收(打捞)导弹、靶机(靶船)残骸的方法,分析查明相遇过程的情况。

虽然采用光学跟踪望远镜测量飞行器相遇过程参数具有直观性、精度较高的特点,但要求多台跟踪望远镜交会测量,设备的测量距离较近,光学设备也不能全天候工作。这就限制了试验场对这类设备的充分利用。而多目标无线电相遇参数测量系统能测量两个以上的目标,作用距离较远,测量精度较高,受天候影响较小。一种连续波多目标测量雷达具有单站定位、测速的能力,能测量两个以上的目标,能够全天候测量中低空目标。

1. 多目标连续波测量系统简介

连续波测量系统是一部以无线电为主、红外和电视跟踪为辅的低空、超低空精密跟踪测量雷达。该系统除可精确测量飞行器弹道外,还可测量多目标相遇过程参数。工作方式有反射式、应答式和光电综合方式三种。该系统由天线分系统、微波信道分系统、频率综合器、红外跟踪分系统、电视跟踪分系统、伺服分系统、信号处理分系统和数据处理分系统等组成,如图 2-6 所示。

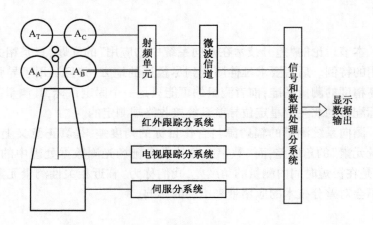

图 2-6　连续波测量系统组成示意图

连续波多目标测量系统具有以下特点:

1)测距测速体制特点

该雷达采用单一的 m 序列伪随机码调制作为测距测速信号。对海杂波和多径的拟制性能好;可在要求范围内实现无模糊测距测速,其模糊函数是单值的,有利于对目标的分辨和对海杂波的拟制;在频率域内对杂波滤除能力强,易于区分动目标;接收机灵敏度高;测速精度高。经典测距方程为

$$R = c\tau/2$$

式中:光速 $c = 299792458\text{m/s}$;R 为目标到测站的距离;τ 为收发脉冲之间的延时。

2)零点型干涉仪自跟踪体制与特点

连续波多目标测量系统的自跟踪选用零点型干涉仪体制。该体制相当于相位-相位单脉冲体制,测角精度和角灵敏度高,解调阈值低,作用距离远,角信息数据率高。由于采用了伪码调制的信号形式,抗干扰能力很强,低仰角跟踪性能好。

(1)零点型干涉仪测角原理。目标空间位置在零点型干涉仪系统中,用两条正交基线确定。两条基线分别为 l 基线和 m 基线,如图 2-7 所示。零点型干涉仪由四元卡塞格伦天线组成天线阵。其中三元天线组成 L 形正交基线。L 形

22

正交基线空位布设发射天线。天线阵中间空隙放置红外和电视跟踪头。

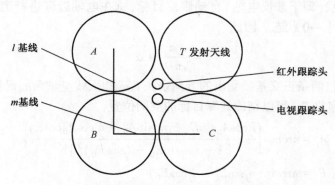

图 2-7 零点型干涉仪天线阵组成示意图

由图 2-7 可知,A-B 构成 l 基线,C-B 构成 m 基线。只要测出 l、m 基线上两天线接受的载频信号的相位差,就能计算出目标的方向余弦 l、m。

干涉仪测角原理如图 2-8 所示。

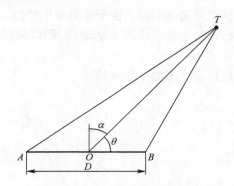

图 2-8 无线电干涉仪测角原理示意图

图 2-8 中,T 为目标位置,A、B 为基线两端的天线,A、B 的间距为基线 D,O 为基线的中点。OT 与基线的夹角为 θ,与基线法线的夹角为 α。对于基线长度为 D,工作波长为 λ 的无线电干涉仪,当目标距离远大于基线长度 D 时,干涉仪对目标的方向余弦为

$$l = \cos\theta = \frac{\lambda\varphi}{2\pi D} = \sin\alpha \qquad (2-18)$$

式中,φ 为 A、B 两天线接收信号的载波相位差。

零点型干涉仪是一种基线平面可动,天线阵相对位置固定,具有自跟踪能力的无线电干涉仪。当系统对目标进行跟踪测量时,一但目标偏离天线电轴,干涉

仪就输出两个方向余弦 l、m，伺服系统据此修正跟踪误差，从而使零点干涉仪基线平面的法线（即干涉仪电轴）自动跟踪目标，总在电轴近旁进行测量，即始终工作在 $\mid \alpha \mid \rightarrow 0$ 状态。因此

$$l = \frac{\lambda\varphi}{2\pi D} \approx \alpha \tag{2-19}$$

由零点干涉仪两条正交基线测出的方向余弦 l、m 和天线座轴角编码器输出的方位角 A_0、俯仰角 E_0，可以精确计算目标的空间位置：

$$A_j = \arccos\left\{ \frac{l_j\cos A_0 \sin E_0 - m_j \sin A_0 + n_j \cos A_0 \cos E_0}{[1 - (n_j \sin E_0 - l_j \cos E_0)^2]^{1/2}} \right\} \tag{2-20}$$

$$E_j = \arcsin(n_j \sin E_0 - l_j \cos E_0)$$

式中，$n_j = \sqrt{1 - l_j^2 - m_j^2}$ $(j = 1,2)$ 为目标号。

测角近似公式为

$$\begin{cases} A_j = A_0 + m_j/\cos E_0 \\ E_j = E_o - l_j \end{cases} \tag{2-21}$$

（2）零点型干涉仪测角速度原理。由于零点型干涉仪基线平面的法线始终对准目标，因此，当目标相对电轴以速度 V 运动时，即可根据方向余弦定理计算方向余弦变化率。

无线电干涉仪测角速度原理如图 2-9 所示。

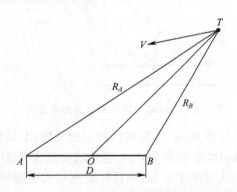

图 2-9 无线电干涉仪测角速度原理示意图

即由

$$l = \cos\theta = r/D = (R_B - R_A)/D$$

得

$$\dot{l} = -\dot{\theta}\sin\theta = (\dot{R}_B - \dot{R}_A)/D$$

式中：R_A、R_B 分别为天线 A、B 至目标 T 的距离；$\dot{R}_A$、$\dot{R}_B$ 分别为天线 A、B 对目标 T 的径向速度。

当 $\theta \to 90°$ 时，

$$\dot{l} = (\dot{R}_B - \dot{R}_A)/D = -\dot{\theta}$$

由于天线的多普勒频率为

$$f_{dA} = (\dot{R}_T + \dot{R}_A)/\lambda \text{，} f_{dB} = (\dot{R}_T + \dot{R}_B)/\lambda$$

式中：$\dot{R}_T$ 为目标对发射天线 T 的径向速度。

则两天线的多普勒频率差为

$$f_{dBA} = f_{dB} - f_{dA} = (\dot{R}_B - \dot{R}_A)/\lambda = -D\dot{\theta}/\lambda$$

所以

$$\dot{l} = \lambda/D = f_{dBA}$$

同理

$$\dot{m} = f_{dBC}$$

目标对测站坐标系的角速度为

$$\begin{cases} \dot{A}_j = \dot{A}_0 + \dot{m}_j/\cos E_0 - \dot{E}_0 \sin E_0/\cos^2 E_0 \\ \dot{E}_j = \dot{E}_0 - \dot{l}_j \end{cases}$$

（3）双目标跟踪测量体制的特点。无论是火箭与助推器分离（级间分离），还是导弹与目标（靶标）相遇时，两个目标处于同一波束、同一距离波门内，采用两组测量通道，对每个目标测出一组参数：

导弹：R_1、$\dot{R}_1$、l_1、$\dot{l}_1$、m_1、$\dot{m}_1$。

目标：R_2、$\dot{R}_2$、l_2、$\dot{l}_2$、m_2、$\dot{m}_2$。

运用这些测量参数，可以计算导弹与目标相遇时的脱靶量、脱靶角及交会角等。

由于可以直接在雷达指向坐标系中对两目标相遇参数进行测量和处理，天线座（站址）误差和轴角编码器误差不带来相遇参数的测量误差。由于双目标坐标差的精度取决于测量元素之差的精度，因此连续波雷达各项系统误差如通道和信号处理的相关性误差，都不增加相遇参数的测量误差。零点型干涉仪的这一特点，使其在脱靶量测量领域占有比光学跟踪望远镜和其他脱靶量测量设备更为优良的地位。

2. 固定坐标系中脱靶量计算方法

脱靶距离即脱靶量是导弹拦截空中(海上)目标时,导弹和目标间的距离。其计算方法是先在测量坐标系中计算导弹和目标的空间坐标,而后计算脱靶距离。在固定坐标系计算脱靶距离即是在测量坐标系中进行运算。

1) 坐标差及脱靶距离的一般算法

导弹与目标在测量坐标系中的坐标分别为

$$
\begin{bmatrix} x_1 \\ y_1 \\ z_1 \end{bmatrix} = \begin{bmatrix} R_1 \cos A_1 \cos E_1 \\ R_1 \sin E_1 \\ R_1 \sin A_1 \cos E_1 \end{bmatrix}
$$

$$
\begin{bmatrix} x_2 \\ y_2 \\ z_2 \end{bmatrix} = \begin{bmatrix} R_2 \cos A_2 \cos E_2 \\ R_2 \sin E_2 \\ R_2 \sin A_2 \cos E_2 \end{bmatrix} \tag{2-22}
$$

式中:R_j、A_j、$E_j (j = 1,2)$ 分别为多目标雷达测量的导弹和目标的距离、方位角和高低角。

导弹与目标的坐标差为

$$
\begin{bmatrix} \Delta x \\ \Delta y \\ \Delta z \end{bmatrix} = \begin{bmatrix} x_2 - x_1 \\ y_2 - y_1 \\ z_2 - z_1 \end{bmatrix} \tag{2-23}
$$

导弹与目标间的脱靶距离为

$$
\rho = \sqrt{\Delta x^2 + \Delta y^2 + \Delta z^2} \tag{2-24}
$$

脱靶距离的精度公式为

$$
\sigma_\rho = \frac{1}{\rho} \sqrt{\Delta x^2 \sigma_{\Delta x}^2 + \Delta y^2 \sigma_{\Delta y}^2 + \Delta z^2 \sigma_{\Delta z}^2} \tag{2-25}
$$

由于测量到 n 点测量数据,对 n 个脱靶距离进行数据滤波处理,可以滤除随机误差,提高脱靶量测量精度。

$$\begin{cases} w(i) = 3\left[\dfrac{(3n^2 - 3n + 2) - 6(2n - 1)(n - i) + 10\,(n - i)^2}{n(n + 1)(n + 2)}\right] \\[4mm] \hat{\rho} = \displaystyle\sum_{i=1}^{N} w(i)\rho_i \\[4mm] \mu^2(n) = \dfrac{3(3n^2 - 3n + 2)}{n(n + 1)(n + 2)} \\[4mm] \sigma_{\hat{\rho}} = \hat{\rho}\mu(n) \end{cases}$$

其中坐标差的精度计算公式为

$$\begin{bmatrix} \sigma_{\Delta x}^2 \\ \sigma_{\Delta y}^2 \\ \sigma_{\Delta z}^2 \end{bmatrix} = \begin{bmatrix} \left(\dfrac{\partial \Delta x}{\partial R}\right)^2 & \left(\dfrac{\partial \Delta x}{\partial A}\right)^2 & \left(\dfrac{\partial \Delta x}{\partial E}\right)^2 \\[3mm] \left(\dfrac{\partial \Delta y}{\partial R}\right)^2 & \left(\dfrac{\partial \Delta y}{\partial A}\right)^2 & \left(\dfrac{\partial \Delta y}{\partial E}\right)^2 \\[3mm] \left(\dfrac{\partial \Delta z}{\partial R}\right)^2 & \left(\dfrac{\partial \Delta z}{\partial A}\right)^2 & \left(\dfrac{\partial \Delta z}{\partial E}\right)^2 \end{bmatrix} \begin{bmatrix} \sigma_R^2 \\ \sigma_A^2 \\ \sigma_E^2 \end{bmatrix} \qquad (2-26)$$

式中各偏导数的表达式为

$$\left(\frac{\partial \Delta x}{\partial R}\right)^2 = (\cos A_1 \cos E_1)^2 + (\cos A_2 \cos E_2)^2$$

$$\left(\frac{\partial \Delta x}{\partial A}\right)^2 = (R_1 \sin A_1 \cos E_1)^2 + (R_2 \sin A_2 \cos E_2)^2$$

$$\left(\frac{\partial \Delta x}{\partial E}\right)^2 = (R_1 \cos A_1 \sin E_1)^2 + (R_2 \cos A_2 \sin E_2)^2$$

$$\left(\frac{\partial \Delta y}{\partial R}\right)^2 = \sin^2 E_1 + \sin^2 E_2$$

$$\left(\frac{\partial \Delta y}{\partial A}\right)^2 = 0$$

$$\left(\frac{\partial \Delta y}{\partial E}\right)^2 = (R_1 \cos E_1)^2 + (R_2 \cos E_2)^2$$

$$\left(\frac{\partial \Delta z}{\partial R}\right)^2 = (\sin A_1 \cos E_1)^2 + (\sin A_2 \cos E_2)^2$$

$$\left(\frac{\partial \Delta z}{\partial A}\right)^2 = (R_1 \cos A_1 \cos E_1)^2 + (R_2 \cos A_2 \cos E_2)^2$$

$$\left(\frac{\partial \Delta z}{\partial E}\right)^2 = (R_1 \sin A_1 \sin E_1)^2 + (R_2 \sin A_2 \sin E_2)^2$$

这里,测量元素 R、A、E 由式(2-20)或式(2-21)计算。其测量精度和测角码盘输出数据 A_0、E_0 和零点型干涉仪输出的方向余弦 l、m 的精度有关。

2) 脱靶距离的级数算法

将方程(2-22)目标(靶)坐标在导弹坐标处按泰勒级数展开,则有

$$\begin{bmatrix} x_2 \\ y_2 \\ z_2 \end{bmatrix} = \begin{bmatrix} x_1 \\ y_1 \\ z_1 \end{bmatrix} + J_1 \begin{bmatrix} \Delta R \\ \Delta A \\ \Delta E \end{bmatrix} + \frac{1}{2} J_2 \begin{bmatrix} \Delta R^2 \\ \Delta A^2 \\ \Delta E^2 \\ \Delta R \Delta A \\ \Delta R \Delta E \\ \Delta A \Delta E \end{bmatrix} + R_e$$

即

$$\begin{bmatrix} \Delta x \\ \Delta y \\ \Delta z \end{bmatrix} = J_1 \begin{bmatrix} \Delta R \\ \Delta A \\ \Delta E \end{bmatrix} + \frac{1}{2} J_2 \begin{bmatrix} \Delta R^2 \\ \Delta A^2 \\ \Delta E^2 \\ \Delta R \Delta A \\ \Delta R \Delta E \\ \Delta A \Delta E \end{bmatrix} + R_e \qquad (2-27)$$

式中,R_e 为截断误差。

当取一级近似时,

$$\begin{bmatrix} \Delta x \\ \Delta y \\ \Delta z \end{bmatrix} = J_1 \begin{bmatrix} \Delta R \\ \Delta A \\ \Delta E \end{bmatrix} \qquad (2-28)$$

式中

$$J_1 = \begin{bmatrix} \cos A_1 \cos E_1 & -R_1 \sin A_1 \cos E_1 & -R_1 \cos A_1 \sin E_1 \\ \sin E_1 & 0 & R_1 \cos E_1 \\ \sin A_1 \cos E_1 & R_1 \cos A_1 \cos E_1 & -R_1 \sin A_1 \sin E_1 \end{bmatrix}$$

一级近似的脱靶距离仍用式(2-24)计算。

一级近似的坐标差精度如下:

$$\begin{bmatrix} \sigma_{\Delta x}^2 \\ \sigma_{\Delta y}^2 \\ \sigma_{\Delta z}^2 \end{bmatrix} = \begin{bmatrix} \left(\dfrac{\partial \Delta x}{\partial \Delta R}\right)^2 & \left(\dfrac{\partial \Delta x}{\partial \Delta A}\right)^2 & \left(\dfrac{\partial \Delta x}{\partial \Delta E}\right)^2 \\ \left(\dfrac{\partial \Delta y}{\partial \Delta R}\right)^2 & \left(\dfrac{\partial \Delta y}{\partial \Delta A}\right)^2 & \left(\dfrac{\partial \Delta y}{\partial \Delta E}\right)^2 \\ \left(\dfrac{\partial \Delta z}{\partial \Delta R}\right)^2 & \left(\dfrac{\partial \Delta z}{\partial \Delta A}\right)^2 & \left(\dfrac{\partial \Delta z}{\partial \Delta E}\right)^2 \end{bmatrix} \begin{bmatrix} \sigma_{\Delta R}^2 \\ \sigma_{\Delta A}^2 \\ \sigma_{\Delta E}^2 \end{bmatrix} \qquad (2-29)$$

式中各偏导数如下：

$$\frac{\partial \Delta x}{\partial R} = \cos A_1 \cos E_1, \quad \frac{\partial \Delta x}{\partial A} = -R_1 \sin A_1 \cos E_1, \quad \frac{\partial \Delta x}{\partial E} = -R_1 \cos A_1 \sin E_1$$

$$\frac{\partial \Delta y}{\partial R} = \sin E_1, \quad \frac{\partial \Delta y}{\partial A} = 0, \quad \frac{\partial \Delta y}{\partial E} = R_1 \cos E_1$$

$$\frac{\partial \Delta z}{\partial R} = \sin A_1 \cos E_1, \quad \frac{\partial \Delta z}{\partial A} = R_1 \cos A_1 \cos E_1, \quad \frac{\partial \Delta z}{\partial E} = -R_1 \sin A_1 \sin E_1$$

这里，R_1、A_1、E_1 表示导弹的测量参数。

测量元素的差值如下：

$$\Delta R = R_2 - R_1, \Delta A = A_2 - A_1, \Delta E = E_2 - E_1$$

由式（2-21）可知

$$\Delta A = (m_2 - m_1)/\cos E_0 = \Delta m/\cos E_0, \Delta E = l_1 - l_2 = -\Delta l$$

目标（靶）和导弹的测量参数相减时，可以消除系统误差的影响：

$$\sigma_{\Delta A} = \sigma_{\Delta m}/\cos E_0, \sigma_{\Delta E} = \sigma_{\Delta l}$$

3. 零点干涉仪指向坐标系中脱靶量的计算

零点型干涉仪是多目标连续波测量系统的自跟踪分系统。它是一种天线阵相对位置固定，基线平面可动，具有自跟踪能力的无线电干涉仪。当系统对目标跟踪测量时，一旦目标偏离电轴，干涉仪就能输出两个方向余弦 l、m，伺服系统据此修正跟踪误差，从而使零点型干涉仪基线平面的法线（即干涉仪电轴）自动跟踪目标。

1）零点干涉仪指向坐标系

指向坐标系及参数关系如图 2-10 所示。指向坐标系以零点型干涉仪两基线交点 o 为坐标原点，以两基线为 x 轴和 y 轴，z 轴指向目标。

在指向坐标系中，对导弹和目标测量参数分别为距离 R_j 和方向余弦 l_j、m_j，标号 $j = 1, 2$，其中 1 代表导弹，2 代表目标。

2）双目标坐标差的计算

计算脱靶距离的余弦公式：

$$\rho = [R_1^2 + R_2^2 - 2R_1 R_2 \cos \varepsilon]^{1/2} \tag{2-30}$$

其中，$\cos \varepsilon = l_1 l_2 + m_1 m_2 + n_1 n_2$。

其精度公式为

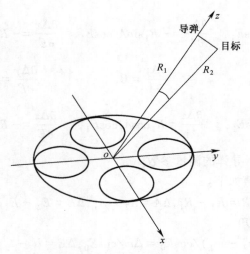

图 2-10　指向坐标系示意图

$$\sigma_\rho = \frac{1}{\rho}\Big\{ \big[(R_1 - R_2\cos\varepsilon)^2 + (R_2 - R_1\cos\varepsilon)^2 \big]\sigma_R^2 + R_1^2 R_2^2 \big[(l_2 - l_1 n_2/n_1)^2 +$$

$$(l_1 - l_2 n_1/n_2)^2 + (m_2 - m_1 n_2/n_1)^2 + (m_1 - m_2 n_1/n_2)^2 \big]\sigma_l^2 \Big\}^{\frac{1}{2}}$$

3) 在指向坐标系中脱靶距离的级数算法

导弹和目标在指向坐标系中的坐标分别为

$$\begin{bmatrix} x_1 \\ y_1 \\ z_1 \end{bmatrix} = \begin{bmatrix} R_1 l_1 \\ R_1 m_1 \\ R_1 n_1 \end{bmatrix}, \quad \begin{bmatrix} x_2 \\ y_2 \\ z_2 \end{bmatrix} = \begin{bmatrix} R_2 l_2 \\ R_2 m_2 \\ R_2 n_2 \end{bmatrix}$$

将目标坐标 (x_2, y_2, z_2) 在导弹坐标 (x_1, y_1, z_1) 处按泰勒级数展开,得

$$\begin{bmatrix} \Delta x \\ \Delta y \\ \Delta z \end{bmatrix} = J_1 \begin{bmatrix} \Delta R \\ \Delta l \\ \Delta m \end{bmatrix} + \frac{1}{2} J_2 \begin{bmatrix} \Delta R^2 \\ \Delta l^2 \\ \Delta m^2 \\ \Delta R \Delta l \\ \Delta R \Delta m \\ \Delta l \Delta m \end{bmatrix} + R_e$$

式中,R_e 为截断误差。

取一级近似时,则坐标差为

$$\begin{bmatrix} \Delta x \\ \Delta y \\ \Delta z \end{bmatrix} = J_1 \begin{bmatrix} \Delta R \\ \Delta l \\ \Delta m \end{bmatrix}$$

式中

$$J_1 = \begin{bmatrix} l_1 & R_1 & 0 \\ m_1 & 0 & R_1 \\ n_1 & -R_1 l_1/n_1 & -R_1 m_1/n_1 \end{bmatrix}$$

则

$$\begin{bmatrix} \Delta x \\ \Delta y \\ \Delta z \end{bmatrix} = \begin{bmatrix} l_1 \Delta R + R_1 \Delta l \\ m_1 \Delta R + R_1 \Delta m \\ n_1 \Delta R + R_1 \Delta n \end{bmatrix} \qquad (2-31)$$

式中，$\Delta R = R_2 - R_1$，$\Delta l = l_2 - l_1$，$\Delta m = m_2 - m_1$，$\Delta n = n_2 - n_1$。

坐标差一级近似的精度公式为

$$\begin{bmatrix} \sigma^2_{\Delta x} \\ \sigma^2_{\Delta y} \\ \sigma^2_{\Delta z} \end{bmatrix} = \begin{bmatrix} \left(\dfrac{\partial \Delta x}{\partial \Delta R}\right)^2 & \left(\dfrac{\partial \Delta x}{\partial \Delta l}\right)^2 & \left(\dfrac{\partial \Delta x}{\partial \Delta m}\right)^2 \\ \left(\dfrac{\partial \Delta y}{\partial \Delta R}\right)^2 & \left(\dfrac{\partial \Delta y}{\partial \Delta l}\right)^2 & \left(\dfrac{\partial \Delta y}{\partial \Delta m}\right)^2 \\ \left(\dfrac{\partial \Delta z}{\partial \Delta R}\right)^2 & \left(\dfrac{\partial \Delta z}{\partial \Delta l}\right)^2 & \left(\dfrac{\partial \Delta z}{\partial \Delta m}\right)^2 \end{bmatrix} \begin{bmatrix} \sigma^2_{\Delta R} \\ \sigma^2_{\Delta l} \\ \sigma^2_{\Delta m} \end{bmatrix}$$

式中各偏导数为

$$\frac{\partial \Delta x}{\partial \Delta R} = l_1 , \qquad \frac{\partial \Delta x}{\partial \Delta l} = R_1 , \qquad \frac{\partial \Delta x}{\partial \Delta m} = 0$$

$$\frac{\partial \Delta y}{\partial \Delta R} = m_1 , \qquad \frac{\partial \Delta y}{\partial \Delta l} = 0 , \qquad \frac{\partial \Delta y}{\partial \Delta m} = R_1$$

$$\frac{\partial \Delta z}{\partial \Delta R} = n_1 , \qquad \frac{\partial \Delta z}{\partial \Delta l} = -R_1 l_1/n_1 , \qquad \frac{\partial \Delta z}{\partial \Delta m} = -R_1 m_1/n_1$$

4）用差分法在指向坐标系计算脱靶距离

导弹和目标在指向坐标系中的坐标差为

$$\begin{bmatrix} \Delta x \\ \Delta y \\ \Delta z \end{bmatrix} = \begin{bmatrix} R_2 l_2 - R_1 l_1 \\ R_2 m_2 - R_1 m_1 \\ R_2 n_2 - R_1 n_1 \end{bmatrix} \qquad (2-32)$$

式中，Δx、Δy、Δz 为双目标空间位置坐标之差。

指向坐标系中坐标差一级近似公式为

$$\begin{bmatrix} \Delta x \\ \Delta y \\ \Delta z \end{bmatrix} = \begin{bmatrix} l_1 \Delta R + R_2 \Delta l \\ m_1 \Delta R + R_2 \Delta m \\ n_1 \Delta R + R_2 \Delta n \end{bmatrix} + T_e(x) \tag{2-33}$$

式中, $T_e(x)$ 为一级近似的截断误差。

式(2-32)与式(2-30)相减得

$$T_e(x) = \begin{bmatrix} \delta x \\ \delta y \\ \delta z \end{bmatrix} = \begin{bmatrix} \Delta R \Delta l \\ \Delta R \Delta m \\ \Delta R \Delta n \end{bmatrix} \tag{2-34}$$

由此得坐标差的精确公式为

$$\begin{bmatrix} \Delta \tilde{x} \\ \Delta \tilde{y} \\ \Delta \tilde{z} \end{bmatrix} = \begin{bmatrix} l_1 \Delta R + R_2 \Delta l \\ m_1 \Delta R + R_2 \Delta m \\ n_1 \Delta R + R_2 \Delta n \end{bmatrix} \quad 或 \quad \begin{bmatrix} \Delta \tilde{x} \\ \Delta \tilde{y} \\ \Delta \tilde{z} \end{bmatrix} = \begin{bmatrix} l_2 \Delta R + R_1 \Delta l \\ m_2 \Delta R + R_1 \Delta m \\ n_2 \Delta R + R_1 \Delta n \end{bmatrix} \tag{2-35}$$

其精度公式为

$$\begin{bmatrix} \sigma_{\Delta x}^2 \\ \sigma_{\Delta y}^2 \\ \sigma_{\Delta z}^2 \end{bmatrix} = \begin{bmatrix} l_1^2 & R_2^2 & 0 \\ m_1^2 & 0 & R_2^2 \\ n_1^2 & (R_2 l_1/n_1)^2 & (R_2 m_1/n_1)^2 \end{bmatrix} \begin{bmatrix} \sigma_{\Delta R}^2 \\ \sigma_{\Delta l}^2 \\ \sigma_{\Delta m}^2 \end{bmatrix} \tag{2-36}$$

由坐标差计算脱靶量的公式:

$$\rho = \sqrt{\Delta \tilde{x}^2 + \Delta \tilde{y}^2 + \Delta \tilde{z}^2} \tag{2-37}$$

式中, ρ 为双目标交会时的脱靶距离。

脱靶量精度公式如下:

$$\sigma_\rho = \frac{1}{\rho} \left[\Delta \tilde{x}^2 \sigma_{\Delta x}^2 + \Delta \tilde{y}^2 \sigma_{\Delta y}^2 + \Delta \tilde{z}^2 \sigma_{\Delta z}^2 \right]^{1/2} \tag{2-38}$$

5) 对零点干涉仪的定性分析

式(2-30)和式(2-38)都是在零点干涉仪指向坐标系中应用距离 R_j 和方向余弦 l_j、m_j 计算双目标脱靶量的方法。所不同的是,后者把元素差作为测量元素,而双目标测量数据在指向坐标系中,具有强相关性,其结果是抵消了相关性测量误差的影响,从而使后者的精度远高于前者。

零点型干涉仪指向坐标系,除了坐标原点不动,3 个坐标轴都是活动的。正是这个特点使它能够在多目标测量中成为测量数据相关测量系统。

4. 脱靶距离精度分析

1) 脱靶距离误差传播链

由于脱靶距离是由导弹和目标的坐标差计算的,坐标差误差的大小,直接影响脱靶距离的精度。因此,只有设法提高坐标差的精度,才能提高脱靶距离的精度。脱靶量误差传播链如图 2-11 所示。

一般,坐标差的精度受测量元素误差、雷达站址测量误差、雷达工作环境因素引起的误差及数据处理方法误差的影响。减少这些误差因素的影响,都能提高坐标差的精度,从而提高脱靶距离的精度。针对零点型干涉仪和双目标测量的特点,采取相应的数据处理方法,可以消除测量元素的系统误差、相关性较强的环境因素引起的误差、雷达站址误差及截断误差的影响,从而使系统对脱靶距离有较高的测量精度。

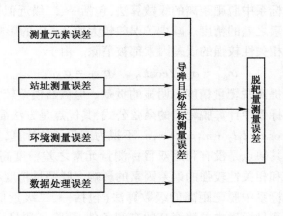

图 2-11　脱靶量误差传播链

2) 各种脱靶距离计算方法误差因素比较

根据脱靶距离传布播途径和脱靶距离处理方法,分析比较以上 5 种计算方法的误差大小,见表 2-1。

现对各种算法作如下说明:

(1) 固定坐标系中计算脱靶量的经典算法,概念清楚。但表 2-1 所列各种误差因素中除数据处理方法误差(截断误差)外,对其都有影响。特别是误差较大的测角误差 A_0、E_0 是其主要误差源。而精度较高的方向余弦数据 l、m ,对其无明显贡献。天线座子的定位误差对其也有影响。

33

表 2-1　各种脱靶距离计算方法误差因素比较表

计算方法　精度比较　误差因素	固定坐标系		指向坐标系		
	经典方法	级数法	余弦公式	级数法	差分法
测量元素系统误差	有	无	R、l、m 系统误差	无	无
A_0、E_0 随机误差	有	无	无	无	无
R、l、m 随机误差	有	有	有	有	有
相关性误差	有	无	有	无	无
站址测量误差	有	无	无	无	无
截断误差	无	小	无	小	无
计算工作量	较大	较小	小	小	小
精度评论	低	高	中等	高	高

（2）固定坐标系中脱靶距离的级数算法,包括一、二级近似算法。其精度主要取决于测量元素之差的精度。减少了误差较大的 A_0、E_0 的影响。方向余弦 l、m 的系统误差和相关性较强的误差因素都被消除。由于

$$\sigma_{\Delta A} = \sigma_{\Delta m}/\cos E_0 ，\quad \sigma_{\Delta E} = \sigma_{\Delta l}$$

方向余弦 l、m 对提高脱靶量精度有明显的贡献。但截断误差较大。

（3）指向坐标系中计算脱靶量的余弦公式,其优点是方法简单,甚至不需要计算双目标差,$\cos\varepsilon = l_1 l_2 + m_1 m_2 + n_1 n_2$ 不视为三角函数计算,且不存在站址误差和方法误差。其缺点是没有利用双目标测量元素之差精度高的有利条件,没有消除系统误差和相关性较强的误差因素的影响。脱靶量精度不够高。

（4）指向坐标系中脱靶距离的级数算法(包括一、二级近似算法),较充分地利用了双目标测量元素之差精度高的有利条件,消除了测量元素 R、l、m 的系统误差和相关性较强的误差因素的影响,从而较大地提高了脱靶量的测量精度。但仍存在少量截断误差。

（5）指向坐标系中计算脱靶距离的差分方法,具有上述各种方法的优点,而不具有它们的缺点,且具有较其他方法更高的测量精度。

5. 矢量脱靶量数据处理

1) 脱靶量定义

（1）标量脱靶量定义。导弹拦截来袭目标时,导弹与目标间的距离 ρ 称为

标量脱靶量,也称脱靶距离,即

$$\rho = \sqrt{\Delta x + \Delta y^2 + \Delta z^2}$$

人们通常关心的脱靶量是,导弹与目标相遇过程中的最小脱靶距离。标量脱靶量只指明导弹与目标的相对位置($\Delta x, \Delta y, \Delta z$)及距离$\rho$。

(2)矢量脱靶量定义。矢量脱靶量不但给出导弹与目标的相对位置,而且能指明其相对地面坐标系的位置。

$$\boldsymbol{\rho} = \Delta x \boldsymbol{i} + \Delta y \boldsymbol{j} + \Delta z \boldsymbol{k} \tag{2-39}$$

导弹与目标相遇过程中的相对速度矢量、脱靶角(前置角)、交会角也属于矢量脱靶量范畴。

2) 最小脱靶距离

当采用二阶多项式拟合方法外推或内插某时刻的脱靶距离,则

$$\rho = \sum_{i=1}^{n} w_i(n,k)\rho_i \tag{2-40}$$

当脱靶距离ρ为最小脱靶距离时,二阶多项式有极值,这时的外推步数为k_d其微分满足$\rho' = 0$,这时的脱靶距离即为最小脱靶距离$\rho_{\min}$,即

$$\rho_{\min} = \sum_{i=1}^{n} w_i(n,k_d)\rho_i, \quad i = 1,2,\cdots,n \tag{2-41}$$

式中,权系数$w_i(n,k_d)$为

$$w_i(n,k_d) = \frac{1}{n} + \frac{12[i-(n+1)/2][k_d+(n-1)/2]}{n(n^2-1)} +$$

$$\frac{180\left[\left(i-\dfrac{n-1}{2}\right)^2 - \dfrac{n^2-1}{12}\right]\left[\left(k_d+\dfrac{n-1}{2}\right)^2 - \dfrac{n^2-1}{12}\right]}{n(n^2-1)(n^2-4)}$$

式中:n为平滑点数;k_d为外推或内插步数。

$$k_d = -\frac{n-1}{2} - \frac{(n^2-4)\sum_{i=1}^{n}[i-(n+1)/2]\rho_i}{30\sum_{i=1}^{n}\{[i-(n+1)/2]^2-(n^2-1)/12\}\rho_i}$$

最小脱靶距离的测量精度公式为

$$\sigma_{\rho_{\min}} = \left\{\frac{1}{n} + \frac{12\left(k_d+\dfrac{n-1}{2}\right)^2}{n(n^2-1)} + \frac{180\left[\left(k_d+\dfrac{n-1}{2}\right)^2 - \dfrac{n^2-1}{12}\right]^2}{n(n^2-1)(n^2-4)}\right\}\sigma_{\rho}^2$$

$$\tag{2-42}$$

35

式中，σ_ρ 为脱靶距离测量精度。

当 k_d 为导弹与目标相遇时导弹爆炸时刻相应的外推步数时，则 $\rho_{\min}$ 就是导弹杀伤目标时的脱靶量。

3) 脱靶角的计算

脱靶角是导弹与目标距离 ρ 与导弹速度 v 之间的夹角 φ，如图 2-12 所示。此角对鉴定导弹导引精度是重要的参数。

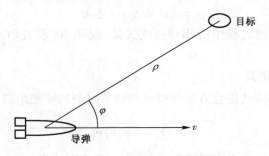

图 2-12　脱靶角 φ 示意图

根据上述定义，可由解析几何学两矢量夹角定理得到

$$\cos\varphi = \frac{\dot{x}_1 \Delta x + \dot{y}_1 \Delta y + \dot{z}_1 \Delta z}{\rho v_1} \tag{2-43}$$

在雷达指向坐标系中，导弹速度为 v_1，其三个分速度为 $(\dot{x}_1, \dot{y}_1, \dot{z}_1)$，导弹与目标之坐标差为 $(\Delta x, \Delta y, \Delta z)$，脱靶距离为 ρ。

$$\begin{bmatrix} \Delta x \\ \Delta y \\ \Delta z \end{bmatrix} = \begin{bmatrix} l_1 \Delta R + R_2 \Delta l \\ m_1 \Delta R + R_2 \Delta m \\ n_1 \Delta R + R_2 \Delta n \end{bmatrix}$$

$$\begin{bmatrix} \dot{x}_1 \\ \dot{y}_1 \\ \dot{z}_1 \end{bmatrix} = \begin{bmatrix} l_1 \dot{R}_1 + R_1 \dot{l}_1 \\ m_1 \dot{R}_1 + R_1 \dot{m}_1 \\ n_1 \dot{R}_1 + R_1 \dot{n}_1 \end{bmatrix}$$

$$\dot{n}_1 = -\frac{l_1 \dot{l}_1 + m_1 \dot{m}_1}{n_1}, \qquad v_1 = \sqrt{\dot{x}_1^2 + \dot{y}_1^2 + \dot{z}_1^2}$$

由于指向坐标系参数可以通过坐标转换方法转为雷达测量坐标系参数，因而脱靶角是一个矢量脱靶量参数。脱靶角的精度公式如下：

$$\sigma_\varphi^2 = \frac{1}{\sin^2\varphi}[A_1^2\sigma_{\Delta x}^2 + A_2^2\sigma_{\Delta y}^2 + A_3^2\sigma_{\Delta z}^2 + B_1^2\sigma_{\dot{x}_1}^2 + B_2^2\sigma_{\dot{y}_1}^2 + B_3^2\sigma_{\dot{z}_1}^2] \quad (2\text{-}44)$$

式中

$$A_1 = \frac{1}{\rho}\left(\frac{\dot{x}_1}{v_1} - \frac{\Delta x}{\rho}\cos\varphi\right), \quad A_2 = \frac{1}{\rho}\left(\frac{\dot{y}_1}{v_1} - \frac{\Delta y}{\rho}\cos\varphi\right), \quad A_3 = \frac{1}{\rho}\left(\frac{\dot{z}_1}{v_1} - \frac{\Delta z}{\rho}\cos\varphi\right)$$

$$B_1 = \frac{1}{v_1}\left(\frac{\Delta x}{\rho} - \frac{\dot{x}_1}{v_1}\cos\varphi\right), \quad B_2 = \frac{1}{v_1}\left(\frac{\Delta y}{\rho} - \frac{\dot{y}_1}{v_1}\cos\varphi\right), \quad B_3 = \frac{1}{v_1}\left(\frac{\Delta z}{\rho} - \frac{\dot{z}_1}{v_1}\cos\varphi\right)$$

6. 交会角计算

导弹拦截来袭目标时,目标速度为 v_2,导弹速度 v_1 与目标相对速度 v_r 之间的夹角 Φ 称为交会角,如图 2-13 所示。

交会角 Φ 对鉴定导弹引信战斗部配合是很重要的参数,也是矢量脱靶量参数。

根据解析几何学两矢量夹角的定理有

$$\cos\Phi = \frac{\dot{x}_1\Delta\dot{x} + \dot{y}_1\Delta\dot{y} + \dot{z}_1\Delta\dot{z}}{v_1 v_r} \quad (2\text{-}45)$$

其中

$$\begin{bmatrix} \Delta\dot{x} \\ \Delta\dot{y} \\ \Delta\dot{z} \end{bmatrix} = \begin{bmatrix} \dot{R}_1\Delta l + l_1\Delta R + R_2\Delta l + l_2\dot{R} \\ \dot{R}_1\Delta m + \dot{m}_1\Delta R + R_2\Delta\dot{m} + m_2\dot{R} \\ \dot{R}_1\Delta n + \dot{n}_1\Delta R + R_2\Delta\dot{n} + n_2\dot{R} \end{bmatrix}$$

$$\begin{bmatrix} \Delta\dot{R} \\ \Delta\dot{l} \\ \Delta\dot{m} \end{bmatrix} = \begin{bmatrix} \dot{R}_2 - \dot{R}_1 \\ \dot{l}_2 - \dot{l}_1 \\ \dot{m}_2 - \dot{m}_1 \end{bmatrix}$$

$$v_r = \sqrt{\Delta\dot{x}^2 + \Delta\dot{y}^2 + \Delta\dot{z}^2}$$

交会角精度公式为

$$\sigma_\Phi = \frac{1}{(v_1 v_r \sin\Phi)^2}(A_4^2\sigma_{\Delta\dot{x}}^2 + A_5^2\sigma_{\Delta\dot{y}}^2 + A_6^2\sigma_{\Delta\dot{z}}^2 + B_4^2\sigma_{\dot{x}_1}^2 + B_5^2\sigma_{\dot{y}_1}^2 + B_6^2\sigma_{\dot{z}_1}^2)$$

$$(2\text{-}46)$$

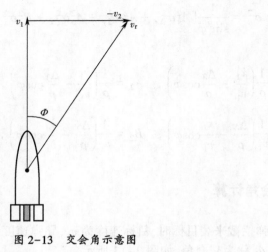

图 2-13 交会角示意图

式中

$$A_4 = \frac{v_1}{v_r}\Delta\dot{x}\cos\varPhi - \dot{x}_1 , \quad A_5 = \frac{v_1}{v_r}\Delta\dot{y}\cos\varPhi - \dot{y}_1 , \quad A_6 = \frac{v_1}{v_r}\Delta\dot{z}\cos\varPhi - \dot{z}_1$$

$$B_4 = \frac{v_r}{v_1}\dot{x}_1\cos\varPhi - \Delta\dot{x} , \quad B_5 = \frac{v_r}{v_1}\dot{y}_1\cos\varPhi - \Delta\dot{y} , \quad B_6 = \frac{v_1}{v_r}\dot{z}_1\cos\varPhi - \Delta\dot{z}$$

38

第 3 章　强相关性测量数据在外测系统数据处理中的应用

3.1　电影经纬仪测量目标空间坐标的增量算法

1. 测量目标空间坐标的增量算法概述

本章的目的在于探讨强相关性测量数据基本应用方法。一般光测设备测量数据并不具有强相关性,我们要把通常的测量数据,通过数据融合相关性处理,把测量数据变换为强相关性数据,从而可以运用差分方法,计算出高精度的目标空间位置数据。这里,以两台电影经纬仪交会测量获取目标空间坐标的增量算法为例,创立强相关性测量数据空间坐标的增量算法。

目标空间坐标增量算法,必须遵循有关相关性数据处理的两个法则:测量数据线性化法则和测量数据融合性相关处理法则。

1) 测量数据的线性化法则

目标的空间位置参数(x、y、z)是电影经纬仪测量的角度数据 α_1、γ_1、α_2、γ_2 的函数,测角数据是随机变量,其在估算区间内连续可微,这使得近似计算在很小的数据采样间隔内能对随机变量函数进行线性化处理。在这种采样间隔内的数据称为邻近相关性数据。如果估算的函数在充分小的邻域内是近线性的,因而能以线性函数近似地代替,为此可在导弹坐标的初始位置(基准位置或称首参数)(x_0, y_0, z_0)处按泰勒级数展开,只取一次项且略去高次项。

这里所论"充分小的邻域"对采样间隔时间提出了要求。不是任何采样间隔时间都能达到"充分小的邻域"。必须达到充分小的采样间隔时间,才能使测量数据突破临近相关,达到线性相关。本章在数学模拟计算中证明,采样率达到 $80 \sim 100$ 次/s,即可满足"充分小的邻域"的要求。

采用了线性化法则,就能在增量算法中用差分算法消除相关性误差。

2) 测量数据融合性相关处理法则

数据融合性相关处理法则包括两个方面内容:一是弹道融合技术,就是把参加测量任务的设备测量数据以加权平均法或最小二乘法获得一条最佳弹道估计;二是以最佳弹道估计进行数据相关性变换。

这里,只讨论了两台电影经纬仪交会测量获得的目标的空间位置参数(x、y、z)。实际上试验场有多台、多种设备参加测量任务,采用数据融合技术,可以获得最佳弹道估计。对最佳弹道(如目标空间坐标)进行线性化处理,将更为有利。

在常规测量方法下,由于数据采样间隔时间较长,测量数据是弱相关的。增量算法要求数据强相关,即线性相关。因此必需将常规测量数据变换成相关性测量数据。数据相关性变换的方法,就是用常规的方法或数据融合法先算出目标的空间坐标,再用反函数算出各测站的测量数据,即获得了强相关测量数据。测量数据相关性处理转换流程如图 3-1 所示。

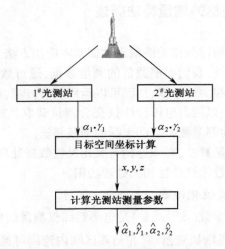

图 3-1　测量数据强相关性处理流程图

对此可作这样的物理解释:在空间一共有三个目标,一个是火箭,另两个是电影经纬仪站,它们不过是在作相对运动。如果我们把飞行目标(火箭)的空间位置坐标(x,y,z)当作测量设备的配置点,并且把它看作固定的,而把地面两台电影经纬仪站看作运动的,则由空间设备点(火箭)观测地面目标(电影经纬仪站),就相当于一个设备同时测量两个目标,这是符合相对论的理念的。它所"观测"到的地面站的数据,不再是单一测站的数据,而是带有两个站的烙印。无疑,这两个目标(电影经纬仪站)的测量数据就是强相关性测量数据。这就是前面所论数据变换的意义。

在实施目标空间坐标增量算法时,分别只满足两个法则之一时,也能在很大程度上消除测量误差,提高测量精度。如果同时满足两个法则,则能消除相关性

40

测量误差,使测量精度达到理想水平。

2. 电影经纬仪交会测量方法

采用电影经纬仪交会测量时,可以用水平投影公式(即 L 公式)计算测量结果。

1) 电影经纬仪坐标系设定

发射坐标系 $oxyz$ 如图 3-2 所示。

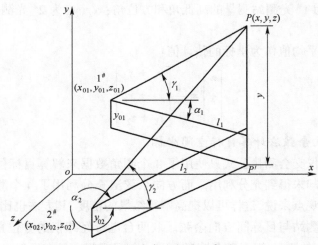

图 3-2 发射坐标系示意图

ox 轴在过原点 o 的地球切平面上,指向目标发射方向;oy 轴过原点 o,向上为正;oz 轴按右手确定。

图 3-2 中,$1^{\#}$、$2^{\#}$ 表示 1 号、2 号电影经纬仪观测站,其站址坐标分别为 (x_{01},y_{01},z_{01})、(x_{02},y_{02},z_{02})。

观测目标 P 的空间坐标为 (x,y,z)。

2) 用水平投影公式计算目标空间坐标

两台电影经纬仪对空间目标交会测量时,其空间坐标计算公式如下:

$$\begin{cases} x_1 = x_{01} + \dfrac{(x_{01} - x_{02})\tan\alpha_2 - (z_{01} - z_{02})}{\tan\alpha_1 - \tan\alpha_2} \\[4mm] z_1 = z_{01} + \dfrac{(x_{01} - x_{02})\tan\alpha_2 - (z_{01} - z_{02})}{\tan\alpha_1 - \tan\alpha_2}\tan\alpha_1 \\[4mm] y_1 = y_{01} + \dfrac{(x_{01} - x_{02})\tan\alpha_2 - (z_{01} - z_{02})}{\tan\alpha_1 - \tan\alpha_2}\sec\alpha_1\tan\gamma_1 \end{cases} \quad (3-1)$$

和

$$
\begin{cases}
x_2 = x_{02} + \dfrac{(x_{01} - x_{02})\tan\alpha_1 - (z_{01} - z_{02})}{\tan\alpha_1 - \tan\alpha_2} \\[3mm]
z_2 = z_{02} + \dfrac{(x_{01} - x_{02})\tan\alpha_1 - (z_{01} - z_{02})}{\tan\alpha_1 - \tan\alpha_2}\tan\alpha_2 \\[3mm]
y_2 = y_{02} + \dfrac{(x_{01} - x_{02})\tan\alpha_1 - (z_{01} - z_{02})}{\tan\alpha_1 - \tan\alpha_2}\sec\alpha_2\tan\gamma_2
\end{cases}
\tag{3-2}
$$

式中：α_1、γ_1 为 1# 光测站测量的高低角和方位角；α_2、γ_2 为 2# 光测站测量的高低角和方位角。

取二式的平均值作为坐标的估计值：

$$
\begin{bmatrix} x \\ y \\ z \end{bmatrix} = \frac{1}{2}\begin{bmatrix} x_1 + x_2 \\ y_1 + y_2 \\ z_1 + z_2 \end{bmatrix}
\tag{3-3}
$$

3) 用方向余弦法计算目标空间坐标

电影经纬仪交会测量公式只使用了 3 个测角数据来解算目标位置参数，另一个测角数据却未得到充分利用。而方向余弦法充分利用了 4 个测角数据，从参数估计理论观点来说，这样可以提高解算结果的精度，其方法也比较简单。

（1）计算测站与目标间方向余弦。取两台电影经纬仪的方位角 α_i 和高低角 $\gamma_i(i=1,2)$ 的测量值，计算各自的测量点与目标间向量在发射坐标系中的方向余弦 l_i、m_i、n_i 得到

$$
\begin{bmatrix} l_i \\ m_i \\ n_i \end{bmatrix} = A_T\varphi_0^{\mathrm{T}}\lambda_0^{\mathrm{T}}\lambda_i\varphi_i\begin{bmatrix} \cos\alpha_i\cos\gamma_i \\ \sin\gamma_i \\ \sin\alpha_i\cos\gamma_i \end{bmatrix},\ i = 1,2
\tag{3-4}
$$

其中

$$
A_T = \begin{bmatrix} \cos A_T & 0 & \sin A_T \\ 0 & 1 & 0 \\ -\sin A_T & 0 & \cos A_T \end{bmatrix}
$$

$$
\varphi_i = \begin{bmatrix} 0 & 0 & 1 \\ -\sin\varphi_i & \cos\varphi_i & 0 \\ \cos\varphi_i & \sin\varphi_i & 0 \end{bmatrix}
$$

42

$$\lambda_i = \begin{bmatrix} -\sin\lambda_i & \cos\lambda_i & 0 \\ \cos\lambda_i & \sin\lambda_i & 0 \\ 0 & 0 & 1 \end{bmatrix}$$

式中：A_T 为天文射击方位角；λ_i、φ_i 为第 i 个测站天文经度和天文纬度；λ_0、φ_0 为发射坐标系原点的天文经度和天文纬度。

（2）计算两测站距离夹角的余弦。由式（3-4）得到两台经纬仪的方向余弦 l_i、m_i、n_i($i=1,2$)，计算这两台经纬仪到目标距离夹角余弦（图 3-3），即为

$$\cos\varphi_{12} = l_1 l_2 + m_1 m_2 + n_1 n_2 \qquad (3-5)$$

（3）计算目标到测站连线与两测站连线间夹角 φ_1、φ_2 的余弦。

由图 3-3 知，夹角余弦为

$$\begin{cases} \cos\varphi_1 = -(l_1 l_{12} + m_1 m_{12} + n_1 n_{12}) \\ \cos\varphi_2 = l_2 l_{12} + m_2 m_{12} + n_2 n_{12} \end{cases}$$

式中：$l_{12} = \dfrac{X_{01} - X_{02}}{D_{12}}$；$m_{12} = \dfrac{Y_{01} - Y_{02}}{D_{12}}$；$n_{12} = \dfrac{Z_{01} - Z_{02}}{D_{12}}$。 $\qquad (3-6)$

其中：$D_{12} = [(x_{01} - x_{02})^2 + (y_{01} - y_{02})^2 + (z_{01} - z_{02})^2]^{1/2}$。 x_{0i}、y_{0i}、z_{0i} ($i=1,2$) 为第 i 光测站在发射坐标系中的站址坐标。

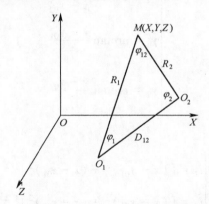

图 3-3　目标与测站关系示意图

（4）计算测站到目标的距离。有了 φ_1、φ_2 和 φ_{12} 的余弦，再根据正弦定理，计算这两台经纬仪到目标的斜距 R_1、R_2，即有

$$\begin{cases} R_1 = \dfrac{D_{12}}{\sin\varphi_{12}} \sin\varphi_2 \\[2mm] R_1 = \dfrac{D_{12}}{\sin\varphi_{12}} \sin\varphi_1 \end{cases} \qquad (3-7)$$

式中：$\sin\varphi_i = (1 - \cos\varphi_i)^{1/2}$ $(i = 1, 2, 12)$。

（5）求出目标在发射坐标系中的坐标。由几何关系，分别解算目标在发射坐标系中的两组坐标：

$$\begin{cases} X_i = R_i l_i + X_{0i} \\ Y_i = R_i m_i + Y_{0i}, i = 1, 2 \\ Z_i = R_i n_i + Z_{0i} \end{cases} \tag{3-8}$$

将 $(x_i, y_i, z_i)(i = 1, 2)$ 取平均值，得到目标在发射坐标系中的坐标 (x, y, z)。

4) 电影经纬仪测量数据的融合性相关处理

这里强调指出，差分算法对相关性测量元素具有抵消相关性误差（包括系统误差和随机误差）的作用。利用已经计算出的目标坐标数据，反算出各光测站对目标的高低角和方位角，以 $\hat{\alpha}_1$、$\hat{\gamma}_1$、$\hat{\alpha}_2$、$\hat{\gamma}_2$ 表示，这时的测量元素就是相关性测量元素了。

$$\begin{cases} \hat{\alpha}_1 = \arctan \dfrac{z - z_{01}}{x - x_{01}} \\[2mm] \hat{\alpha}_2 = \arctan \dfrac{z - z_{02}}{x - x_{02}} \\[2mm] \hat{\gamma}_1 = \arctan \dfrac{y - y_{01}}{\tilde{l}_1} \\[2mm] \hat{\gamma}_2 = \arctan \dfrac{y - y_{02}}{\tilde{l}_2} \end{cases} \tag{3-9}$$

式中：

$$\begin{cases} \tilde{l}_1 = [(x - x_{01})^2 + (z - z_{01})^2]^{1/2} \\ \tilde{l}_2 = [(x - x_{02})^2 + (z - z_{21})^2]^{1/2} \end{cases}$$

3. 目标空间坐标的增量算法

上述计算目标空间坐标的方法，是靶场经典的测量计算方法。这种测量方案常用于导弹靶场初始段测量，地空导弹靶场也采用这种测量方案。其特点为：一是，光测站能直接观测到发射塔架上的导弹；二是，可以精确给出导弹的初始位置，即所谓首参数 (x_0, y_0, z_0)；三是，各光测站可以连续地同步给出目标的角

44

度测量数据。可以有理由认为,在有了精确的初始位置数据(首参数)的基础上,只计算坐标增量 Δx、Δy、Δz 就能给出目标空间坐标的精确数值。

在进行目标空间坐标增量法时,只以"L"公式为例,而没有使用方向余弦公式。

1) 目标空间坐标的近似算法

估算的参数 $\hat{x}$、$\hat{y}$、$\hat{z}$ 是随机变量 $\hat{\alpha}_1$、$\hat{\gamma}_1$、$\hat{\alpha}_2$、$\hat{\gamma}_2$ 的函数,在估算区间内连续可微,这使得近似计算在很小的数据采样间隔内能对随机变量函数进行线性化处理。由于估算的函数在充分小的邻域内是近线性的,因而能以线性函数近似地代替,为此可对式(3-1)或式(3-2)在导弹坐标的初始位置(基准位置或称首参数)(x_0、y_0、z_0)处按泰勒级数展开,并且只取一次项而略去高次项,得

$$\begin{bmatrix} \hat{x}_{i+1} \\ \hat{y}_{i+1} \\ \hat{z}_{i+1} \end{bmatrix} = \begin{bmatrix} x_i \\ y_i \\ z_i \end{bmatrix} + \begin{bmatrix} \dfrac{\partial x_i}{\partial \hat{\alpha}_{1i}} & \dfrac{\partial x_i}{\partial \hat{\alpha}_{2i}} & \dfrac{\partial x_i}{\partial \hat{\gamma}_{1i}} \\[2mm] \dfrac{\partial y_i}{\partial \hat{\alpha}_{1i}} & \dfrac{\partial y_i}{\partial \hat{\alpha}_{2i}} & \dfrac{\partial y_i}{\partial \hat{\gamma}_{1i}} \\[2mm] \dfrac{\partial z_i}{\partial \hat{\alpha}_{1i}} & \dfrac{\partial z_i}{\partial \hat{\alpha}_{2i}} & \dfrac{\partial z_i}{\partial \hat{\gamma}_{1i}} \end{bmatrix} \cdot \begin{bmatrix} \Delta \alpha_{1i} \\ \Delta \alpha_{2i} \\ \Delta \gamma_{1i} \end{bmatrix}$$

式中,$i = 0,1,2,\cdots,n$。

当 $i = 0$ 时,有目标位置数据的首参数 (x_0, y_0, z_0)。

$$\begin{bmatrix} \hat{x}_{i+1} \\ \hat{y}_{i+1} \\ \hat{z}_{i+1} \end{bmatrix} = \begin{bmatrix} x_i \\ y_i \\ z_i \end{bmatrix} + \begin{bmatrix} \Delta x_i \\ \Delta y_i \\ \Delta z_i \end{bmatrix} \tag{3-10}$$

目标坐标一阶近似增量方程为

$$\begin{bmatrix} \Delta x_i \\ \Delta y_i \\ \Delta i \end{bmatrix} = \begin{bmatrix} \dfrac{\partial x_i}{\partial \hat{\alpha}_{1i}} & \dfrac{\partial x_i}{\partial \hat{\alpha}_{2i}} & 0 \\[2mm] \dfrac{\partial y_i}{\partial \hat{\alpha}_{1i}} & \dfrac{\partial y_i}{\partial \hat{\alpha}_{2i}} & \dfrac{\partial y_i}{\partial \hat{\gamma}_{1i}} \\[2mm] \dfrac{\partial z_i}{\partial \hat{\alpha}_i} & \dfrac{\partial z_i}{\partial \hat{\alpha}_{2i}} & 0 \end{bmatrix} \cdot \begin{bmatrix} \Delta \alpha_{1i} \\ \Delta \alpha_{2i} \\ \Delta \gamma_{1i} \end{bmatrix} \tag{3-11}$$

式中,角度增量为

$$\begin{cases} \Delta\alpha_{1i} = \hat{\alpha}_{1(i+1)} - \hat{\alpha}_{1i} \\ \Delta\alpha_{2i} = \hat{\alpha}_{2(i+1)} - \hat{\alpha}_{2i} \\ \Delta\gamma_{1i} = \hat{\gamma}_{1(i+1)} - \hat{\gamma}_{1i} \end{cases}$$

式中：$\hat{\alpha}_{10}$、$\hat{\alpha}_{20}$、$\hat{\gamma}_{10}$ 是测站对导弹坐标的初始位置（x_0、y_0、z_0）或前一时刻的角度；$\hat{\alpha}_{1i}$、$\hat{\alpha}_{2i}$、$\hat{\gamma}_{1i}$ 则是当前时刻的角度。各偏导数为

$$\begin{cases} \dfrac{\partial x_i}{\partial \hat{\alpha}_{1i}} = -l_{1i}\cos\hat{\alpha}_{2i}/\sin\beta_i \\[3mm] \dfrac{\partial x_i}{\partial \hat{\alpha}_{2i}} = l_{2i}\cos\hat{\alpha}_{1i}/\sin\beta_i \\[3mm] \dfrac{\partial x_i}{\partial \hat{\gamma}_{1i}} = 0 \\[3mm] \dfrac{\partial y_i}{\partial \hat{\alpha}_{1i}} = -l_{1i}\tan\hat{\gamma}_{1i}\cot\beta_i \\[3mm] \dfrac{\partial y_i}{\partial \hat{\alpha}_{2i}} = l_{2i}\tan\hat{\gamma}_{1i}/\sin\beta_i \\[3mm] \dfrac{\partial y_i}{\partial \hat{\gamma}_{1i}} = l_{1i}\sec^2\hat{\gamma}_{1i} \\[3mm] \dfrac{\partial z_i}{\partial \hat{\alpha}_{1i}} = -l_{1i}\sin\hat{\alpha}_{2i}/\sin\beta_i \\[3mm] \dfrac{\partial z_i}{\partial \hat{\alpha}_{2i}} = l_{2i}\sin\hat{\alpha}_{1i}/\sin\beta_i \\[3mm] \dfrac{\partial z_i}{\partial \hat{\gamma}_{1i}} = 0 \end{cases} \tag{3-12}$$

式中：$l_{1i} = [(x_i - x_{01})^2 + (z_i - z_{01})^2]^{1/2}$；$l_{2i} = [(x_i - x_{02})^2 + (z_i - z_{02})^2]^{1/2}$；$\beta_i = \hat{\alpha}_{1i} - \hat{\alpha}_{2i}$。

将各偏导数代入式（3-11）化简后得目标空间坐标近似计算的坐标增量方程：

$$
\begin{bmatrix} \Delta x_i \\ \Delta y_i \\ \Delta z_i \end{bmatrix} = \begin{bmatrix} (l_{2i}\cos\hat{\alpha}_{1i} \cdot \Delta\alpha_{2i} - l_{1i}\cos\hat{\alpha}_{2i} \cdot \Delta\alpha_{1i})/\sin\beta_i \\ \tan\hat{\gamma}_{1i}[-l_{1i}\cos\beta_i \cdot \Delta\alpha_{1i} + l_{2i} \cdot \Delta\hat{\alpha}_{2i}]/\sin\beta_i + l_{1i}\sec^2\hat{\gamma}_{1i} \cdot \Delta\gamma_i \\ (l_{2i}\sin\hat{\alpha}_{1i} \cdot \Delta\alpha_{2i} - l_{1i}\sin\hat{\alpha}_{2i} \cdot \Delta\alpha_{1i})/\sin\beta_i \end{bmatrix}
$$

$$(3-13)$$

2) 目标空间坐标的精确算法

在光测数据处理的实践中,一方面由于各种原因,可能满足不了线性化方法所要求的如此狭小的变化范围,即很小的数据采样间隔时间,使随机函数不能够正确地近似于线性;另一方面,在火箭起飞段,由于火箭受发动机推力、地球重力和空气动力的作用,处于变质量动力学运动情况,实际的运动规律与线性化有一定的差异,舍去高级项可能会产生方法误差。为了获得更精确的结果,在泰勒展开式中,不仅要保留一阶线性项,而且还要保留若干更高阶的项。这里我们对泰勒展开式取到二阶项,舍去三阶以上的项,则精确的坐标增量方程为

$$
\begin{bmatrix} \hat{x} \\ \hat{y} \\ \hat{z} \end{bmatrix} = \begin{bmatrix} x_0 \\ y_0 \\ z_0 \end{bmatrix} + \begin{bmatrix} \dfrac{\partial x_0}{\partial \hat{\alpha}_1} & \dfrac{\partial x_0}{\partial \hat{\alpha}_2} & \dfrac{\partial x_0}{\partial \hat{\gamma}_1} \\[2mm] \dfrac{\partial y_0}{\partial \hat{\alpha}_1} & \dfrac{\partial y_0}{\partial \hat{\alpha}_2} & \dfrac{\partial y_0}{\partial \hat{\gamma}_1} \\[2mm] \dfrac{\partial z_0}{\partial \hat{\alpha}_1} & \dfrac{\partial z_0}{\partial \hat{\alpha}_2} & \dfrac{\partial z_0}{\partial \hat{\gamma}_1} \end{bmatrix} \cdot \begin{bmatrix} \Delta\alpha_1 \\ \Delta\alpha_2 \\ \Delta\gamma_1 \end{bmatrix} +
$$

$$
\frac{1}{2} \begin{bmatrix} \dfrac{\partial^2 x_0}{\partial \hat{\alpha}_1^2} & \dfrac{\partial^2 x_0}{\partial \hat{\alpha}_2^2} & \dfrac{\partial^2 x_0}{\partial \hat{\gamma}_1^2} & 2\dfrac{\partial^2 x_0}{\partial \hat{\alpha}_1 \partial \alpha_2} & 2\dfrac{\partial^2 x_0}{\partial \hat{\alpha}_1 \partial \gamma_1} & 2\dfrac{\partial^2 x_0}{\partial \hat{\alpha}_2 \partial \hat{\gamma}_1} \\[2mm] \dfrac{\partial^2 y_0}{\partial \hat{\alpha}_1^2} & \dfrac{\partial^2 y_0}{\partial \hat{\alpha}_2^2} & \dfrac{\partial^2 y_0}{\partial \hat{\gamma}_1^2} & 2\dfrac{\partial^2 y_0}{\partial \hat{\alpha}_1 \partial \alpha_2} & 2\dfrac{\partial^2 y_0}{\partial \hat{\alpha}_1 \partial \hat{\gamma}_1} & 2\dfrac{\partial^2 y_0}{\partial \hat{\alpha}_2 \partial \hat{\gamma}_1} \\[2mm] \dfrac{\partial^2 z_0}{\partial \hat{\alpha}_1^2} & \dfrac{\partial^2 z_0}{\partial \hat{\alpha}_2^2} & \dfrac{\partial^2 z_0}{\partial \hat{\gamma}_1^2} & 2\dfrac{\partial^2 z_0}{\partial \hat{\alpha}_1 \partial \alpha_2} & 2\dfrac{\partial^2 z_0}{\partial \hat{\alpha}_1 \partial \hat{\gamma}_1} & 2\dfrac{\partial^2 z_0}{\partial \hat{\alpha}_2 \partial \hat{\gamma}_1} \end{bmatrix} \cdot
$$

$$(3-14)$$

$$
\begin{bmatrix} \Delta\alpha_1^2 \\ \Delta\alpha_2^2 \\ \Delta\gamma_1^2 \\ \Delta\alpha_1\Delta\alpha_2 \\ \Delta\alpha_1\Delta\gamma_1 \\ \Delta\alpha_2\Delta\gamma_1 \end{bmatrix} + \cdots
$$

有关的二阶偏导数如下：

$$
\left\{
\begin{aligned}
&\frac{\partial^2 x_0}{\partial \hat{\alpha}_1^2} = 2l_1 \cos\hat{\alpha}_2 \cot\beta \\
&\frac{\partial^2 x_0}{\partial \hat{\alpha}_2^2} = -2l_2 \cos\hat{\alpha}_1 \cot\beta \\
&\frac{\partial^2 x_0}{\partial \hat{\alpha}_1 \partial \hat{\alpha}_2} = -(\Delta x_1 + \Delta x_2)/\sin^2\beta \\
&\frac{\partial^2 y_0}{\partial \hat{\alpha}_1^2} = -l_1 \tan\hat{\gamma}_1 \sin(\hat{\alpha}_1 + \hat{\alpha}_2)/\sin\beta \\
&\frac{\partial^2 y_0}{\partial \hat{\alpha}_2^2} = -2l_2 \tan\hat{\gamma}_1 \cot\beta \\
&\frac{\partial^2 y_0}{\partial \hat{\gamma}_1^2} = 2l_1 \sec^2\hat{\gamma}_1 \tan\hat{\gamma}_1 \\
&\frac{\partial^2 y_0}{\partial \hat{\alpha}_1 \partial \hat{\alpha}_2} = -(l_1 - l_2\cos\beta)\tan\hat{\gamma}_1 \\
&\frac{\partial^2 y_0}{\partial \hat{\alpha}_1 \partial \hat{\gamma}_1} = l_1 \sec^2\hat{\gamma}_1 \cos(\hat{\alpha}_1 + \hat{\alpha}_2)/\sin\beta \\
&\frac{\partial^2 y_0}{\partial \hat{\alpha}_2 \partial \hat{\gamma}_1} = l_2 \sec^2\hat{\gamma}_1/\sin\beta \\
&\frac{\partial^2 z_0}{\partial \hat{\alpha}_1^2} = 2l_1 \sin\hat{\alpha}_2 \cot\beta \\
&\frac{\partial^2 z_0}{\partial \hat{\alpha}_2^2} = 2l_1 \sin\hat{\alpha}_1 \cot\beta \\
&\frac{\partial^2 z_0}{\partial \hat{\alpha}_1 \partial \hat{\alpha}_2} = [(z_{01} - z_{02}) + 2l_2\sin(\hat{\alpha}_1 + \beta)]/\sin^2\beta
\end{aligned}
\right.
\tag{3-15}
$$

令

$$
\begin{bmatrix} \Delta x \\ \Delta y \\ \Delta z \end{bmatrix} = \begin{bmatrix} \Delta x_\mathrm{I} \\ \Delta y_\mathrm{I} \\ \Delta z_\mathrm{I} \end{bmatrix} + \begin{bmatrix} \Delta x_\mathrm{II} \\ \Delta y_\mathrm{II} \\ \Delta z_\mathrm{II} \end{bmatrix}
\tag{3-16}
$$

坐标增量的精确公式包括一阶近似项（Δx_I，Δy_I，Δz_I）和高阶修正项（Δx_II，Δy_II，Δz_II）。

$$\begin{bmatrix} \Delta x_\Pi \\ \Delta y_\Pi \\ \Delta z_\Pi \end{bmatrix} = \frac{1}{2} \begin{bmatrix} \dfrac{\partial^2 x_0}{\partial \hat{\alpha}_1^2} & \dfrac{\partial^2 x_0}{\partial \hat{\alpha}_2^2} & 0 & 2\dfrac{\partial^2 x_0}{\partial \hat{\alpha}_1 \partial \hat{\alpha}_2} & 0 & 0 \\[2mm] \dfrac{\partial^2 y_0}{\partial \hat{\alpha}_1^2} & \dfrac{\partial^2 y_0}{\partial \hat{\alpha}_2^2} & \dfrac{\partial^2 y_0}{\partial \hat{\gamma}_1^2} & 2\dfrac{\partial^2 y_0}{\partial \hat{\alpha}_1 \partial \hat{\alpha}_2} & 2\dfrac{\partial^2 y_0}{\partial \hat{\alpha}_1 \partial \hat{\gamma}_1} & 2\dfrac{\partial^2 y_0}{\partial \hat{\alpha}_2 \partial \hat{\gamma}_1} \\[2mm] \dfrac{\partial^2 z_0}{\partial \hat{\alpha}_1^2} & \dfrac{\partial^2 z_0}{\partial \hat{\alpha}_2^2} & 0 & 2\dfrac{\partial^2 z_0}{\partial \hat{\alpha}_1 \partial \hat{\alpha}_2} & 0 & 0 \end{bmatrix} \cdot \begin{bmatrix} \Delta \alpha_1^2 \\ \Delta \alpha_2^2 \\ \Delta \gamma_1^2 \\ \Delta \alpha_1 \Delta \alpha_2 \\ \Delta \alpha_1 \Delta \gamma_1 \\ \Delta \alpha_2 \Delta \gamma_1 \end{bmatrix}$$

由于

$$\frac{\partial x_0}{\partial \hat{\gamma}_1} = 0, \quad \frac{\partial z_0}{\partial \hat{\gamma}} = 0 \quad \frac{\partial^2 x_0}{\partial \hat{\gamma}_1^2} = 0, \quad \frac{\partial^2 z_0}{\partial \hat{\gamma}_1^2} = 0$$

$$\frac{\partial^2 x_0}{\partial \hat{\alpha}_1 \partial \hat{\gamma}_1} = 0, \quad \frac{\partial^2 x_0}{\partial \hat{\alpha}_2 \partial \hat{\gamma}_1} = 0, \quad \frac{\partial^2 z_0}{\partial \hat{\alpha}_1 \partial \hat{\gamma}_1} = 0, \quad \frac{\partial^2 x_0}{\partial \hat{\alpha}_2 \partial \hat{\gamma}_1} = 0$$

将式(3-16)中各偏导数代入上式得高级修正量,则二阶修正方程:

$$\begin{bmatrix} \Delta x_\Pi \\ \Delta y_\Pi \\ \Delta z_\Pi \end{bmatrix} = \begin{bmatrix} \cot\beta(l_1\cos\hat{\alpha}_2\Delta\alpha_1^2 - l_2\cos\hat{\alpha}_1\Delta\alpha_2^2) - [(\Delta x_1 + \Delta x_2)/\sin^2\beta]\Delta\alpha_1\Delta\alpha_2 \\ l_1\tan\hat{\gamma}_1\sin(\hat{\alpha}_1 + \hat{\alpha}_2)\Delta\alpha_1^2/\sin\beta/2 - l_2\tan\hat{\gamma}_1\cot\beta\Delta\alpha_2^2 + l_1\sin\hat{\gamma}\sec^3\hat{\gamma}_1\Delta\gamma_1^2 - (l_1 - l_2\cos\beta)\tan\hat{\gamma}_1\Delta\alpha_1\Delta\alpha_2 \\ \quad + \Delta\alpha_1\Delta\gamma_1 l_1\sec^2\hat{\gamma}\cos(\hat{\alpha}_1 + \hat{\alpha}_2)/\sin\beta + \Delta\alpha_1\Delta\gamma_1 l_2\sec^2\hat{\gamma}_1/\sin\beta \\ l_1\cot\beta(\sin\hat{\alpha}_2\Delta\alpha_1^2 + \sin\hat{\alpha}_1\Delta\alpha_2^2) + \Delta\hat{\alpha}_1\Delta\hat{\alpha}_2[(z_{01} - z_{02}) + 2l_2\sin(\hat{\alpha}_1 + \beta)]/\sin^2\beta \end{bmatrix}$$

$$(3-17)$$

$$\begin{cases} \Delta\alpha_1 = \hat{\alpha}_{1i} - \hat{\alpha}_1 \\[1mm] \Delta\alpha_2 = \hat{\alpha}_{2i} - \hat{\alpha}_2 \\[1mm] \Delta\gamma_1 = \hat{\gamma}_{1i} - \hat{\gamma}_1 \\[1mm] \beta = \hat{\alpha}_1 - \hat{\alpha}_2 \\[1mm] \Delta x_1 = \dfrac{(x_{01} - x_{02})\tan\hat{\alpha}_2 - (z_{01} - z_{02})}{\tan\hat{\alpha}_1 - \tan\hat{\alpha}_2} \\[3mm] \Delta x_2 = \dfrac{(x_{01} - x_{02})\tan\hat{\alpha}_1 - (z_{01} - z_{02})}{\tan\hat{\alpha}_1 - \tan\hat{\alpha}_2} \\[3mm] l_1 = \Delta x_1 \sec\hat{\alpha}_1 \\[1mm] l_2 = \Delta x_2 \sec\hat{\alpha}_2 \end{cases}$$

计算坐标增量必须是由融合性相关处理得出的测角数据 $\hat{\alpha}_1$、$\hat{\gamma}_1$、$\hat{\alpha}_2$、$\hat{\gamma}_2$。
这里,带角标"1"的测量参数为 1# 光测站测量的数据,带角标"2"的测量参数为

$2^{\#}$光测站测量的数据。$\hat{\alpha}_1$、$\hat{\gamma}_1$、$\hat{\alpha}_2$、$\hat{\gamma}_2$ 为上一时刻测量的数据，$\hat{\alpha}_{1i}$、$\hat{\gamma}_{1i}$、$\hat{\alpha}_{2i}$、$\hat{\gamma}_{2i}$ 为当前时刻测量的数据。

3.2 雷达或光电经纬仪测量目标空间坐标的增量算法

1. 用雷达或光电经纬仪测量数据计算目标坐标

在雷达测站坐标系中(图3-4)，用雷达测量或光电经纬仪测量的距离 R、方位角 A、仰角 E 估算目标 P 的空间坐标参数(x、y、z)，方程如下：

$$\begin{cases} x = R\cos E\cos A \\ y = R\sin E \\ z = R\cos E\sin A \end{cases} \tag{3-18}$$

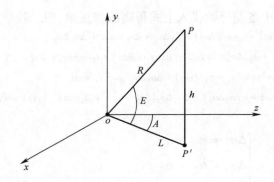

图 3-4 雷达测站坐标系示意图

2. 雷达或光电经纬仪测量数据融合性相关处理

在运用雷达或光电经纬仪对导弹测量数据进行空间坐标增量算法前，也需对测量数据进行数据融合性相关处理。

$$\begin{cases} \hat{R} = (x^2 + y^2 + z^2) \\ \hat{A} = \arctan(z/x) \\ \hat{E} = \arcsin(y/\hat{R}) \end{cases} \tag{3-19}$$

3. 雷达或光电经纬仪测量的空间坐标的增量算法

说明：此处，坐标增量算法中使用的测量数据，如距离 R、方位角 A、仰角 E，都是经过相关性处理的数据。

在估算区间内，距离 R、方位角 A、仰角 E 连续可微，这使得近似计算在很小的数据采样间隔内能对随机变量函数进行线性化处理。由于估算的函数在充分小的邻域内是可视为线性的，因而能以线性函数近似地代替，为此可对在导弹坐标的初始位置（基准位置或称首参数）(x_0, y_0, z_0) 处按泰勒级数展开，并且只取一次项而略去高次项，得

$$
\begin{bmatrix} x_\mathrm{I} \\ y_\mathrm{I} \\ z_\mathrm{I} \end{bmatrix} = \begin{bmatrix} x_0 \\ y_0 \\ z_0 \end{bmatrix} + \begin{bmatrix} \dfrac{\partial x_0}{\partial R} & \dfrac{\partial x_0}{\partial E} & \dfrac{\partial x_0}{\partial A} \\[2mm] \dfrac{\partial y_0}{\partial R} & \dfrac{\partial y_0}{\partial E} & \dfrac{\partial y_0}{\partial A} \\[2mm] \dfrac{\partial z_0}{\partial R} & \dfrac{\partial z_0}{\partial E} & \dfrac{\partial z_0}{\partial A} \end{bmatrix} \cdot \begin{bmatrix} \Delta R \\ \Delta E \\ \Delta A \end{bmatrix}
$$

目标坐标一阶近似增量方程为

$$
\begin{bmatrix} \Delta x \\ \Delta y \\ \Delta z \end{bmatrix} = \begin{bmatrix} \dfrac{\partial x_0}{\partial R} & \dfrac{\partial x_0}{\partial E} & \dfrac{\partial x_0}{\partial A} \\[2mm] \dfrac{\partial y_0}{\partial R} & \dfrac{\partial y_0}{\partial E} & \dfrac{\partial y_0}{\partial A} \\[2mm] \dfrac{\partial z_0}{\partial R} & \dfrac{\partial z_0}{\partial E} & \dfrac{\partial z_0}{\partial A} \end{bmatrix} \cdot \begin{bmatrix} \Delta R \\ \Delta E \\ \Delta A \end{bmatrix} \tag{3-20}
$$

式中，距离和角度增量分别为

$$
\begin{cases} \Delta R = R_1 - R_0 \\ \Delta E = E_1 - E_0 \\ \Delta A = A_1 - A_0 \end{cases}
$$

其中，R_0、E_0、A_0 是雷达对导弹坐标的初始位置（或首参数）(x_0, y_0, z_0) 或前一位置的距离和角度 R_1、E_1、A_1 则是当前位置的距离和角度。

各偏导数为

$$
\frac{\partial x}{\partial R} = \cos A \cos E, \frac{\partial x}{\partial A} = -R\sin A\cos E, \frac{\partial x}{\partial E} = -R\cos A\sin E
$$

$$
\frac{\partial y}{\partial R} = \sin E, \frac{\partial y}{\partial A} = 0, \frac{\partial y}{\partial E} = R\cos E
$$

$$\frac{\partial z}{\partial R} = \sin A \cos E, \frac{\partial z}{\partial A} = R \cos A \cos E, \frac{\partial z}{\partial E} = - R \sin A \sin E$$

雷达对目标测量的数据本来就具有相关性,但在传统的应用上,数据采样间隔较大,数据相关性较弱。而雷达对空间目标坐标的增量算法中,要求数据强相关。为此要使数据的采样率有较大的增加,例如增加到 80~100 次/s,这样 ΔR、ΔA、ΔE 就会消除相关性误差,从而使坐标测量精度提高到一个新的水平。

3.3　目标空间坐标的增量算法的精度分析

这里只对目标空间坐标的近似计算作精度分析。

目标空间坐标增量算法的精度表示为

$$\begin{cases} \sigma_x = \left[\sigma_{x_0}^2 + \sigma_{\Delta x}^2 \right]^{1/2} \\ \sigma_y = \left[\sigma_{y_0}^2 + \sigma_{\Delta y}^2 \right]^{1/2} \\ \sigma_z = \left[\sigma_{z_0}^2 + \sigma_{\Delta z}^2 \right]^{1/2} \end{cases} \tag{3-21}$$

其中,σ_x、σ_y、σ_z 是总误差。总误差由两项误差合成:一是基准点(首参数)或上一时刻目标坐标测量误差 σ_{x_0}、σ_{y_0}、σ_{z_0},二是坐标增量的测量误差 $\sigma_{\Delta x}$、$\sigma_{\Delta y}$、$\sigma_{\Delta z}$。

坐标增量的测量误差由下式表示:

$$\begin{bmatrix} \sigma_{\Delta x_i}^2 \\ \sigma_{\Delta y_i}^2 \\ \sigma_{\Delta z_i}^2 \end{bmatrix} = \begin{bmatrix} \left(\dfrac{\partial x_{p_i}}{\partial \hat{\alpha}_{1i}}\right)^2 & \left(\dfrac{\partial x_{p_i}}{\partial \hat{\alpha}_{2i}}\right)^2 & 0 & 2\dfrac{\partial x_{p_i}}{\partial \hat{\alpha}_{1i}}\dfrac{\partial x_{p_i}}{\partial \hat{\alpha}_{2i}} & 0 & 0 \\[3mm] \left(\dfrac{\partial y_{p_i}}{\partial \hat{\alpha}_{1i}}\right)^2 & \left(\dfrac{\partial y_{p_i}}{\partial \hat{\alpha}_{2i}}\right)^2 & \left(\dfrac{\partial y_{p_i}}{\partial \hat{\gamma}_{1i}}\right)^2 & 2\dfrac{\partial y_{p_i}}{\partial \hat{\alpha}_{1i}}\dfrac{\partial y_{p_i}}{\partial \hat{\alpha}_{2i}} & 2\dfrac{\partial y_{p_i}}{\partial \hat{\alpha}_{1i}}\dfrac{\partial y_{p_i}}{\partial \hat{\gamma}_{1i}} & 2\dfrac{\partial y_{p_i}}{\partial \hat{\alpha}_{2i}}\dfrac{\partial y_{p_i}}{\partial \hat{\gamma}_{1i}} \\[3mm] \left(\dfrac{\partial z_{p_i}}{\partial \hat{\alpha}_{1i}}\right)^2 & \left(\dfrac{\partial z_{p_i}}{\partial \hat{\alpha}_{2i}}\right)^2 & 0 & 2\dfrac{\partial z_{p_i}}{\partial \hat{\alpha}_{1i}}\dfrac{\partial z_{p_i}}{\partial \hat{\alpha}_{2i}} & 0 & 0 \end{bmatrix} \cdot$$

$$\begin{bmatrix} \sigma_{\Delta \alpha_{1i}}^2 \\ \sigma_{\Delta \alpha_{2i}}^2 \\ \sigma_{\Delta \gamma_{1i}}^2 \\ K_{\Delta \alpha_{1i} \Delta \alpha_{2i}} \\ K_{\Delta a_{1i} \Delta \gamma_{1i}} \\ K_{\Delta \alpha_{2i} \Delta \gamma_{1i}} \end{bmatrix}$$

52

其中相关矩为

$$\begin{cases} K_{\Delta R\Delta E} = \rho_1 \sigma_{\Delta R}\sigma_{\Delta E} \\ K_{\Delta R\Delta A} = \rho_2 \sigma_{\Delta R}\sigma_{\Delta A} \\ K_{\Delta E\Delta A} = \rho_3 \sigma_{\Delta E}\sigma_{\Delta A} \end{cases}$$

相关系数 $\rho_1 = \rho_2 = \rho_3 = 1$。因此

$$\begin{bmatrix} \sigma_{\Delta x}^2 \\ \sigma_{\Delta y}^2 \\ \sigma_{\Delta z}^2 \end{bmatrix} = \begin{bmatrix} \left(\dfrac{\partial x}{\partial R}\right)^2 & \left(\dfrac{\partial x}{\partial E}\right)^2 & \left(\dfrac{\partial x}{\partial A}\right)^2 & 2\dfrac{\partial x}{\partial R}\dfrac{\partial x}{\partial E} & 2\dfrac{\partial x}{\partial R}\dfrac{\partial x}{\partial E} & 2\dfrac{\partial x}{\partial E}\dfrac{\partial x}{\partial A} \\ \left(\dfrac{\partial y}{\partial R}\right)^2 & \left(\dfrac{\partial y}{\partial E}\right)^2 & \left(\dfrac{\partial y}{\partial A}\right)^2 & 2\dfrac{\partial y}{\partial R}\dfrac{\partial y}{\partial E} & 2\dfrac{\partial y}{\partial R}\dfrac{\partial y}{\partial E} & 2\dfrac{\partial y}{\partial E}\dfrac{\partial y}{\partial A} \\ \left(\dfrac{\partial z}{\partial R}\right)^2 & \left(\dfrac{\partial z}{\partial E}\right)^2 & \left(\dfrac{\partial z}{\partial A}\right)^2 & 2\dfrac{\partial z}{\partial R}\dfrac{\partial z}{\partial E} & 2\dfrac{\partial z}{\partial R}\dfrac{\partial z}{\partial E} & 2\dfrac{\partial z}{\partial E}\dfrac{\partial z}{\partial A} \end{bmatrix} \cdot \begin{bmatrix} \sigma_{\Delta R}^2 \\ \sigma_{\Delta E}^2 \\ \sigma_{\Delta A}^2 \\ K_{\Delta R\Delta E} \\ K_{\Delta R\Delta A} \\ K_{\Delta E\Delta A} \end{bmatrix}$$

$$\begin{pmatrix} \sigma_{\Delta x}^2 \\ \sigma_{\Delta y}^2 \\ \sigma_{\Delta z}^2 \end{pmatrix} = \begin{pmatrix} \left[\dfrac{\partial \Delta x}{\partial R}\sigma_{\Delta R} + \dfrac{\partial \Delta x}{\partial \Delta E}\sigma_{\Delta E} + \dfrac{\partial \Delta x}{\partial \Delta A}\sigma_{\Delta A}\right]^2 \\ \left[\dfrac{\partial \Delta y}{\partial \Delta R}\sigma_{\Delta R} + \dfrac{\partial \Delta y}{\partial \Delta E}\sigma_{\Delta E} + \dfrac{\partial \Delta y}{\partial \Delta A}\sigma_{\Delta A}\right]^2 \\ \left[\dfrac{\partial \Delta z}{\partial \Delta R}\sigma_{\Delta R} + \dfrac{\partial \Delta z}{\partial \Delta E}\sigma_{\Delta E} + \dfrac{\partial \Delta z}{\partial \Delta A}\sigma_{\Delta A}\right]^2 \end{pmatrix}$$

$$\begin{pmatrix} \sigma_{\Delta x} \\ \sigma_{\Delta y} \\ \sigma_{\Delta z} \end{pmatrix} = \begin{pmatrix} \dfrac{\partial \Delta x}{\partial R}\sigma_{\Delta R} + \dfrac{\partial \Delta x}{\partial \Delta E}\sigma_{\Delta E} + \dfrac{\partial \Delta x}{\partial \Delta A}\sigma_{\Delta A} \\ \dfrac{\partial \Delta y}{\partial \Delta R}\sigma_{\Delta R} + \dfrac{\partial \Delta y}{\partial \Delta E}\sigma_{\Delta E} + \dfrac{\partial \Delta y}{\partial \Delta A}\sigma_{\Delta A} \\ \dfrac{\partial \Delta z}{\partial \Delta R}\sigma_{\Delta R} + \dfrac{\partial \Delta z}{\partial \Delta E}\sigma_{\Delta E} + \dfrac{\partial \Delta z}{\partial \Delta A}\sigma_{\Delta A} \end{pmatrix} \tag{3-22}$$

由式(3-22)可知,目标空间坐标的测量精度取决于目标坐标增量的测量精度 $\sigma_{\Delta x}$、$\sigma_{\Delta y}$、$\sigma_{\Delta z}$,而坐标增量的测量精度主要取决于目标距离和角度增量的测量精度 $\sigma_{\Delta R}$、$\sigma_{\Delta E}$、$\sigma_{\Delta A}$。

由于雷达不能直接观测火箭发射塔架,目标的首参数(x_0,y_0,z_0)已经远离发射台,高精度的首参数可能是其他测量设备传递过来的。也可由自身测量数据计算得到。但是首参数的测量误差是会传递到空间位置参数的增量计算过程中。因此首参数的误差是整个误差的一部分。

3.4 坐标增量算法之数学模拟

目标空间坐标增量算法是一种具有创新性的数据处理方法。这种方法具有实用性、有效性和精确性。

由于相关性测量数据所具有的概率特性,运用数字差分技术可消除相关测量数据中系统误差和随机误差的影响,因而测量精度较高;另外还利用了导弹发射塔、架的精确位置坐标作为高精度的测量基准;在现代计算技术高度发展的情况下,这种数据处理方法不算复杂,易于实现实时处理。

下面说明这种算法的可行性。假设用两个电影经纬仪光测站,对导弹进行跟踪测量。以某型号导弹模拟飞行试验空间坐标数据(表3-1)为例进行演算。为了简化计算,只讨论坐标参数 x、y 的计算。

在发射坐标系中(图3-2),$1^{\#}$光测站和$2^{\#}$光测站站址坐标为

$$x_{01} = -15000\text{m}, y_{01} = 0, z_{01} = -15000\text{m}$$
$$x_{02} = -15000\text{m}, y_{02} = 0, z_{02} = 15000\text{m}$$

演算步骤如下:

首先由两个光测站对导弹测量的角度数据(略去)运用式(3-1)或式(3-2)算得导弹空间坐标数据(表3-1),为了节省篇幅,表3-1中只列出10个时刻的数据;其次,运用目标空间坐标的近似算法,进行了测量元素的相关性处理,进而获得测量元素之差;然后运用坐标增量算法获得导弹空间坐标精确值。

表3-1 某型号导弹模拟飞行试验空间坐标数据

时间/s	X/m	Y/m
0	10.54737	-6.78890
10	4193.837	4151.365
20	8803.224	8617.862
30	13801.33	13348.85
40	19223.71	18412.57
50	24995.27	23746.79
60	31199.39	29397.99
70	37817.35	35348.65
80	44809.91	41616.16
90	52198.81	48132.01
100	59999.09	55003.65

算法流程如图 3-5 所示。

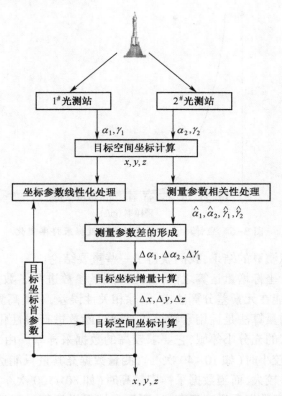

图 3-5　目标空间坐标的增量算法流程图

表 3-2 给出了数据采样率为 100 次/s 时,各时刻坐标误差数据。

表 3-2　采样率为 100 次/s 时坐标误差数据

时间/s	0	10	20	30	40
Δx/m	0.24380	0.6250	0.7763	0.2236	0.3867
Δy/m	0.2813	0.5742	1.1621	0.5244	0.9727

目标在第 100s 时,目标的坐标精度随采样率变化的情况见表 3-3。

表 3-3　目标的坐标精度随采样率变化的情况

采样率/(次/s)	1 次/s	10 次/s	20 次/s	40 次/s	80 次/s	100 次/s
Δx/m	161.92	16.25	8.074	0.770	0.141	0.039
Δy/m	361.55	36.17	18.070	2.777	0.578	0.25

精度随采样率变化的趋势如图 3-6 所示。

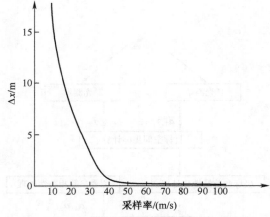

图 3-6　坐标增量法坐标精度随数据采样率变化

由数学模拟演算的结果,我们获得了一些重要结论:

(1)在进行坐标增量运算之前,首先对测量参数进行了数据融合相关性处理,这一步算法能在元素差分算法中,消除相关性误差,对提高测量精度很关键。

(2)坐标增量算法是运用泰勒级数对随机函数进行线性化的算法,为了满足线性化所要求的充分小邻域,它要求较高的数据采样率。由表 3-2 和图 3-3 看到,在采样率较小时(如 10~40 次/s),测量数据充其量只能达到临近相关,因而数据逼近误差较大,而当数据采样率较高时(如 80~100 次/s),则能获得满意的结果,这是由于数据采样率很高时,测量数据采样间隔时间很短,测量数据的相关性已突破临近相关而达到了线性相关,角度之差(即角度增量)消除了相关性误差,从而使数据处理结果具有很高的测量精度。

(3)测量数据融合性相关处理与线性化处理有机地结合,是本算法的又一创新点,这使得本算法在数据处理精度上达到了一种新的水平。

(4)通常采用光学测量设备测量中近程导弹弹道和远程火箭导弹初始段弹道,其坐标测量精度约为几米到十几米。本算法在大致相同的弹道段,其精度可达到零点几米的数量级,其测量精度提高很多。

(5)关于电影经纬仪数据采样率是否能达到 100 次/s?答案应该是肯定的。现代数码摄影技术和电子测控技术达到更高的数据采样率也是可能的。

(6)本例讨论的只是目标空间坐标的近似算法。结果说明只要数据采样率足够高,就能达到满意的精度要求。无须采用目标空间坐标的精确算法。而精确算法只是采用了更高阶次的修正项,增加了编程和计算的复杂性。

3.5 强相关性测量数据处理方法应用之推广

本章论述了两类外测设备,即经典的电影经纬仪和脉冲雷达(含光电经纬仪)对其测量数据进行数据融合相关性变换,获得强相关性测量数据,运用差分技术创立了坐标增量算法。用数学模拟方法,验证了算法的可行性,并获得了高精度的模拟结果。这个结果是令人鼓舞的。可以想见,如果对测控系统中多台套设备的测量数据(含有较多冗余数据),运用弹道融合技术将会有更好的结果。

用增量算法获得的结果来计算火箭导弹的其他弹道参数,必然也是高精度的结果。

1. 速度和加速度的解算弹道方法

1) 微分求速度的公式

将位置参数微分求速度时,通常应用速度二阶中心平滑公式,假设输入 $2n+1$ 个等间隔采样的位置参数为 $(\hat{X}_{-n}, \hat{X}_{-n+1}, \cdots, \hat{X}_0, \cdots, \hat{X}_n)$,这里的位置参数是用坐标增量算法获得的。则中心时刻的速度

$$\hat{\dot{X}}_i = \sum_{i=-n}^{n} \frac{12i}{hN(N^2-1)} \hat{X}_i \tag{3-23}$$

式中: h 为测量数据的采样间隔; N 为输入数据总个数, $N=2n+1$ 。

输入误差和输出误差的方差比为

$$\mu^2 = \frac{12}{h^2 N(N^2-1)} \tag{3-24}$$

然后再利用滑动弧方法,求下一时刻的速度参数。同样地,对于 y 和 z 方向微分的求速方法和公式类同。

2) 微分求加速度的公式

由位置参数微分求加速度时,通常应用加速度三阶中心平滑公式,即为

$$\hat{\ddot{X}}_0 = \sum_{i=-n}^{n} \frac{30[12i^2-(N^2-1)]}{h^2 N(N^2-1)(N^2-4)} \hat{X}_i \tag{3-25}$$

式中: $\hat{\ddot{X}}_0$ 为中心时刻的加速度参数; $\hat{X}_i$ 为 $2n+1$ 个等间隔的位置参数,也是用坐标增量算法获得的。

输入误差和输出误差的方差比为

$$\mu^2 = \frac{12}{h^2 N(N^2 - 1)} \tag{3-26}$$

同样地,也可对 y 方向和 z 方向进行微分求加速度。

2. 其他弹道参数解算

最后利用速度与弹道倾角、偏角之间关系,得到合成速度、弹道倾角和偏角分别为

$$\begin{cases} V = (\dot{X}^2 + \dot{Y}^2 + \dot{Z}^2)^{1/2} \\ \theta = \arctan \dfrac{\dot{Y}}{\dot{X}} + \begin{cases} 0, \dot{X} \geqslant 0 \\ \pi, \dot{X} < 0, \dot{Y} > 0 \end{cases} \\ \sigma = \arcsin(-\dot{Z}/V) \end{cases} \tag{3-27}$$

而切向、法向和侧向加速度分别为

$$\begin{cases} \dot{V} = (\dot{X}\ddot{X} + \dot{Y}\ddot{Y} + \dot{Z}\ddot{Z})/V \\ V\dot{\theta} = \ddot{Y}\cos\theta - \ddot{X}\sin\theta \\ V\dot{\sigma} = -\dfrac{\ddot{Z}}{\cos\sigma} - \dot{V}\tan\sigma \end{cases} \tag{3-28}$$

3.6 光学跟踪测量设备测角精度的校准

1. 运用目标空间坐标增量算法校准光测设备的精度

靶场光学测量设备经典的精度鉴定方法是比较法。它要求有一个高精度的测量设备作为比较标准。这个高精度的测量设备的测量精度一般应比被鉴定的设备的精度高 3~5 倍以上。曾经采用的光测设备精度测试方法十分繁琐,效果也不够理想。

例如光学测量设备在静态精度鉴定时,采用了星体比较法,它以恒星的精确的天文位置数据作为比较标准,一般在夜间确定时刻(大距时刻)进行测试,组织实施是相当严格的。光测设备的静态精度只能做参考,动态精度才是靶场飞行试验所要求的设备精度。光测设备动态精度鉴定的高精度比较标准,更是难以寻觅。为此靶场技术人员设计研究了许多方案。例如某试验场采用了多台设备组合方案作为比较标准,鉴定单台设备的动态精度。工程技术人员采用数据

融合的方法,设计了一个校飞测量–数据融合比对方案。图 3–7 表明了此方案的要点。

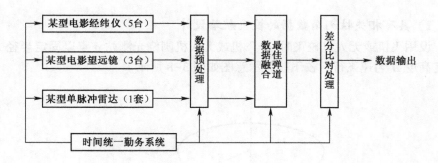

图 3–7　校飞测量–数据融合比对方案示意图

这个校飞测量–数据融合比对方案与当前采用的最佳弹道处理数据融合校准技术是基本相同的。运用此方案以飞机模拟导弹飞行航迹,经过多架次校飞,获得了 5 台某型电影经纬仪和 3 台某型电影望远镜比较准确的测角精度数据。

从理论上讲,坐标增量算法获得的结果消除了系统误差和随机误差,仅存在数据输出误差。因此,利用坐标增量算法获得的空间目标位置数据,反算出各光测站对目标的测量数据,以此数据作为比较标准,用此法必能获得光测设备的更为精确的精度数据。

以下关于坐标增量算法实际推演的结果,支持我们将该算法应用于光学测量设备的精度测试。

我们可以将目标空间坐标增量算法获得的数据处理结果,反算出电影经纬仪角度数据,以此作为比较标准,与电影经纬仪实际测量的角度数据比较,其差的平均值就是电影经纬仪测角系统误差,即

$$\Delta\alpha = \frac{1}{n}\sum_{i=1}^{n}(\alpha_i - \tilde{\alpha}_i) \text{ 和 } \Delta\gamma = \frac{1}{n}\sum_{i=1}^{n}(\gamma_i - \tilde{\gamma}_i) \tag{3-29}$$

测角随机误差为

$$\sigma_\alpha = \sqrt{\frac{1}{n-1}\sum_{i=1}^{n}(\alpha_i - \tilde{\alpha}_i)^2} \text{ 和 } \sigma_\gamma = \sqrt{\frac{1}{n-1}\sum_{i=1}^{n}(\gamma_i - \tilde{\gamma}_i)^2} \tag{3-30}$$

式中:$\tilde{\alpha}_i$ 和 $\tilde{\gamma}_i$ 分别为增量算法获得的方位角和高低角值;α_i、γ_i 分别为电影经纬仪实际的测量值。

2. 设计目标特殊航迹校准光测设备测角精度

1) 具有相关性测角数据的校飞航路设计

设用飞机或无人机校飞时，令飞机或无人机围绕光测站 o 点以固定半径 R、固定高度 H 匀速飞行。校飞航路示意图如图 3-8 所示。

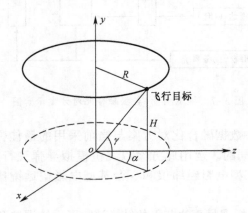

图 3-8　光测设备精度校飞航路示意图

则光测设备方位角观测模式为

$$\alpha_i = \alpha_{i-1} + \dot{\alpha}_{i-1} h \tag{3-31}$$

高低角观测模式为

$$\gamma_i = \gamma_{i-1} \tag{3-32}$$

前面已经证明电影经纬仪方位角观测数据 α_i 是前后相关的。

对于高低角观测数据，它不过是线性相关的特殊形式。

对于随机变量 X 和 Y 有线性关系，$Y = aX + b$，那么它们的相关系数等于 +1。这里 $Y = \gamma_i$，$X = \gamma_{i-1}$，$a = 1$，$b = 0$。γ_i 与 γ_{i-1} 的相关系数 $\rho_{\gamma_i\gamma_{i-1}} = 1$。这说明高低角测量数据也是前后相关的。

更为简化的高低角校准方案，就是测量固定目标的高低角，这个固定目标可以是方位标，也可以是校准塔。

2) 雷达和激光测距系统校准方法

在雷达或激光测距系统校准塔上设置雷达应答机或激光合作目标。雷达测距系统或激光测距系统所测的目标距离 R_i 也是相关性测量数据，因而也可以用下面将介绍的计算方位角精度的方法计算测距精度。

3) 测角精度计算

（1）方位角测角精度计算。

这需要有一个高精度的起始基准方位角，即首参数 $\hat{\alpha}_0$。这个基准方位角 $\hat{\alpha}_0$ 可以取光测站周围精确设定多个方位标中的一个方位标，作为精度校准的首参数 $\hat{\alpha}_0$，这个方位角 $\hat{\alpha}_0$ 是用大地测量方法精确测定的。其精确度是可以作为基准的。

$\hat{\alpha}_1 = \hat{\alpha}_0 + \Delta\alpha_1$，其中 $\Delta\alpha_1 = \alpha_1 - \alpha_0$，$\alpha_0$、$\alpha_1$ 都是实测数据。

$\hat{\alpha}_2 = \hat{\alpha}_1 + \Delta\alpha_2$，其中 $\Delta\alpha_2 = \alpha_2 - \alpha_1$，$\alpha_1$、$\alpha_2$ 都是实测数据。

以此类推：

$\hat{\alpha}_i = \hat{\alpha}_{i-1} + \Delta\alpha_i$，其中 $\Delta\alpha_i = \alpha_i - \alpha_{i-1}$，$\alpha_{i-1}$、$\alpha_i$ 都是实测数据。

式中，$i = 0, 1, 2, \cdots, n$。

虽然 α_{i-1}、α_i 是实测数据。但它们属于邻近强相关测量数据。

$\Delta\alpha_i = \alpha_i - \alpha_{i-1}$ 消除了相关性误差，消除相关性误差后的 $\hat{\alpha}_i$ 是非常精确地数据，因此，可用于进行各种计算，另一方面可作为比较标准进行设备的精度计算。

则方位角的测角系统误差为

$$\Delta\overline{\alpha} = \sum_{i=1}^{n} (\alpha_i - \hat{\alpha}_i)/n \tag{3-33}$$

方位角的测角随机误差为

$$\sigma_\alpha = \sqrt{\frac{1}{n-1} \sum_{i=1}^{n} (\alpha_i - \hat{\alpha}_i)^2} \tag{3-34}$$

说明：对于起始方位角 $\hat{\alpha}_0$，我们要求其准，对实测起始方位角 α_0 则应按正常情况进行测量。

（2）高低角测角精度计算。

与方位角精度计算类似，计算高低角时也需要有一个高精度的起始基准高低角 $\hat{\gamma}_0$。这在实践中似乎很难找到一个与校飞试验高低角 γ_i 相符合的物体作为高精度的起始高低角 $\hat{\gamma}_0$，因为它要求高低角可调（调到校飞试验目标的高低角），目标又在无限远。如果在夜间试验可以选择星体，但高低角不是很好选择的；我们设想使用平行光管，在测站近处模拟无限远的目标，只需目标能升降，就可以达到所要求高低角 $\hat{\gamma}_0$。这要求我们制作一个能上下调控的装置，从而可以设置一个可以作为起始基准的高低角 $\hat{\gamma}_0$。这个 $\hat{\gamma}_0$ 并不要求方位上多么精确。

现在假设已经有了起始高低角 $\hat{\gamma}_0$，这样就可以进行光测设备的精度计算了。

$\hat{\gamma}_1 = \hat{\gamma}_0 + \Delta\gamma_1$,其中 $\Delta\gamma_1 = \gamma_1 - \gamma_0$, γ_0 、 γ_1 都是实测数据。

$\hat{\gamma}_2 = \hat{\gamma}_1 + \Delta\gamma_2$,其中 $\Delta\gamma_2 = \gamma_2 - \gamma_1$, γ_1 、 γ_2 都是实测数据。

以此类推:

$\hat{\gamma}_i = \hat{\gamma}_{i-1} + \Delta\gamma_i$,其中 $\Delta\gamma_i = \gamma_i - \gamma_{i-1}$, γ_{i-1} 、 γ_i 都是实测数据。

式中, $i = 0,1,2,\cdots,n$ 。

则高低角的测角系统误差为

$$\Delta\bar{\gamma} = \sum_{i=1}^{n} (\gamma_i - \hat{\gamma}_i)/n \tag{3-35}$$

高低角的测角随机误差为

$$\sigma_\gamma = \sqrt{\frac{1}{n-1}\sum_{i=1}^{n}(\gamma_i - \hat{\gamma}_i)^2} \tag{3-36}$$

(3) 结论。

① 我们所讨论的精度校准方法都是基于处理相关性测量数据理论和方法,比如运用差分技术,能消除所有相关性误差,不需逐项进行误差校准。

② 运用目标空间坐标增量算法校准光测设备的精度,与导弹飞行试验结合,只需设计软件,进行实时或事后处理。

③ 设计特殊航迹校准光测设备测角精度方法,也较以往的精度校准方法简单实用,节省人力物力而效果更好。

3.7 关于增量算法的首参数选取问题

以单脉冲雷达或光电经纬仪测量目标空间坐标为例,其坐标增量增量算法的精度由下式表示:

$$\begin{cases} \sigma_x = (\sigma_{x_0}^2 + \sigma_{\Delta x}^2)^{1/2} \\ \sigma_y = (\sigma_{y_0}^2 + \sigma_{\Delta y}^2)^{1/2} \\ \sigma_z = (\sigma_{z_0}^2 + \sigma_{\Delta z}^2)^{1/2} \end{cases}$$

其中, σ_x 、 σ_y 、 σ_z 是总误差。总误差由两项误差合成:一是基准点(首参数)误差 σ_{x_0} 、 σ_{y_0} 、 σ_{z_0} ,二是坐标增量的测量误差 $\sigma_{\Delta x}$ 、 $\sigma_{\Delta y}$ 、 $\sigma_{\Delta z}$ 。

1. 坐标增量测量误差

首先来分析坐标增量的测量误差,坐标增量测量误差表示为

$$
\begin{bmatrix} \sigma_{\Delta x}^2 \\ \sigma_{\Delta y}^2 \\ \sigma_{\Delta z}^2 \end{bmatrix} = \begin{bmatrix} \left(\dfrac{\partial x}{\partial R}\right)^2 & \left(\dfrac{\partial x}{\partial E}\right)^2 & \left(\dfrac{\partial x}{\partial A}\right)^2 & 2\dfrac{\partial x}{\partial R}\dfrac{\partial x}{\partial E} & 2\dfrac{\partial x}{\partial R}\dfrac{\partial x}{\partial E} & 2\dfrac{\partial x}{\partial E}\dfrac{\partial x}{\partial A} \\ \left(\dfrac{\partial y}{\partial R}\right)^2 & \left(\dfrac{\partial y}{\partial E}\right)^2 & \left(\dfrac{\partial y}{\partial A}\right)^2 & 2\dfrac{\partial y}{\partial R}\dfrac{\partial y}{\partial E} & 2\dfrac{\partial y}{\partial R}\dfrac{\partial y}{\partial E} & 2\dfrac{\partial y}{\partial E}\dfrac{\partial y}{\partial A} \\ \left(\dfrac{\partial z}{\partial R}\right)^2 & \left(\dfrac{\partial z}{\partial E}\right)^2 & \left(\dfrac{\partial z}{\partial A}\right)^2 & 2\dfrac{\partial z}{\partial R}\dfrac{\partial z}{\partial E} & 2\dfrac{\partial z}{\partial R}\dfrac{\partial z}{\partial E} & 2\dfrac{\partial z}{\partial E}\dfrac{\partial z}{\partial A} \end{bmatrix} \cdot \begin{bmatrix} \sigma_{\Delta R}^2 \\ \sigma_{\Delta E}^2 \\ \sigma_{\Delta A}^2 \\ K_{\Delta R \Delta E} \\ K_{\Delta R \Delta A} \\ K_{\Delta E \Delta A} \end{bmatrix}
$$

其中,相关矩为

$$
\begin{cases} K_{\Delta R \Delta E} = \rho_1 \sigma_{\Delta R} \sigma_{\Delta E} \\ K_{\Delta R \Delta A} = \rho_2 \sigma_{\Delta R} \sigma_{\Delta A} \\ K_{\Delta E \Delta A} = \rho_3 \sigma_{\Delta E} \sigma_{\Delta A} \end{cases}
$$

由于测量数据的线性相关性,其相关系数 $\rho_1 = \rho_2 = \rho_3 = 1$。因此

$$
\begin{pmatrix} \sigma_{\Delta x}^2 \\ \sigma_{\Delta y}^2 \\ \sigma_{\Delta z}^2 \end{pmatrix} = \begin{pmatrix} \left[\dfrac{\partial \Delta x}{\partial R}\sigma_{\Delta R} + \dfrac{\partial \Delta x}{\partial \Delta E}\sigma_{\Delta E} + \dfrac{\partial \Delta x}{\partial \Delta A}\sigma_{\Delta A}\right]^2 \\ \left[\dfrac{\partial \Delta y}{\partial \Delta R}\sigma_{\Delta R} + \dfrac{\partial \Delta y}{\partial \Delta E}\sigma_{\Delta E} + \dfrac{\partial \Delta y}{\partial \Delta A}\sigma_{\Delta A}\right]^2 \\ \left[\dfrac{\partial \Delta z}{\partial \Delta R}\sigma_{\Delta R} + \dfrac{\partial \Delta z}{\partial \Delta E}\sigma_{\Delta E} + \dfrac{\partial \Delta z}{\partial \Delta A}\sigma_{\Delta A}\right]^2 \end{pmatrix}
$$

$$
\begin{pmatrix} \sigma_{\Delta x} \\ \sigma_{\Delta y} \\ \sigma_{\Delta z} \end{pmatrix} = \begin{pmatrix} \dfrac{\partial \Delta x}{\partial R}\sigma_{\Delta R} + \dfrac{\partial \Delta x}{\partial \Delta E}\sigma_{\Delta E} + \dfrac{\partial \Delta x}{\partial \Delta A}\sigma_{\Delta A} \\ \dfrac{\partial \Delta y}{\partial \Delta R}\sigma_{\Delta R} + \dfrac{\partial \Delta y}{\partial \Delta E}\sigma_{\Delta E} + \dfrac{\partial \Delta y}{\partial \Delta A}\sigma_{\Delta A} \\ \dfrac{\partial \Delta z}{\partial \Delta R}\sigma_{\Delta R} + \dfrac{\partial \Delta z}{\partial \Delta E}\sigma_{\Delta E} + \dfrac{\partial \Delta z}{\partial \Delta A}\sigma_{\Delta A} \end{pmatrix}
$$

由以上公式看出,目标空间坐标的测量精度取决于目标坐标增量的测量精度 $\sigma_{\Delta x}$、$\sigma_{\Delta y}$、$\sigma_{\Delta z}$,而坐标增量的测量精度主要取决于目标距离增量和角度增量的测量精度 $\sigma_{\Delta R}$、$\sigma_{\Delta E}$、$\sigma_{\Delta A}$。由于测量参数 R、A、E 进行了相关性处理,其距离和角度增量 ΔR、ΔA、ΔE 消去了相关性测量误差(包括系统误差和随机误差),因此目标距离增量和角度增量的测量精度很高的。所以目标坐标增量的测量精度 $\sigma_{\Delta x}$、$\sigma_{\Delta y}$、$\sigma_{\Delta z}$ 是非常高的。

2. 首参数 x_0、y_0、z_0 选取问题

目标坐标的增量算法的另一项误差就是首参数的测量误差。

目标坐标增量算法要求对所处理参数进行线性化处理,用泰勒展开方法,在所选参数处展开。这个参数就是首参数。控制首参数测量精度是坐标增量算法不可忽视的环节。其方法就是选择精度高的首参数。

(1)测量初始段的电影经纬仪或光电经纬仪可以由发射坐标系零点(x_0、y_0、z_0)开始观测目标。坐标零点是用大地测量和天文测量的方法测定的,因此这类首参数的精度是很高的。

(2)由于雷达不能直接观测火箭发射塔架,目标的首参数(x_0、y_0、z_0)已经远离发射坐标系零点,其首参数可能是其他测量设备传递过来的。也可由自身测量数据计算得到。这样的首参数,其精度没有发射坐标系零点的测量精度高。

(3)测量设备精度校准所选的首参数是方位标或校准塔,其测量精度是可以保证的。

(4)首参数的测量误差是会传递到空间位置参数的增量计算过程中。因此首参数的误差是整个测量误差的一部分。

(5)由于增量算法即是差分算法,系统误差得到了消除,而首参数的随机误差则会渗透到全过程,因此要设法消除其影响。

(6)消除首参数随机误差影响的有效方法就是数据平滑。

(7)利用北斗导航卫星的导航定位数据也是首参数的一种选择。

3.8 强相关性测量数据处理对测量设备的技术要求

强相关性测量数据在外测系统数据处理的应用中,要求设备的数据采样率必须满足测量数据的线性化法则的要求。即函数在充分小的邻域内是近线性的,因而能以线性函数近似地代替。这里所论"充分小的邻域",对采样间隔时间提出了要求。不是任何采样间隔时间都能达到"充分小的邻域"。必须达到充分小的采样间隔时间,才能使测量数据突破临近相关,达到线性相关。本章在数学模拟计算中证明,采样率达到 100 次/s 左右,才可满足"充分小的邻域"的要求。

火箭、导弹等飞行器试验场的外测设备,如电影经纬仪、光电经纬仪、无线电测量设备等,在传统应用中,其数据采样率只有几到几十次每秒。满足不了坐标增量算法对数据采样率的要求。现在我们要求数据采样率为 100 次/s 左右,必

须对测量设备进行适当的技术改进。对无线电测量设备提出这样的要求,比较容易实现。对光测设备提出这样的要求,虽然可以满足,但需要进行技术改进。

如果光测设备已经由传统的光-化学摄影方式过渡到了数码光-电摄影方式,则技术改进也不困难。只需增加 80 次/s、100 次/s、120 次/s 几个数据采样率即可。如果还停留在光-化学摄影状态,则需要进行较大的技术改进。

光-化学摄影状况数据处理流程如图 3-9 所示。

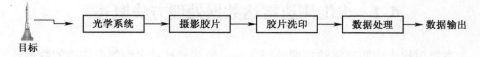

图 3-9　光-化学摄影状况数据处理流程图

数码光-电摄影方式则不使用摄影胶片,因而也不需要对胶片进行洗印。数码光-电摄影即数码摄影,又称数位摄影或数字摄影,是指使用数字成像元件替代传统胶片来记录影像的技术。因此,一套完整的高速成像系统由光学成像、光电成像、信号传输、控制、图像存储与处理等几部分组成。

数码光-电摄影数据处理流程如图 3-10 所示。目标经光学系统(物镜)成像后,落在光电成像器件的像感面上,受驱动电路控制的光电器件,会对像感面上的目标像快速响应,即根据像感面上目标像光能量的分布,在各采样点即像素点产生响应大小的电荷包,完成图像的光电转换,带有图像信息的各个电荷包被迅速转移到读出寄存器中。读出信号经信号处理后传输至计算机中,由计算机对图像进行读出显示和判读,并将结果输出。

图 3-10　数码光-电摄影数据处理流程图

数码高速摄像系统一般可以 1000~10000 帧/s 的速度获取目标图像信息,我们只要求达到 100 帧/s 即可。

强相关性测量数据处理对测量设备的主要技术要求就是数据采样率达到 80~120 次/s,其次就是数据处理的实时性。

经过改进的光学测量设备,应具有数据的实时处理、实时输出能力。

第4章 火炮测速雷达数据处理方法

4.1 火炮测速雷达数据处理方法概述

本章讨论火炮测速雷达数据处理方法。虽然是针对火炮测速雷达的数据处理方法,但对于其他测量设备测量空中飞行目标参数也是适用的。

1. 火炮测速雷达数据处理的目的和作用

火炮测速雷达数据处理的目的是通过数学模型和数据处理软件把雷达测速数据加工成所要求的参数,如初速 V_0、平均初速 $\overline{V}_0$、初速测量误差 σ_{v_0}、初速或然误差 EV_0 等。

2. 数据处理系统的组成和功能

(1)组成:包括数学模型、数据处理软件和数据处理计算机系统。

(2)功能:本系统从雷达信道或数字信号处理系统接收多普勒信号,完成测速数据的数据滤波、合理性检验和各种计算,并输出数据处理结果。

3. 测速雷达经典测速方程

一般情况下,小型的测速雷达,都是接收机与发射机共用一个天线。在这种情况下,目标相对雷达运动产生的多普勒频率为

$$f_d = 2\dot{R}f_0/(c_0 + \dot{R})$$

式中:$\dot{R}$ 为目标相对雷达运动的速度,即径向速度;$f_0 = 10525\mathrm{MHz}$ 为某雷达发射机的工作频率;$c_0 = 299792458\mathrm{m/s}$,为电磁波在真空中传播的速度,即光速。

由于 $\dot{R} \ll c_0$。可忽略分母中的 $\dot{R}$,这样有

66

$$\dot{R} = \frac{c_0}{2f_0}f_d$$

此式称为经典的雷达测速方程。

由于经典测速方程的近似性,引起的测速误差为

$$\Delta\dot{R} = \dot{R}^2/c_0$$

当 $\dot{R}$ = 870m/s 时(D100mm 炮初速 V_0 = 870m/s), $\Delta\dot{R}$ = 0.00252m/s。

这表明,经典测速方程是足够精确的。

"目标相对雷达的运动速度 $\dot{R}$"的含义是:

(1)径向速度 $\dot{R}$ 不是目标运动的弹道切向速度 V(绝对速度),而是弹道切向速度 V 在雷达观测方向上的投影。这表明,径向速度 $\dot{R}$ 需通过速度转换,才能得到切向速度 V。

(2)径向速度 $\dot{R}$ 是目标对雷达的相对速度。如果雷达高频头配置在船上,甚至固定在炮上,则由于船体运动和火炮发射时的运动而产生的牵连速度,会使雷达测量的相对速度 $\dot{R}$ 与舰炮弹丸的绝对速度 V 有一定的差异。但当船体静止或在岸上测速,并且雷达高频头不载于炮上时,将不存在上述差异。

4. 初速 V_0 的获得

弹丸初速 V_0 的获得是初速测量雷达的基本任务。当用经典测速方程得到 N 点径向速度值 $\dot{R}_i$(i = 1,2,$\cdots$,N)后,首先应将其转换为切向速度 V_i,并对切向速度 V_i 进行数据合理性检验和数字滤波,而后运用多项式拟合方法平滑外推初速 V_0:

$$V_0 = \sum_{i=1}^{n} W_i V_i$$

式中:V_i 为弹丸切向速度;W_i 为多项式拟合的权系数;n 为平滑点数;i = 1,2,$\cdots$,n 为数据采样点序号。

当测量参数 V_i 是服从正态分布的随机变量时,多项式拟合方法能达到估计无偏、方差最小的效果。

5. 测速雷达数据处理流程

当接收机信道或信号处理单元,将每发弹的多普勒频率数据输出给数据处理系统时,数据处理系统(具有专用微处理机)采用实时或准实时处理方法计算

初速 V_0，数据处理流程如图 4-1 所示。

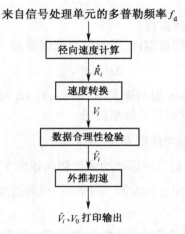

图 4-1　数据处理流程图

4.2　火炮弹丸的径向速度计算

在运用经典测速方程计算测速雷达的径向速度 $\dot{R}$ 时，必须解决好多普勒频率 f_d 的精确获取和电磁波传播速度的正确取值。

1. 测速雷达的测频方法

多普勒频率 f_d 可以通过测信号相位差的方法来测量：

$$f_d = \varphi_d / (2\pi t)$$

式中：φ_d 为接收信号和发射信号的相位差，可用相位计测量；t 为延迟线的延迟时间。

由于多普勒频率是瞬时值，相位 φ 的测量精度限制了多普勒频率的测量精度，因此要保证瞬时多普勒的精确测量比较困难。通常在测速雷达中是测量某一时间间隔内信号的平均频率。即在某一时间间隔 t_s 内信号的整周数 N_1 或信号相位改变 2π 的整倍数。然后计算单位时间内的整周数，得到平均频率

$$f_d = N_1 / t_s$$

式中：N_1 为采样时间 t_s 内的多普勒频率的整周数；t_s 为采集 N_1 周多普勒频率信号的时间。

多普勒频率测量方法分两大类:频率域测量方法和时间域测量方法。频率域测量方法就是频谱分析方法。自从快速傅里叶变换(FFT)算法出现以后,新型测速雷达都采用这种测频方法。频率的时域测量方法又分为固定多普勒频率周数测时间、固定时间测多普勒频率周数和基本固定时间测多普勒频率周数三种方法。陆军测速雷达采用固周测时方法,舰炮测速雷达采用频谱分析方法。因此我们将对这两种方法进行讨论。

1) 固定多普勒频率周数测时间的测频方法

固周测时也称固定基线长度测时。这是因为基线长度 B_0 可以用一定周数的信号半波长来度量。即

$$B_0 = \frac{\lambda}{2} N_1$$

式中:B_0 为基线长度;λ 为信号波长;N_1 为多普勒频率周数。

固定周数测时是将整周计数器要记的整周数确定为一个固定值 N_1,然后测量整周数 N_1 所对应的时间间隔 t_s,这时的平均频率 $f_d = N_1/t_s$ 即是要求测量的多普勒频率。

时间 t_s 的测量是测频的关键之一。为了减少测时误差,应实现在时间上的不间断测量。时间 t_s 的测量方法是用计数器记录达到多普勒频率周数 N_1 时的计算机时钟脉冲数 N_c。当时钟频率为 f_c 时,则 $t_s = N_c/f_c$。

由于计算机时钟频率高达几兆赫到几十兆赫,因此计时精度很高。

计算径向速度的实用公式为

$$\dot{R}_i = \frac{c f_c N_1}{2 f_0 N_{ci}}, i = 1, 2, \cdots, N$$

2) 频域分析法的测频方法

频域分析法是一类直接测频方法。当对信号的采样频率满足采样定理要求时,一个时间函数的取样序列经过离散傅里叶变换(DFT)处理之后,输出为该信号频谱的取样。每条谱线可以看作一个窄带滤波器的输出。所以可以用 DFT 对信号作频谱分析。设 $x(n)$ 为一个 N 点长的时间序列,则 $x(n)$ 的 DFT 定义为

$$x(k) = \sum_{n=0}^{n-1} x(n) W_n^{nk}, k = 0, 1, 2, \cdots, N-1$$

其反变换为

$$x(n) = \frac{1}{n} \sum_{n=0}^{N-1} x(k) w_N^{-nk}, n = 0, 1, 2, \cdots, N-1$$

式中:$w_N^{nk} = e^{-2\pi j/N}$。

设信号的采样序列 $x(n) = \mathrm{e}^{\mathrm{j}wn}(n = 0,1,2,\cdots,N-1)$，在采样期间信号角频率为常数，其傅里叶变换为

$$x(k) = \sum_{n=0}^{N-1} \mathrm{e}^{\mathrm{j}\omega n} w_N^{nk} = \frac{\sin[(\omega - 2\pi k/N)N/2]}{\sin[(\omega - 2\pi k/N)/N]} \mathrm{e}^{\mathrm{j}(\omega - 2\pi k/n) w_n^{N-1}}$$

2. 径向速度计算要考虑的一些因素

1) 数据处理时间修正

经典测速方程中，多普勒频率值 f_d 是时间的函数。在计算径向速度 $\dot{R}$ 时，必须把多普勒频率 f_d 的时间对应关系搞准确，否则将产生测速系统误差。

设数据采样间隔时间为 t_p 则

$$t_\mathrm{p} = t_\mathrm{s} + t_\mathrm{c}, t_\mathrm{s} = N_1/f_\mathrm{s}$$

式中：t_s 为多普勒信号采样时间；f_s 为多普勒信号采样频率；N_1 为多普勒信号采样点数；t_c 为信号数据处理的计算时间。

信号处理系统中，每个时刻的多普勒频率值 $f_{\mathrm{d}i}$ 是由 N_1 个采样点（如 $N_1 = 256$ 点）处理后给出的。设对 $N_1 = 256$ 点采用中心平滑方法给出该中心点对应时间的多普勒频率值。因此多普勒频率 $f_{\mathrm{d}i}$ 对应的时间不在 N_1 个采样点的开始，而是在 N_1 个采样点的中间。但是，只要首点数据时间对准了，以后各点也就对准了。

首点数据测量时间为

$$t_\mathrm{y} = t_{\mathrm{y}1} + t_\mathrm{s}/2 + t_\mathrm{H}$$

式中：$t_{\mathrm{y}1}$ 为第一测点调整时间；$t_\mathrm{s}/2$ 为修正的采样时间；t_H 为红外启动器延迟时间。

对于固定多普勒频率周数测时的测速体制，上述修正方法同样适用。只是把 t_s 视为计满预定的多普勒频率周数所用的时间。

2) 电磁波传播速度的正确取值

(1) 真空光速代替实际光速所带来的速度误差。

当雷达测速精度要求不高时，常以真空介质中的光速值代替实际光速值。但火炮测速雷达基本上在地面或海面工作，测量的目标在接近地面或海面的高度上飞行。在这种情况下，使用真空光速值计算目标速度，会引进雷达测速误差。

设真空光速 $c_0 = 299792458\mathrm{m/s}$，地面（海面）光速 $c = 299696910\mathrm{m/s}$，则使用

真空光速时的光速偏差 $\Delta c = c_0 - c = 95548 \mathrm{m/s}$. 由光速偏差 Δc 引入的雷达测速偏差为

$$\Delta \dot{R}/\dot{R} = \Delta c/c = 3.188 \times 10^{-4}$$

这个偏差数值在测速雷达误差因素中显得较大,应设法减少这项误差。

（2）实际光速值的测定。

由于测速雷达在地面或海面工作,电波传播介质与真空介质有较大的差异。由上面的讨论可知,光速 c 的不准确性,将引入雷达测速系统误差。因此选取准确的光速值,对保证雷达的测速精度是必要的。

经典的麦克斯韦波动理论认为:在折射率为 n 的介质中,电磁波的速度 c 与真空中光速 c_0 之间的关系为 $c = c_0/n$。由此可知,确定实际光速问题就是如何确定介质的折射率 n 的问题。按照德尔和格兰兹托恩定律,光的折射率可由下式确定:

$$n = 1 + k\rho$$

式中: ρ 为介质密度; k 为介质常数。对于大气层,上述方程的第二项的数值约为 300×10^{-6},所以用 N 表示折射率时,有

$$N = (n - 1) \times 10^6$$

由于水汽的极化性,无线电波在应用中要对 N 方程加以修正:

$$N = k_1 \frac{P}{T} + k_2 \frac{e}{T^2}$$

式中: T 为温度（K）; P 为大气总压力（mPa）; e 为水汽分压力（mPa）。

关于系数 k_1、k_2,斯密朗和文特劳推荐采用下列数值:

$$k_1 = 77.6 \mathrm{K/mPa}, k_2 = 3.73 \times 105 k_2 / \mathrm{mPa}$$

当频率在 30GHz 以下时,在通常的压力、温度与湿度范围内,所求 N 的均方差（标准差）为 0.5%。

① 地（海）面实际光速值的测量计算。

如果能够较精确地测量地面或海面的实际光速,则上述光速偏差引起的雷达测速误差将会减小。实际光速测定计算方法介绍如下。

由前面的讨论可知,只要测得实际工作环境的温度、湿度、压力,就能计算出地面大气介质的折射率,从而计算出实际光速值。

例:设在标准大气条件下测得:温度 $T = 288 \mathrm{K}$（15℃）,大气压 $P = 1013 \mathrm{mPa}$,水汽分压力 $e = 10.2 \mathrm{mPa}$。

由方程 $N = k_1 P/T + k_2 e/T^2$,算得 $N = 318.82$;由方程 $n = 1 + N \times 10^{-6}$,算得 $n = 1.00031882$;由方程 $c = c_0/n$,算得 $c = 299696908.6 \mathrm{m/s}$。

② 环境因素的测量误差引起的雷达测速误差。

上述方法测量计算的光速值仍存在着一定的误差。这是由于地面大气折射率误差引起的。折射率误差主要有两方面的因素：一是 N 方程中常数 k_1、k_2 的不确定性引起的,约为 $\sigma_{N_1} = 1.6N$ 单位;二是由温、湿、压的测量误差引起的。温、湿、压引起的测量误差为

$$\sigma_{N_2}^2 = \left(\frac{\partial N}{\partial T}\right)^2 \sigma_T^2 + \left(\frac{\partial N}{\partial e}\right)^2 \sigma_e^2 + \left(\frac{\partial N}{\partial P}\right)^2 \sigma_P^2$$

式中：$\frac{\partial N}{\partial T} = -N/T$, $\quad \frac{\partial N}{\partial e} = k_2/T^2$, $\quad \frac{\partial N}{\partial P} = k_1/T$。

地面气象站对温、湿、压的测量误差分别为

$$\sigma_T = 0.2k, \sigma_e/E = 2\%, \sigma_P = 2\text{mPa}$$

这里 E 为同温度的饱和水汽压, $E = 17\text{mPa}$, $\sigma_e = 0.34\text{mPa}$。

算得

$$\frac{\partial N}{\partial T} = -1.107, \frac{\partial N}{\partial e} = 44.97, \frac{\partial N}{\partial P} = 2.694$$

所以

$$\sigma_{N_2} = 1.636, \sigma_N = \sqrt{\sigma_{N_1}^2 + \sigma_{N_2}^2} = 2.288, \sigma_n = 2.288 \times 10^{-6}$$

$$\Delta \dot{R}_c / \dot{R} = \Delta c/c = -\Delta n/n = -2.288 \times 10^{-6}$$

由此可知,用实测的环境参数计算光速,由环境参数误差和常数 k_1、k_2 的不确定性所引入的雷达测速误差比用真空光速所引入的雷达测速误差减少两个数量级以上。这种测量计算光速的方法在靶场和有条件测量温、湿、压的单位都可以采用。

③ 野战条件下光速值的选取。

野战环境下,一般不具备随时、准确测量温、湿、压的条件,这种情况下只能选择合适的大气模式,以使地面折射率取值有较大的适应性。我们选用国际民航协会标准大气模式。该模式假定空气相对湿度为 60%,地面温度 $T = 288\text{K}$ (15℃),大气压力 $P = 101.3\text{mPa}$,水蒸汽分压 $e = 10.2\text{kPa}$,则 $N = 318.82$, $n = 1.00031882$, $C = 299696909.6\text{m/s}$。

在计算雷达对火炮弹丸测量的径向速度时,就使用此固定光速值。

我国海疆辽阔,各地区地面折射指数 N 差异较大。其数值见表 4-1。

72

表 4-1　我国各地区地面折射指数

序　　号	地　　区	N	ΔN
1	海南岛	350~380	30~50
2	华东、华南	330~360	50~70
3	华北	310~330	60~70
4	东北	280~320	40~60

表 4-1 中，ΔN 是最大的月差值。这样，折射指数和折射率的误差为

$$\Delta N = 98.82 \sim -111.18, \Delta n = (9.888 \sim -11.118) \times 10^{-5}$$

由此产生的雷达测速误差为

$$\Delta \dot{R}_c / \dot{R} = \Delta c / c = -\Delta n / n = 0.988 \times 10^{-4} \sim -1.112 \times 10^{-4}$$

取其最大值，$\Delta \dot{R}_c / \dot{R} = 1.112 \times 10^{-4}$。

此值与采用真空光速引起的雷达测速误差相比，减少了 2/3。这与雷达总的测速误差相比，已降到了次要地位。

4.3　火炮弹丸切向速度计算

测速雷达对火炮弹丸直接测量的是径向速度。而内外弹道学要求的是弹道速度。弹道速度是弹道切向速度，也是相对大地的绝对速度。由径向速度转换到切向速度需根据雷达布站几何情况进行修正。

本节讨论布站方法、速度转换和速度转换误差。

1. 测速雷达设站方法

1）坐标系约定

（1）炮口坐标系 $o\text{-}xyz$。坐标原点 o 在炮身管中心线和炮口面的交点；ox 轴为射击平面和过原点 o 的水平面的交线，指向射击方向为正；oy 轴为过原点的铅垂线，向上为正；oz 轴按右手定则确定。

（2）雷达坐标系 $c\text{-}x_c y_c z_c$。坐标原点 c 在雷达天线相位中心，一般情况下天线相位中心与天线口面中心重合。各坐标轴与炮口坐标系各轴对应平行。

2）测速雷达双参数布站方法

这种设站方法只有两个站址参数，操作简单易行，适合于炮兵部队和靶场使用。设站方法如图 4-2 所示。

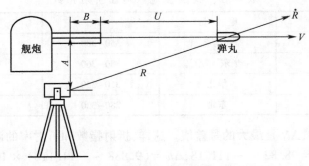

图 4-2　测速雷达双参数设站示意图

图 4-2 中,A 为雷达天线相位中心至炮身管中心线的距离;B 为上述距离的垂足至炮口面距离,由于在雷达坐标系中取值,所以当炮口在雷达天线的前方时,B 取正值,反之取负值;u 为炮口至弹丸的距离;R 为雷达至弹丸的距离。

3) 测速雷达三参数布站方法

三参数布站方法多使用在靶场,设站方法如图 4-3 所示。

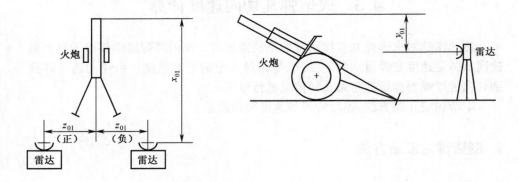

图 4-3　测速雷达三参数设站示意图

由于是在雷达坐标系中取值,坐标(x_{01},y_{01},z_{01})是炮口中心 o 在雷达坐标系中的位置参数。因此,x_{01}是过炮口并与射击平面垂直的铅垂面到天线相位中心的距离,若天线位于炮口的后方,x_{01}取正值,反之取负值;y_{01}为过炮口中心的水平面到天线相位中心的距离,若天线中心位于炮口水平面下方,y_{01}取正值,若在炮口水平面上方,则取负值;z_{01}是射击平面到雷达天线相位中心的距离,火炮在雷达右侧时,z_{01}取正值,反之取负值。

炮兵部队应用中,雷达距离火炮较近(图 4-2),比较容易测量 A、B 两个参数。而靶场则常常将雷达配置在火炮侧后方较远的地方,如图 4-3 所示。但是在速度转换时仍需将三个参数变换成两个参数。变换公式如下:

$$\begin{cases} A = \sqrt{z_{01}^2 + (x_{01}\sin\varphi - v_{01}\cos\varphi)^2} \\ B = \sqrt{x_{01}^2 + y_{01}^2 - (x_{01}\sin\varphi - y_{01}\cos\varphi)^2} \end{cases}$$

式中:φ 为火炮射角。

2. 速度转换公式

1) 速度转换方法 1

弹丸切向速度 v 是指弹道切向速度,也称弹道速度。它描述了弹丸在炮口坐标系中的运动特性,与弹道学中所指的弹丸速度的含义完全相同。雷达测量的径向速度 $\dot{R}$ 必须经几何变换才能得到切向速度 V,由图 4-2 的几何关系可知:

$$R^2 = A^2 + (U + B)^2$$

对上式求导数得

$$\dot{U} = \frac{R\dot{R}}{U + B} = V \quad \text{或} \quad V = \frac{R\dot{R}}{\sqrt{R^2 - A^2}}$$

此式称为速度转换公式。式中,距离 R 由径向速度 $\dot{R}$ 数字积分获得,即

$$R_i = R_{i-1} + (\dot{R}_i + \dot{R}_{i-1})t_\mathrm{P}/2, i = 2,3,\cdots,N$$

数字积分的初始条件为

$$\begin{cases} R_1 = \sqrt{A^2 + (U_1 + B)^2} \\ U_1 = V_0' t_y \\ V_0' = \sum_{i=1}^{N} w_i \dot{R}_i \end{cases}$$

式中:t_y 为开始测量时间,也叫延迟时间;w_i 为多项式拟合的权系数。
一、二阶多项式拟合的权系数分别为

$$\begin{cases} w_{1i} = \dfrac{1}{N} + \dfrac{12(\frac{N+1}{2} - i)(k_0 + \frac{N-1}{2})}{N(N^2 - 1)} \\ w_{2i} = w_{1i} + \dfrac{180\left[\left(\frac{N+1}{2} - i\right)^2 - \frac{N^2-1}{12}\right]\left[\left(k_0 + \frac{N-1}{2}\right)^2 - \frac{N^2-1}{12}\right]}{N(N^2-1)(N^2-4)} \end{cases}$$

式中: $k_0 = t_y / t_p$ 是多项式拟合的外推步数; t_p 为数据采样间隔时间。

2) 速度转换方法2

下面介绍另一种速度转换方法。此方法考虑了地心引力和空气阻力的影响。准确程度应高于第一种速度转换方法。

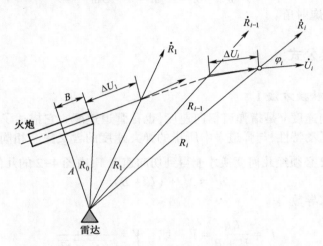

图4-4 切向速度与径向速度的几何关系

由图4-4切向速度与径向速度的几何关系可知:

$$\begin{cases} V_i = \dot{R}_i \cos\varphi_i \\ \cos\varphi_i = \dfrac{R_i^2 + \Delta U_i^2 - R_{i-1}^2}{2R_i \Delta U_i} \end{cases}$$

角度 φ_i 等参数的递推公式如下:

$$\begin{cases} R_i = R_{i-1} + \dfrac{\dot{R}_i + \dot{R}_{i-1}}{2} t_p \\ \Delta U_i' = V_{i-1} t_p \\ V_i' = \dfrac{2R_i \dot{R}_i \Delta U_i'}{R_i^2 + \Delta U_i'^2 - R_{i-1}^2} \end{cases}$$

进行一次迭代运算:

$$\begin{cases} \Delta U_i = (V_i + V_{i-1}) t_p / 2 \\ V_i = \dfrac{2R_i \dot{R}_i \Delta U_i}{R_i^2 + \Delta U_i^2 - R_{i-1}^2} \\ i = 2, 3, \cdots, N \end{cases}$$

76

初始条件为

$$
\begin{cases}
\Delta U_1' = V'_0 t_y \\
R_1' = \sqrt{(\Delta U_1' + B)^2 + A^2} \\
R_0 = \sqrt{A^2 + B^2} \\
\dot{V}_1' = 2\dot{R}_1 R_1' \Delta U_1 / (R_1'^2 + \Delta U_1'^2 - R_0^2) \\
\Delta U_1 = (V_0' + V_1') t_y / 2 \\
R_1 = \sqrt{(\Delta U_1 + B)^2 + A^2} \\
V_1 = 2\dot{R}_1 R_1 \Delta U_1 / (R_1^2 + \Delta U_1^2 - R_0^2)
\end{cases}
$$

3. 速度转换误差

当径向速度向切向速度转换时,由径向速度误差 $\sigma_{\dot{R}}$、距离误差 σ_R 和雷达站址误差 σ_A、σ_B 所引起的测速误差 σ_V 称为速度转换误差。其表达式为

$$
\sigma_V^2 = \left(\frac{\partial V}{\partial \dot{R}}\right)^2 \sigma_{\dot{R}}^2 + \left(\frac{\partial V}{\partial R}\right)^2 \sigma_R^2 + \left(\frac{\partial V}{\partial A}\right)^2 \sigma_A^2 + \left(\frac{\partial V}{\partial B}\right)^2 \sigma_B^2
$$

式中,各误差偏导数分别为

$$
\begin{cases}
\dfrac{\partial V}{\partial \dot{R}} = R / \sqrt{R^2 - A^2} \\[2mm]
\dfrac{\partial V}{\partial R} = V\left(\dfrac{1}{R} - \dfrac{R}{R^2 - A^2}\right) \\[2mm]
\dfrac{\partial V}{\partial A} = AV / (R^2 - A^2) \\[2mm]
\dfrac{\partial V}{\partial B} = \dot{R} / R - V / \sqrt{R^2 - A^2}
\end{cases}
$$

这些表达式是根据速度转换方法 1 推导的。以下分别讨论各项误差因素对雷达测速精度的影响。

1) 雷达径向速度测量误差对测速精度的影响

由于雷达测速时,延迟时间 t_y 较长,距离 $R \gg A$,故

$$
\frac{\partial V}{\partial \dot{R}} \approx 1, \sigma_V = \frac{\partial V}{\partial \dot{R}} \sigma_{\dot{R}} \approx \sigma_{\dot{R}}
$$

因此径向速度误差 $\sigma_{\dot{R}}$ 完全转化成切向速度误差 σ_V。

2) $\dot{R}$ 数字积分误差对测速精度的影响

距离误差 σ_R 是由 $\dot{R}$ 数字积分误差引起的。因采用梯形积分法,其误差表达式为

$$\sigma_{R_i}^2 = \sigma_{R_1}^2 + (i-1)t_p^2\sigma_{\dot{R}}^2 + \left(\frac{\dot{R}_1+\dot{R}_i}{2} + \sum_{j=1}^{i-1}\dot{R}_j\right)^2\sigma_{t_p}^2 + T_{E_{R_i}}^2, i=1,2,\cdots,N$$

(1) 截断误差。

$$T_{E_{R_i}} = -t_p^3 R^{(3)}(\xi_i)/12, 0 \leqslant \xi_i \leqslant i$$

由于 $\dot{R}$ 在所考虑的区间内近似线性,其一阶导数 $\ddot{R}$ 近似为常数(匀减速运动),而二阶导数 $\dddot{R}$ 在零附近。因此,梯形积分的截断误差很小。微积分理论认为,被积函数是线性函数时,其截断误差为零,即 $T_{E_{R_i}}=0$。

例:对单 100mm 舰炮,$\ddot{R}=\ddot{V}=8.25\text{m/s}, i=50, t_p=10\text{ms}$,算得

$$T_{E_{R_i}} = 5.98 \times 10^{-4}\text{m} = 0.598\text{mm}$$

(2) 距离 R 的积分初值误差 σ_{R_1}。

由图 4-2,$R_1^2 = (U_1+B)^2 + A^2$,其中 $U_1 = V_0 t_y$。
所以

$$\sigma_{R_1}^2 = \left(\frac{\partial R_1}{\partial A}\right)^2\sigma_A^2 + \left(\frac{\partial R_1}{\partial B}\right)^2\sigma_B^2 + \left(\frac{\partial R_1}{\partial U_1}\right)^2\sigma_{U_1}^2$$

式中

$$\begin{cases} \dfrac{\partial R_1}{\partial A} = A/R_1 \\ \dfrac{\partial R_1}{\partial B} = \dfrac{\partial R_1}{\partial U_1} = (U_1+B)/R_1 \\ \sigma_{U_1}^2 = t_y^2\sigma_{V_0}^2 + V_0^2\sigma_{t_y}^2 \end{cases}$$

其中,$\dot{R}_1$、R_1、U_1 为 t_y 时刻的参数值。

例:对 D100mm 炮,$V_0 = 870\text{m/s}, A=1.5\text{m}, B=2.0\text{m}, t_y=100\text{ms}, U_1=87\text{m}$,$\sigma_A=\sigma_B=0.05\text{m}, \sigma_{V_0}=0.34\text{m/s}, \sigma_{t_y}=10^{-4}\text{s}, R_1=89.01\text{m}$。
则算得 $\sigma_{U_1}=0.09\text{m}, \sigma_{R_1}=0.10\text{m}$。

(3) 测速误差 $\sigma_{\dot{R}}$ 对 $\dot{R}$ 积分的影响。

取 $N=50, t_p=10\text{ms}, i=50$ 时,则 $(i-1)t_p^2\sigma_{\dot{R}}^2 = 5.66\times10^{-4}\text{m}^2$。

78

（4）测时误差的影响。

设 $\sigma_{t_p} = 10^{-6}\text{s}$，当 $i = 50$ 时，则 $\left(\dfrac{\dot{R}_1 + \dot{R}_i}{2} + \displaystyle\sum_{j=1}^{i-1} \dot{R}_j\right)^2 \sigma_{t_p}^2 = 1.89 \times 10^{-3}\text{m}^2$。

（5）测距误差综合。

以上四项因素引起的距离误差为 $\sigma_{R_i} = 0.112\text{m}$，则由此引起的测速误差为

$$\sigma_{V_R} = \frac{\partial V}{\partial R}\sigma_R = -2.46 \times 10^{-4}\text{m/s}$$

可见由距离误差引起的测速误差很小。与其他误差因素相比，可以忽略。

3）雷达站址误差对测速精度的影响

由于

$$\frac{\partial V}{\partial A} = 0.85 \sim 0.0053\text{s}^{-1}, \frac{\partial V}{\partial B} = -0.015 \sim -7.447 \times 10^{-6}\text{s}^{-1}$$

取

$$\sigma_A = \sigma_B = 0.05\text{m}$$

则

$$\frac{\partial V}{\partial A}\sigma_A = 0.0425 \sim 2.65 \times 10^{-4}\text{m/s}, \frac{\partial V}{\partial B}\sigma_B = -7.50 \times 10^{-4} \sim -3.74 \times 10^{-7}\text{m/s}$$

4）速度转换误差综合

按式 $\sigma_V^2 = \left(\dfrac{\partial V}{\partial \dot{R}}\right)^2 \sigma_{\dot{R}}^2 + \left(\dfrac{\partial V}{\partial R}\right)^2 \sigma_R^2 + \left(\dfrac{\partial V}{\partial A}\right)^2 \sigma_A^2 + \left(\dfrac{\partial V}{\partial B}\right)^2 \sigma_B^2$ 进行速度转换误差综合。系统误差经速度转换后，基本不变；随机误差略有增加。综合结果如下：测速系统误差 $\Delta V/V = 2.43 \times 10^{-4}$，测速随机误差 $\sigma_{V_r}/V = 3.267 \times 10^{-4}$。

5）速度转换公式近似误差

在推导速度转换方法 1 时，隐含了一个近似条件：即假定目标直线运动。事实上，弹丸受空气阻力和地心引力的作用，是按抛物线规律运动的。由动力学几何关系（图 4-5）推得

$$R_i^2 = U_i^2 + R_0^2 - 2U_i R_0 \cos\psi_i$$

对上式求导数得

$$\begin{cases} \dot{U}_i = (R_i \dot{R}_i - U_i R_0 \dot{\theta}_{1i}\sin\psi_i)/(U_i - R_0\cos\psi_i) \\ V_i = \dot{U}_i/\cos\Delta\theta_i \end{cases}$$

在弹道初始段，θ_i、ψ_i 变化小，$\psi_i \approx \psi_0$，$\dot{\theta}_i \approx 0$，故有速度转换公式的近似公式：

$$\dot{u}_i = \frac{R_i \dot{R}_i}{u_i + B} \approx V_i$$

事实上,$\psi_i \neq \psi_0, \dot{\theta}_i \neq 0$,因此 V_i 与 $\dot{u}_i$ 存在差异。由此引起的速度误差为

$$\begin{cases} \Delta V_{\dot{\theta}} = Au_i\dot{\theta}_i/(u_i + B) \\ \Delta V_{\psi_i} = Au_i\Delta\psi_i/(u_i + B) \\ \Delta V_{\theta_i} = V_i(\cos\Delta\theta_{1i} - 1) \end{cases}$$

式中:$\dot{\theta}_i$ 为弹道倾角变化率。

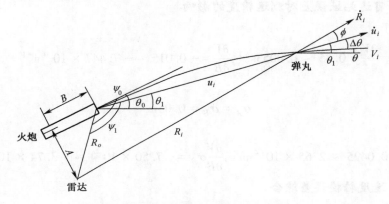

图 4-5 雷达速度转换几何关系

假设对 H37 炮,按下列参数计算弹道:

$V_0 = 1000\text{m/s}, t_y = 40\text{ms}, t_p = 10\text{ms}, N = 50$,按弹道方程计算弹道参数后,得如下数值:

$\Delta V_{\dot{\theta}} = 5.629 \times 10^{-4} \sim 0.02172\text{m/s}$,$\Delta V_\psi = 0 \sim 0.03524\text{m/s}$,$\Delta V_\theta = 0 \sim -0.0929\text{m/s}$

因为这三项误差都是系统误差,综合得

$$\Delta V_2 = \Delta V_{\dot{\theta}} + \Delta V_\psi + \Delta V_\theta = 5.626 \times 10^{-4} \sim -0.03596\text{m/s}$$

取

$$\Delta V_2 = -0.03596\text{m/s}$$

换算到 $V = 200\text{m/s}$ 的相对误差:

$$\Delta V_2/V = -1.80 \times 10^{-4}$$

与速度转换误差一起综合得

$$\Delta V/V = 9.27 \times 10^{-5}, \sigma_{V_r}/V = 3.87 \times 10^{-4}$$

4.4　雷达测速数据的递推滤波与合理性检验

1. 数据合理性检验概述

火炮测速雷达的测速数据总存在着测速误差。根据概率论和数理统计的一般理论,测速随机误差在符合高斯分布律的情况下,设雷达测速误差的均方差为 σ_v,则随机误差的数值不大于 $3\sigma_v$ 的概率为 99.73%。在此范围内的数据视为正常的、合理的数据;测速误差 $\sigma_v > 3\sigma_v$ 的数据出现的概率仅为 0.27%,是小概率事件。一般认为这种小概率事件是不应该发生的。如果发生了这种事件,就认为数据异常,或说出现了野值。

由于火炮测速雷达测速数据的野值率为 5%~25%,识别野值并以合理数据替换野值是十分必要的。另一方面测速数据受到测量环境和雷达内部噪声的污染,存在一定的随机误差。采用性能优良的数字滤波器净化数据,对提高测速精度是有益的。

测速雷达采用 $\alpha-\beta$ 或 $\alpha-\beta-\gamma$ 常增益数字滤波方法对测速数据进行滤波。同时,在建立判别基准和判别准则的基础上,能有效地识别野值。常增益递推滤波方法计算量小,滤波精度高,在 MVR-1 雷达和 H/CS-2 雷达中应用多年,取得了满意的效果。

2. 吻合值判定

设弹丸切向速度 V_i 为

$$V_i = \widetilde{V}_i + \varepsilon_i, i = 1, 2, \cdots, N$$

式中:$\widetilde{V}_i$ 为该时刻(i)被测量的状态量(真值);ε_i 为雷达观测误差。该变量满足正态分布 $N(\Delta V, \sigma_{V_r})$。$\Delta V$ 为测速系统误差,σ_{V_r} 为测速随机误差。

现在试图在没有任何判别基准的情况下,用判别程序自动识别观测序列中的野值。为此,首先要找出一组彼此吻合的数据,然后以这组数据为基准,去判别其他数据是否为野值。

根据对大量实弹测速数据的统计分析,得到雷达测速数据出现成片野值的经验概率分布。这里,"成片野值"是指那些与多数测速数据不相吻合,而彼此又相吻合的数据。火炮测速雷达出现成片野值时,其一个成片野值中的最大野值个数为 3。这样,只有当观测序列中找到 3 个或 3 个以上的观测量彼此吻合时,才能判断这些观测量正确,从而才能以它们为基准去判断其他观测量是否为野值。当观测序列属于小子样观测数据时,例如 $N=10$,可以采用小子样观测数据合理性检验方法。对小子样观测数据,吻合数据个数可以取 3。当观测数据样本较大时,例如 $N>20$,吻合数据个数可以取 5。设吻合数据个数为 N_0,则弹丸切向速度 V 的一组数据为 $V_{i-1},V_{i-2},\cdots,V_{i-N_0}$。

当为小子样观测序列时,$N_0=3$。

则估计量为

$$\begin{cases} \hat{V}'_{i-1} = 2V_{i-2} - V_{i-3} \\ \hat{V}'_{i-2} = (V_{i-1} + V_{i-3})/2 \\ \hat{V}'_{i-3} = 2V_{i-2} - V_{i-1} \end{cases}$$

对于较大样本的观测序列,取 $N_0=5$,则估计量为

$$\begin{cases} \hat{V}'_{i-1} = (9V_{i-2} - 3V_{i-3} - 5V_{i-4} + 3V_{i-5})/4 \\ \hat{V}'_{i-2} = (V_{i-1} + 6V_{i-3} - 4V_{i-4} + V_{i-5})/4 \\ \hat{V}'_{i-3} = (-V_{i-1} + 4V_{i-2} + 4V_{i-4} - V_{i-5})/6 \\ \hat{V}'_{i-4} = (V_{i-1} - 4V_{i-2} + 6V_{i-3} + V_{i-5})/4 \\ \hat{V}'_{i-5} = (3V_{i-1} - 5V_{i-2} - 3V_{i-3} + 9V_{i-4})/4 \end{cases}$$

残差 $\varepsilon_i = V_j - \hat{V}'_j (j=1,2,\cdots,N_0)$。

残差平方和 $U = \sum_{j=1}^{N_0} \varepsilon_j^2$。

U/σ_V^2 是自由度为 $N_0 - p - 1$ 的 χ^2 分布变量。当 V_i 按一阶多项式处理时,$p=1$,$N_0=3$,则 U/σ_V^2 是自由度为 1 的 χ^2 分布变量。当 V_i 按二阶多项式处理时,$p=2$,$N_0=5$,则 U/σ_V^2 是自由度为 3 的 χ^2 分布变量。这样,当给定一个阈值 M 后,可作如下判断:

当 $U/\sigma_V^2 \leqslant M$ 时,判定 $V_{i-1},V_{i-2},\cdots,V_{i-N_0}$ 吻合;当 $U/\sigma_V^2 > M$ 时,判定 V_{i-1},$V_{i-2},\cdots,V_{i-N_0}$ 不吻合。这时可改判另 N_0 个顺序观测量是否吻合。

3. 初始预测值计算

预测值的初始估计可由 N_0 个吻合值的滤波值外推得到。

（1）当 $N_0 = 3$ 时，V 和 $\dot{V}$ 的初始估计为

$$\begin{cases} \hat{V}_{i/i-1} = (4\hat{V}_{i-1} + \hat{V}_{i-2} - 2\hat{V}_{i-3})/3 \\ \dot{\hat{V}}_{i/i-1} = (\hat{V}_{i-1} - \hat{V}_{i-3})/(2t_p) \end{cases}$$

式中，$\hat{V}_j = \hat{V}'_j + \alpha(V_j - \hat{V}'_j)$，$j = i-1, i-2, i-3$。

（2）当 $N_0 = 5$ 时，V、$\dot{V}$、$\ddot{V}$ 的初始估计为

$$\begin{cases} \hat{V}_{i/i-1} = (6\hat{V}_{i-5} - 6\hat{V}_{i-4} - 8\hat{V}_{i-3} + 18\hat{V}_{i-1})/10 \\ \dot{\hat{V}}_{i/i-1} = -(2\hat{V}_{i-5} + \hat{V}_{i-4} - \hat{V}_{i-2} - 2\hat{V}_{i-1})/(10t_p) \\ \ddot{\hat{V}}_{i/i-1} = (2\hat{V}_{i-5} - \hat{V}_{i-4} - 2\hat{V}_{i-3} - \hat{V}_{i-2} + 2\hat{V}_{i-1})/(7t_p^2) \end{cases}$$

式中，$\hat{V}_j = \hat{V}'_j + \alpha(V_j - \hat{V}'_j)$，$j = i-1, i-2, \cdots, i-5$。

4. 野值判别方程

设 δ 为判别野值的阈值，则

$$\delta = C\sqrt{\sigma_{V_i}^2 + \sigma_{V_{i/i-1}}^2}$$

式中：$C = 3$ 或 4；σ_{V_i} 为速度 V_i 的测量误差的均方差值；$\sigma_{V_{i/i-1}}$ 为速度 V_i 的预测误差的均方差值。

当 $|V_i - \hat{V}_{i/i-1}| \leqslant \delta$ 时，判定 V_i 合理，否则为野值，即以预测值 $\hat{V}_{i/i-1}$ 取代 V_i，即 $V_i = V_{i/i-1}$。

5. 计算滤波估计

（1）当为 $\alpha - \beta$ 滤波器时，滤波估计为

$$\begin{cases} \hat{V}_i = \hat{V}_{i/i-1} + \alpha(V_i - \hat{V}_{i/i-1}) \\ \dot{\hat{V}}_i = \dot{\hat{V}}_{i/i-1} + \beta(V_i - \hat{V}_{i/i-1})/t_p \end{cases}$$

（2）当为 $\alpha - \beta - \gamma$ 滤波器时，滤波估计为

$$\begin{cases} \hat{V}_i = \hat{V}_{i/i-1} + \alpha(V_i - \hat{V}_{i/i-1}) \\ \dot{\hat{V}}_i = \dot{\hat{V}}_{i/i-1} + \beta(V_i - \hat{V}_{i/i-1})/t_p \\ \ddot{\hat{V}}_i = \ddot{\hat{V}}_{i/i-1} + 2\gamma(V_i - \hat{V}_{i/i-1})/t_p^2 \end{cases}$$

6. 计算预测估计

（1）当为 $\alpha - \beta$ 滤波器时，预测估计为

$$\begin{cases} \hat{V}_{i+1/i} = \hat{V}_i + \dot{\hat{V}}_i t_p \\ \dot{\hat{V}}_{i+1/i} = \dot{\hat{V}}_i \end{cases}$$

（2）当为 $\alpha - \beta - \gamma$ 滤波器时，预测估计为

$$\begin{cases} \hat{V}_{i+1/i} = \hat{V}_i + \dot{\hat{V}}_i t_p + \ddot{\hat{V}}_i t_p^2 / 2 \\ \dot{\hat{V}}_{i+1/i} = \dot{\hat{V}}_i + \ddot{\hat{V}}_i t_p \\ \ddot{\hat{V}}_{i+1/i} = \ddot{\hat{V}}_i \end{cases}$$

7. 增益系数选择方法

1）临界阻尼选择法

对 $\alpha - \beta$ 滤波器，当阻尼系数 $\xi = 1$ 时，α、β 的关系如下：

$$\beta = 2 - \alpha - 2\sqrt{1 - \alpha}$$

对 $\alpha - \beta - \gamma$ 滤波器，当阻尼系数 $\xi = 1$ 时，α、β、γ 的关系如下：

$$\begin{cases} \alpha = 1 - R^3 \\ \beta = 1.5(1 - R^2)(1 - R) \\ \gamma = 0.5(1 - R)^3 \end{cases}$$

给定 α 值后，可求得根 R，从而解出 β、γ。

2）最佳选择法

对于 $\alpha - \beta$ 滤波器：

$$\beta = \alpha^2 / (2 - \alpha)$$

对于 $\alpha - \beta - \gamma$ 滤波器：

$$\begin{cases} \beta = \alpha^2 [2\alpha - 4 + \sqrt{4\alpha^2 + 64(1 - \alpha)}]/(1 - \alpha)/8 \\ \gamma = [\beta(2 - \alpha) - \alpha^2]/\alpha \end{cases}$$

3）卡尔曼滤波器稳态增益选择法

选择卡尔曼滤波器的稳态增益，作为常增益滤波器的增益系数。

8. 参数选择说明

1) 阈值 M 的选择

阈值 M 的选择可由 χ^2 分布表查得。当取显著水平 $\alpha = 5\%$ 时,则 $P(U \leqslant M\sigma_{V_r}^2) = 95\%$。

即当 $U/\sigma_{V_r}^2 \leqslant M$ 时,而判断一组数据吻合,其可信度为 95%。但有 5% 的错判概率(实际上吻合而判为不吻合的概率)。

由 $\alpha = 5\%$,自由度为 $N_0 - p - 1$,查 χ^2 分布表得

当 $N_0 = 3$ 时,$M = 3.841$;

当 $N_0 = 5$ 时,$M = 7.815$。

2) 阈值 δ 的选择

阈值 δ 一般取为测量误差和预测误差总和的 C 倍,即

$$\delta = C\sqrt{\sigma_{V_i}^2 + \sigma_{V_{i/i-1}}^2}$$

对 $\alpha-\beta$ 滤波器,临界阻尼,稳态情况下,预测误差为

$$\sigma_{V_{i/i-1}} = \sigma_V \sqrt{(K_V - \alpha^2)/(1 - \alpha^2)}$$

式中

$$K_V = \frac{2\beta - 3\alpha\beta + 2a^2}{\alpha(4 - 2a - \beta)}$$

当 $\alpha = 0.8$,$\beta = 0.3055728$ 时,$K_V = 0.691$,$\sigma_{V_{i/i-1}} = 1.129\sigma_{V_i}$。

取 $C = 3$,则阈值 $\delta = 4.525\sigma_{V_i}$。在实际应用中,取阈值 $\delta = 5\sigma_{V_i}$。

3) 增益系数的选取

通过计算机模拟,在 D100 炮测速情况下,$t_y = 100\text{ms}$,$t_p = 10\text{ms}$,模拟结果,见表 4-2。

表 4-2　滤波器增益系数计算机模拟结果

α	$\alpha-\beta$ 滤波器				$\alpha-\beta-\gamma$ 滤波器			
	δ	最佳选择 σ_V/V	δ	临界选择 σ_V/V	δ	最佳选择 σ_V/V	δ	临界选择 σ_V/V
0.3	$7\sigma_V$	1.179×10^{-4}	$7\sigma_V$	1.552×10^{-4}	$6\sigma_V$	1.256×10^{-4}	$6\sigma_V$	2.106×10^{-4}
0.4	$5\sigma_V$	1.179×10^{-4}	$5\sigma_V$	9.350×10^{-5}	$5\sigma_V$	1.165×10^{-4}	$4.5\sigma_V$	9.346×10^{-5}
0.5	$5\sigma_V$	1.350×10^{-4}	$5\sigma_V$	1.448×10^{-4}	$5\sigma_V$	1.338×10^{-4}	$5\sigma_V$	1.264×10^{-4}

α	$\alpha-\beta$ 滤波器				$\alpha-\beta-\gamma$ 滤波器			
	δ	最佳选择 σ_V/V	δ	临界选择 σ_V/V	δ	最佳选择 σ_V/V	δ	临界选择 σ_V/V
0.6	$5\sigma_V$	1.608×10^{-4}	$5\sigma_V$	1.702×10^{-4}	$5\sigma_V$	1.561×10^{-4}	$5\sigma_V$	1.608×10^{-4}
0.7	$6\sigma_V$	1.935×10^{-4}	$5\sigma_V$	2.106×10^{-4}	$6\sigma_V$	1.887×10^{-4}	$5\sigma_V$	1.971×10^{-4}
0.8	$6\sigma_V$	2.344×10^{-4}	$6\sigma_V$	2.451×10^{-4}	$7\sigma_V$	2.273×10^{-4}	$6\sigma_V$	2.387×10^{-4}

从模拟结果看：

（1）$\alpha=0.4$ 时滤波效果最佳。

（2）在相同的情况下，$\alpha-\beta$ 滤波器稍逊于 $\alpha-\beta-\gamma$ 滤波器，但相差不大。

（3）最佳选择情况和临界阻尼选择情况相比，总的看来，临界阻尼情况要好一点。

结论：测速雷达以采用 $\alpha-\beta$ 滤波器，选择临界阻尼情况为好。综合考虑各种因素，选取增益系统为

$$\alpha=0.632120558, \beta=0.154818123。$$

（4）野值限定数的选择。

观测数据合理性检验中，发现一批数据（样本）中，存在一定数量的野值点。当野值数超过一定数量时，会使外推初速的总误差超过允许的误差指标。小于该野值数时，则能满足允许的误差指标。则称该野值数为"野值限定数"。

① 确定野值限定数的条件。在多项式拟合的条件下，平滑点数 N 接近最佳平滑点数。

切向速度的测量精度取：系统误差 $\Delta V/V=6.32\times10^{-5}$；随机误差 $\sigma_{V_r}/V=3.87\times10^{-4}$；初速允许的总误差 $\sigma_{V_0}/V=0.15\%$。

精度估算公式：初速总误差为 $\sigma_{V_0}^2=(\Delta V+T_E)^2+\mu^2\sigma_{V_r}^2$，其中 ΔV 为测速系统误差，T_E 为多项式拟合的截断误差，μ 为多项式拟合的平滑系数。

② 野值限定数的确定。采用一阶多项式拟合方法平滑外推初速，小口径弹情况见表4-3。

表4-3　对小口径炮一阶多项式拟合计算机模拟结果

炮型	平滑点数 N	外推步数 k_0	野值点数	合理点数	测速精度 σ_{V_0}/V_0
76mm 炮	10	5	1~5	$\geqslant5$	$\leqslant1.48\times10^{-3}$
37mm 高炮	10	5	1~5	$\geqslant5$	$\leqslant1.56\times10^{-3}$
57mm 高炮	10	5	1~5	$\geqslant5$	$\leqslant1.52\times10^{-3}$

结论:对小口径火炮测速数据采用一阶多项式拟合时,取 $N=10$,$k_0=5$,野值限定数为5。

中、大口径弹情况见表4-4。

表4-4 对中、大口径炮一阶多项式拟合计算机模拟结果

炮型	平滑点数 N	外推步数 k_0	野值点数	合理点数	测速精度 σ_{V_0}/V_0
100mm 炮	20	10	1~12	≥8	≤1.55×10⁻³
85mm 炮	20	10	1~12	≥8	≤1.58×10⁻³
100mm 炮	20	10	1~12	≥8	≤1.58×10⁻³
122 榴弹炮	20	10	1~12	≥8	≤1.54×10⁻³
130 加农炮	20	10	1~12	≥8	≤1.54×10⁻³
130J 炮	20	10	1~12	≥8	≤1.54×10⁻³
152 加榴炮	20	10	1~12	≥8	≤1.53×10⁻³

结论:对中、大口径火炮测速数据采用一阶多项式拟合时,取 $N=20$,$k_0=10$,野值限定数为12。

采用二阶多项式拟合方法外推初速情况,中、小口径弹情况见表4-5。

表4-5 对中、小口径炮二阶多项式拟合计算机模拟结果

炮型	平滑点数 N	外推步数 k_0	野值点数	合理点数	测速精度 σ_{V_0}/V_0
76mm 炮	50	5	1~35	≥15	≤1.31×10⁻³
37mm 炮	50	5	1~35	≥15	≤1.30×10⁻³
57mm 炮	50	5	1~35	≥15	≤1.22×10⁻³
85mm 炮	50	5	1~35	≥15	≤1.30×10⁻³

结论:对中、小口径火炮测速数据采用二阶多项式拟合时,取 $N=50$,$k_0=5$,野值限定数为35。

大口径弹情况见表4-6。

表4-6 对大口径弹二阶多项式拟合计算机模拟结果

炮型	平滑点数 N	外推步数 k_0	野值点数	合理点数	测速精度 σ_{V_0}/V_0
D100mm 炮	100	10	1~75	≥25	1.56×10⁻³
100mm 高炮	100	10	1~75	≥25	1.17×10⁻³
122mm 榴弹炮	100	10	1~75	≥25	1.06×10⁻³
130mm 加农炮	100	10	1~75	≥25	1.08×10⁻³
130mmJ 炮	100	10	1~75	≥25	1.41×10⁻³
152mm 加榴炮	100	10	1~75	≥25	1.07×10⁻³

结论:对大口径火炮测速数据采用二阶多项式拟合时,取 $N=100$, $k_0=10$,野值限定数为 75。

以上情况共分为一、二阶多项式拟合及各两种按火炮口径划分的共四种情况。划分的界限并不十分严格。为了简化问题,便于应用和设计软件,综合规定为两种情况:$N \leqslant 20$ 时,采用一阶多项式拟合,野值限定数与平滑点数的比例为 1:2;$N>20$ 时,采用二阶多项式拟合,野值限定数与平滑点数的比例为 7:10。

(5) 出现连续野值时的处置方法。

① 当连续野值数的个数不超过 3 时,继续进行递推滤波和剔野过程。

② 当连续野值数的个数达到 3 时,对不同的样本量采取不同的措施:当为小子样时,例如 $N \leqslant 20$ 时,采用配吻合方法;当样本量较大时,例如 $N>20$ 时,则采用分段检验方法——已经进行的滤波检验到此为止,所出现的 3 个野值用预测值代替。对后续数据,重新找吻合值,即开始进行新一段滤波检验过程。

(6) 吻合值的几种情况。

吻合值的判定是数据合理性检验的关键之一。但是有吻合值时数据不一定合理;无吻合值时数据不一定不合理。对前者要判断是否为伪吻合、逆吻合;对后者可采取配吻合措施。

① 伪吻合。当一组数据有线性误差时,可能会把其他数据或连续 3 个数据都判为野值,这样就出现了成片野值。此情况称为伪吻合。出现伪吻合情况时,应放弃该组(三个)数据,重新找吻合值。

② 逆吻合。检验通过的数据若是满足 $V_1>V_2>\cdots>V_N$,则表明数据规律正确。此情况下的吻合称为正吻合或顺吻合。若 $V_1<V_N$,则表明数据规律错误。此情况下的吻合称为逆吻合或负吻合。当判定为逆吻合时,应终止运算。

③ 配吻合。对于小子样观测数据进行合理性检验时,可能存在无顺序吻合值的情况。在此情况下,可采取线性拟合方法寻求配吻合值。方法是依次计算下列估计:

$$
\begin{cases}
\hat{V}_i = 2V_{j+1} - V_{i+2}, i=1,2,\cdots,N-2 \\
\hat{V}_i = (V_{i-1} + V_{i+1})/2, i=2,3,\cdots,N-1 \\
\hat{V}_i = 2V_{i-1} - V_{i-2}, i=3,4,\cdots,N
\end{cases}
$$

正常吻合情况下的检验准则也适用于配吻合。当 $N=10$, $k_0=5$, $M=3.841$, $\delta=5\sigma_r$ 时,野值限定数为 5。

4.5 火炮弹丸初速计算

1. 初速计算引言

火炮测速雷达的主要任务是测量火炮弹丸的初速 V_0。但测速雷达不能直接测量弹丸出炮口瞬间的初速 V_0,而必须通过测量弹丸在后效段结束后飞行轨迹上的 N 点速度值 $V_i(i=1,2,\cdots,N)$,采用多项式拟合方法外推获得。

要保证满足火炮较高的测速精度要求,除了雷达各分系统要保证达到总体分配的精度指标外(这是测速雷达的物质基础),数据处理系统运用统计数学手段,可使得初速 V_0 准确、精度高。准确是指所得结果为无偏估计,外推的初速确实是火炮的初速;精度高是指计算结果方差小。如果与其他计算方法的估计相比方差最小,则称为最优估计。当测量误差为白噪声时,采用线性滤波方法,并且满足无偏估计和方差最小的要求,则称为最优线性数字滤波器。

2. 测速数据的最优线性数字滤波问题

假定在 t 时刻,雷达观测数据可分解为
$$V(t) = P(t) + \varepsilon(t)$$
式中:$P(t)$ 为 p 阶多项式;$\varepsilon(t)$ 为平稳且相互独立的随机误差,且 $E[\varepsilon(t)] = 0$;$D[\varepsilon(t)] = \sigma_{V_t}^2$,$\sigma_{V_t}$ 为白噪声方差。

对连续函数离散化后,上式可写成
$$V_i = P(i) + \varepsilon_i, i = 1,2,\cdots,N$$

现采用正交多项式来拟合观测数据,这时多项式 $P(i)$ 可表示为若干正交多项式之和:
$$P(i) = \sum_{k=0}^{p} a_k p_k(i)$$

其中,$p_k(i)$ 是关于 i 的 k 次多项式,且 $\{p_k(i)\}$ 为正交函数序列($k=1,2,\cdots,p$),根据正交多项式性质有
$$\begin{cases} \sum_{i=1}^{N} p_j(i)p_k(i) = 0, & j \neq k \\ \sum_{i=1}^{N} p_k^2(i) = S(k,N) \end{cases}$$

通常线性数字滤波器的理想输出是真实信号的某种变换"$AP(t)$"。这里，A 是施于 $P(t)$ 的某种运算。对初速 v_0 的估计可用下式表示：

$$V_0 = \sum_{i=1}^{N} w_i v_{N-i} = \sum_{i=1}^{N} w_{N-i} v_i$$

式中：$\{W_i\}$ 为权系数序列（$i=1,2,\cdots,N$）；V_0 表示在 $t=0$ 时刻 $AP(t)$ 的估计。

上式为数字滤波器的一般形式。这个滤波器是线性的，即输出为输入的线性组合。V_0 的估计问题，关键是估计权序列 $\{W_i\}$。我们要求滤波器的输出 V_0 满足两个准则：

（1）$E[V_0] = AP(t)$，即满足无偏性要求。

（2）$D[V_0 - AP(t)]^2 = \min$，即最优性要求。

这就是线性无偏最优估计准则。所以观测数据数字滤波问题，实际上是以无偏最优条件来确定一组权序列的问题。下面给出无偏最优估计的权序列：

$$W_{N-i} = \sum_{k=0}^{p} p_k(i) p_k(N+k_0) / S(N,k)$$

式中，各次正交多项式为

$$\begin{cases} p_0(i) = 1 \\ p_1(i) = i - (N+1)/2 \\ p_2(i) = [i - (N+1)/2)^2 - (N^2-1)/12 \\ p_3(i) = [i - (N+1)/2]^3 - [i - (N+1)/2](3N^2-7)/12 \\ S(N,k) = (k!)^4 \prod_{j=-k}^{k} (N-j)/(2k)! \ (2k+1)! \end{cases}$$

上式的意义是，当获得观测数据 $V_1,V_2,\cdots,V_n$ 时，可对 $N+k_0$ 时刻的状态作统计估计。

当 $k_0<0$ 时，称为平滑，适于事后处理。

当 $k_0 = -(N-1)/2$ 时，称为中心平滑，适于事后处理。

当 $k_0 = 0$ 时，称为滤波或端点平滑，适于实时处理。

当 $k_0>0$ 时，称为预测或外推，适于靶场安全预报或飞行器拦截点的预测。火炮测速雷达外推初速 V_0 采用此法。

数字滤波器的输出与输入方差之比（称为平滑系数或方差压缩比）用下式计算：

$$\mu^2 = \sigma_{V_0}^2 / \sigma_V^2 = \sum_{i=1}^{N} \left[\sum_{k=0}^{p} p_k(N+k_0) \right]^2 / S(N,k_0)$$

说明：由出炮口后某时刻 t_y 开始测量的 N 点速度值外推初速 V_0，是一种

90

"反推"运算,因此权序列方程应改写成

$$V_0 = \sum_{i=1}^{N} \overline{W}_i V_i$$

式中,$\overline{W}_i = W_{N-i}$。

3. 火炮弹丸初速外推公式

前节中初速外推公式的权序列 w_i,可根据多项式拟合的方法给出。当采用一、二阶多项式拟合的方法外推火炮初速时,其权序列分别为

$$\begin{cases} W_1(i) = 1/N + 12\left[(N+1)/2 - i\right](N-1)/2 + k_0]/N(N^2-1) \\ W_2(i) = W_1(i) + 180\{\left[(N+1)/2 - i\right]^2 - (N^2-1)/12\}\{\left[(N-1)/2 + k_0\right]^2 \\ \quad - (N^2-1)/12\}/N(N^2-1)/(N^2-4) \end{cases}$$

式中:$W_1(i) = \overline{W}_1(i) = W_{1(N-i)}$;$W_2(i) = \overline{W}_2(i) = W_{2(N-i)}$;$N$ 为平滑点数;k_0 为外推步数;$i = 1, 2, \cdots, N$。

一、二阶多项式拟合的平滑系数(方差压缩比)分别为

$$\begin{cases} \mu_1^2 = 1/N + 12\left[(N-1)/2 + k_0\right]^2/N/(N^2-1) \\ \mu_2^2 = \mu_1^2 + 180\{\left[(N-1)/2 + k_0\right]^2 - (N^2-1)/12\}/N/(N^2-1)/(N^2-4) \end{cases}$$

4. 初速 V_0 多项式拟合的截断误差

虽然对观测数据进行滤波处理可以压缩观测数据的随机误差,从而在无偏最优估计的意义下获得初速 V_0 的估计。但由于在采用多项式信息拟合观测数据序列时,所取多项式阶数不够高(从压缩随机误差角度考虑,所取多项式阶数越低越好),这样就产生了"信号失真",引起"截断误差"(也称方法误差或剩余误差)。截断误差是可以计算并予以修正的。一、二阶多项式拟合的截断误差分别为

$$\begin{cases} T_{E_1} = \{\left[k_0 + (N-1)/2\right]^2 - (N^2-1)/12\}\ddot{V}t_p^2/2 \\ T_{E_2} = -\left[k_0 + (N-1)/2\right]\left[k_0 + (N-1)/2 - (3N^2-7)/20\right]\dddot{V}t_p^3/6 \end{cases}$$

式中:t_p 为数据采样间隔时间;$\ddot{V}$、$\dddot{V}$ 分别为速度 V 的二、三次变化率。

上述截断误差计算公式只计算到二、三阶项,更高阶项影响很小,未予考虑。当截断误差影响较大时,可采取措施进行修正。但对火炮测速雷达,在数据处理

模型中,可通过选择参数,把其影响限制在较小的范围内,不会对总误差产生较大的影响。另一方面,雷达对数据处理的实时性要求较高,不宜采用太过复杂的运算。

5. 多项式拟合参数选取

我们采用蒙特卡罗方法(统计试验方法)对各种火炮弹丸用计算机模拟实测数据。在统计试验的基础上,选定多项式拟合参数,并估算可能达到的测速精度。

1) 模拟试验条件

(1) 雷达精度数据:系统误差 $\Delta V/V = 6.32 \times 10^{-5}$;随机误差 $\sigma_{V_r}/V = 3.87 \times 10^{-4}$。

(2) 数据测量点数 $N = 5 \sim 250$ 可变。

(3) 延迟时间 $t_y = 10 \sim 300$ms 可变;测量间隔时间 $t_p = 10$ms 或其他值。

(4) 各种火炮弹丸运动学参数见表4-7,表中 c 为弹道系数。

表4-7　各种火炮弹丸运动学参数表

序号	炮型	$V_0/(\mathrm{m/s})$	$\dot{V}/(\mathrm{m/s^2})$	$\ddot{V}/(\mathrm{m/s^3})$	$\dddot{V}/(\mathrm{m/s^4})$	c
1	D100mm 舰炮	870	−65.83	8.25	−6.204	0.64
2	130mm 舰炮	875	−57.84	7.26	−5.05	0.56
3	76mm 舰炮	910	−211.39	26.88	−31.89	1.92
4	37mm 高炮	860	−188.14	67.86	−29.13	1.87
5	57mm 高炮	960	−80.21	57.24	−23.10	1.50
6	85mm 高炮	992	−94.46	15.08	−33.79	0.75
7	100mm 高炮	900	−69.25	10.64	−2.54	0.64
8	122mm 榴弹炮	515	−37.21	4.25	−0.049	0.82
9	130mm 加农炮	930	−64.05	7.10	−0.912	0.56
10	152mm 加榴炮	655	−34.71	3.02	−0.333	0.53

2) 模拟试验结果

(1) 一阶多项式拟合平滑外推结果。

小口径火炮测速模拟结果见表4-8。

92

表 4-8　对小口径火炮测速模拟结果

序号	炮型	N	k_0	σ_{V_r}/V	$\Delta V/V$	σ_{V_0}/V_0	测量范围
1	37mm 高炮	10	5	2.578×10^{-4}	1.848×10^{-4}	2.404×10^{-4}	5~28 点
2	57mm 高炮	10	5	2.578×10^{-4}	1.848×10^{-4}	2.052×10^{-4}	5~28 点

中、大口径火炮测速模拟结果见表 4-9。

表 4-9　对中、大口径火炮测速模拟结果

序号	炮型	N	k_0	σ_{V_r}/V	$\Delta V/V$	σ_{V_0}/V_0	测量范围
1	单 100mm 舰炮	20	10	2.679×10^{-3}	1.772×10^{-4}	1.590×10^{-4}	5~95 点
2	76mm 舰炮	20	10	2.679×10^{-3}	1.848×10^{-4}	1.480×10^{-4}	5~54 点
3	130mm 舰炮	20	10	2.679×10^{-3}	1.772×10^{-4}	1.619×10^{-4}	5~100 点
4	85mm 高炮	20	10	2.679×10^{-3}	1.772×10^{-4}	1.806×10^{-4}	5~65 点
5	100mm 高炮	20	10	2.679×10^{-3}	1.772×10^{-4}	1.609×10^{-4}	5~80 点
6	122mm 榴弹炮	20	5	2.679×10^{-3}	1.772×10^{-4}	1.601×10^{-4}	5~120 点
7	130mm 加农炮	20	10	2.679×10^{-3}	1.772×10^{-4}	1.647×10^{-4}	5~110 点
8	152mm 加榴炮	20	10	2.679×10^{-3}	1.772×10^{-4}	1.859×10^{-4}	5~120 点
9	152mm 加榴炮	50	10	1.758×10^{-3}	8.939×10^{-4}	1.478×10^{-4}	5~145 点

说明：σ_{V_r}/V 是在 N 点数据 α-β 滤波（$\alpha=0.4$）下，一阶变量差分计算的随机误差；ΔV 是滤波值与精确值之差的平均值；测量范围是指满足 $\sigma_{V_0}/V_0 \leq$ 0.1% 的点数范围；平滑点数是指最佳平滑点数。

（2）二阶多项式拟合平滑外推结果见表 4-10。说明：σ_{V_r}/V 是指在 N 点数据 α-β 滤波下（$\alpha=0.4$）下，二阶变量差分计算的随机误差；ΔV 是滤波值与精确值之差的平均值；测量范围是指满足 $\sigma_{V_0}/V_0 \leq$ 0.1% 的点数范围；平滑点数是指最佳平滑点数。

表 4-10　二阶多项式拟合平滑外推结果

序号	炮型	N	k_0	σ_{V_r}/V	$\Delta V/V$	σ_{V_0}/V_0	测量范围
1	37mm 高炮	50	5	1.782×10^{-4}	8.942×10^{-5}	1.394×10^{-4}	5~266 点
2	57mm 高炮	50	5	1.782×10^{-4}	8.942×10^{-5}	1.284×10^{-4}	5~315 点
3	单 100mm 舰炮	50	5	1.782×10^{-4}	8.942×10^{-5}	1.255×10^{-4}	5~395 点
4	76mm 舰炮	50	5	1.782×10^{-4}	8.942×10^{-5}	1.408×10^{-4}	5~260 点

序号	炮型	N	k_0	σ_{V_r}/V	$\Delta V/V$	σ_{V_0}/V_0	测量范围
5	130mm 舰炮	50	5	1.782×10^{-4}	8.941×10^{-5}	1.221×10^{-4}	5~440 点
6	85mm 高炮	50	5	1.782×10^{-4}	8.941×10^{-5}	2.079×10^{-4}	5~170 点
7	1000mm 高炮	50	5	1.782×10^{-4}	8.941×10^{-5}	1.137×10^{-4}	5~650 点
8	122mm 榴弹炮	50	5	1.782×10^{-4}	8.941×10^{-5}	1.24×10^{-4}	5~800 点以上
9	130mm 加农炮	50	5	1.782×10^{-4}	8.941×10^{-5}	1.085×10^{-4}	5~800 点以上
10	152mm 加榴炮	50	5	1.782×10^{-4}	8.941×10^{-5}	1.072×10^{-4}	5~800 点以上

4.6 火炮实弹射击中要求处理的其他参数

火炮在战术校验和靶场试验中,要求对影响火炮命中准确度的主要因素进行修正,其中初速偏差量是主要修正量之一。下面我们从雷达测速出发,对初速偏差量进行计算。

1. 外推初速 V_0

对雷达测量的火炮弹丸后效段后的 N 点速度数据,采用多项式拟合方法外推初速 V_0。这是一种弹道修正方法。古典的修正方法利用西亚切主函数法,只需一个测速数据便可推算初速 V_0。但其测速精度比利用 N 点测速数据以多项式拟合方法外推初速的精度要低。而且西亚切主函数法是火炮武器系统的弹道计算方法,是造成弹道散布的因素之一。统计试验学要求采用独立于被测系统之外的手段来测量该系统,而不采用与系统有关的手段和方法。测速雷达及其所采用的数据处理方法对火炮武器系统是完全独立的。

2. 火炮弹丸初速合理性检验方法

火炮弹丸平均初速一般是指某门火炮射击某批弹药时的初速,与某一发弹的初速是有区别的。因此说初速是指按一定要求射击的一组弹丸的平均初速,是带有统计平均意义的。但是许多因素影响弹丸初速,使其偏离表定初速。雷达测速误差对初速也有一定的影响,但其与弹、药及环境因素的影响相比,则是很次要的。每发弹的初速值都有一些差异,但总围绕其总体均值在一定范围内变化,这些数据应视为正常的。但有些偶然因素,会使个别弹的初速偏离均值较远,当其偏差超过一定范围时,就被视为反常值或野值。如果反常值或野值参加统计估计或统计推断,将对估计或推断产生较大的影响,致使所作结论错误或不可信。因此对这种初速数据必须加以识别并予以剔除。为了使所作的统计分析真实反映客观现象的本质,必须采用科学严格的判别和剔野方法,决不允许根据主观愿望随意剔野。因为估计平均初速所作的实弹测速试验是有限的,因此对初速数据的合理性检验属于小子样观测数据合理性检验。这里,我们介绍 F. E. Grubbs 方法。

设 V_{0j} 是正态随机变量($j=1,2,\cdots,m$),用测速雷达对火炮进行 m 次独立测速,观测值为 V_{0j},作统计量:

$$W = (V_{0\max} - \overline{V}_0)/S_{V_0}$$

式中:$V_{0\max}$ 是观测值中之最大者;

$$\begin{cases} \overline{V}_0 = \dfrac{1}{m}\sum_{j=1}^{m} V_{0j} \\ S_{V_0} = \sqrt{\dfrac{1}{m}\sum_{j=1}^{m}(V_{0j} - \overline{V}_0)^2} \end{cases}$$

F. E. Gmbbs 给出了 W 的分布。利用此分布可对 W 进行概率计算。为了使用上的方便,已作成了 W 分布函数表(表4-11)。表中数据符合下列关系式:

$$P\{W > K_p\} = \alpha$$

表 4-11 $P\{W>K_p\}=\alpha$ 的 K_p 数值表

m \ α	0.1	0.05	0.025	0.01	m \ α	0.1	0.05	0.025	0.01
3	1.406	1.412	1.414	1.414	4	1.654	1.689	1.710	1.723
5	1.791	1.869	1.917	1.995	6	1.894	1.996	2.067	2.130
7	1.974	2.093	2.182	2.265	8	2.041	2.172	2.273	2.374
9	2.097	2.237	2.349	2.464	10	2.146	2.294	2.414	2.540
11	2.190	2.343	2.470	2.606	12	2.229	2.387	2.519	2.663
13	2.264	2.426	2.562	2.714	14	2.297	2.461	2.602	2.759
15	2.326	2.493	2.638	2.800	16	2.354	2.523	2.670	2.837
17	2.380	2.551	2.701	2.871	18	2.404	2.577	2.728	2.903
19	2.426	2.660	2.758	2.932	20	2/447	2.623	2.778	2.959
21	2.467	2.664	2.801	2.984	22	2.486	2.664	2.823	3.008
23	2.504	2.683	2.843	3.030	24	2.520	2.701	2.862	3.051
25	2.537	2.717	2.880	3.071					

一般，$\alpha = 1 \sim 10\%$。这就是说，$W > K_p$ 是一个小概率事件。如果发生了这种事件，即认为 $V_{0\max}$ 是野值，应予剔除。然后重新计算 W，查表求 K_p，…，直到 $W \leqslant K_p$，这时计算的 $\overline{V}_0$ 才符合要求。

例：M 型雷达对 Д30 自行火炮进行实弹测速，测得 12 发弹的初速数据，按大小顺序排列如下：696.1、696.2、696.3、696.5、696.9、697.0、697.0、697.2、697.2、697.6、698.7、700.6。

试对这组初速数据进行合理性检验。

解：可算得 $\overline{V}_0 = 697.3$，$S_{v_0} = 1.259$，$V_{0\max} = 700.6$，$W = (V_{0\max} - \overline{V}_0)/S_v = 2.634$。取 $\alpha = 5\%$，由表 4-11 查得 $K_p = 2.387$，$W > K_p$。

因此，在 95% 的可信度下，判定 $V_{0\max} = 700.6$ 是野值，应予剔除。

剔除了 $V_{0\max} = 700.6$ 之后，重新算得 $\overline{V}_0 = 696.9$，$S_{V_0} = 0.525$，$V_{0\max} = 698.7$，$W = (V_{0\max} - \overline{V}_0)/S_{V_0} = 3.346$。

取 $a = 5\%$，由表 4-11 查得 $K_p = 2.343$，$W > K_p$。因而 $V_{0\max} = 698.7$ 也是野值，应予剔除。

再一次算得：$\overline{V}_0 = 696.8$，$S_{V_0} = 0.493$，$V_{0\max} = 697.6$，$W = (V_{0\max} - \overline{V}_0)/S_{V_0} = 1.602$。

取 $\alpha = 5\%$，由表 4-11 查得 $K_p = 2.294$，$W < K_p$，因此再也没有野值了。

3. 平均初速 $\overline{V}_0$ 的计算

$$\overline{V}_0 = \frac{1}{m} \sum_{j=1}^{m} V_{0j}$$

式中，m 为已剔除野值后的弹发数。

因此，该批弹药的平均初速 $\overline{V}_0 = 696.8 \text{m/s}$。

4. 初速或然误差 E_{V_0} 的计算

或然误差 E_{V_0}，又称概率误差或中间误差。它是绝对值比之大的误差和绝对值比之小的误差出现的可能性一样大的那种误差。即

$$P\{\ |\ \delta_{V_0}\ |\ \leqslant E_{V_0}\} = 0.5$$

或然误差 E_{V_0} 按下式计算：

$$E_{V_0} = 0.8745 \left[\frac{1}{m-1} \sum_{j=1}^{m} (V_{0j} - \overline{V}_0)^2 \right]^{1/2}$$

第 5 章　强相关数据雷达系统

在强相关性测量系统中，当对多目标进行测量时，其测量数据具有相同的统计学特性。在应用测量数据求解多目标强相关参数时，如双目标距离（脱靶量）、相关位置（脱靶角），由于使用了数据融合性相关处理和数字差分技术，从而抵消了测量数据的相关性误差，使测量结果的精度大幅提升。这应该是火箭、导弹试验场和相关科研单位追求的目标之一。研制多目标测量系统固然可以达成上述目标，对靶场现有设备开展应用研究也是一种具有现实意义的工作。

在长期从事火炮测速雷达研制生产工作中，进行了大量的外场试验，开展了多方面的应用研究。设计了一种用多台测速雷达构造的强相关数据雷达系统，可用于常规兵器试验场测量飞行目标的空间坐标 (x,y,z)、初速 v_0、速度 v、加速度 $\dot{v}$ 等弹道参数，特别是用于测量火炮弹丸坐标数据 (x,y,z) 时，其精度可达毫米级，堪比专用的立靶密集度测量设备。

5.1　强相关数据雷达系统的设计构想

强相关数据雷达系统的标准系统由 3~4 台测速雷达及 1 套信号数据处理系统组成。运用这套系统进行立靶密集度测试试验，不必设置立靶；定位机理巧妙、合理、精度高；其坐标测量精度可达到毫米级。

1. 背景

各兵器试验场测速雷达设备种类较多，可以综合利用，也可研制新的测速雷达。对新雷达的要求是作用距离远（中程）、测速精度高（相对测速精度优于 0.05%）、工作可靠、功能强（具有定位能力）。

2. 强相关数据雷达系统的技术性能

强相关数据雷达系统主要用于兵器试验靶场进行弹道试验和弹道分析。其特点是具有高精度测速和高精度定位功能。该系统采用数据融合性相关处理和数字差分方法,消除了数据中的系统误差和相关性误差因素的影响,从而大大提高各种弹道参数的测量精度,使测量结果满足立靶密集度试验的高精度要求,从而节省了在靶场建造和设置立靶,特别是在海上建造和设置立靶的繁重劳动和物质消耗。

1) 主要战术性能

测量参数:径向速度 $\dot{R}$、切向速度 v、加速度 $\dot{v}$、坐标 (x,y,z)、弹道倾角 θ 等。
作用距离:中程,约为弹径的 3 万倍。
测速精度:相对误差优于万分之五。

2) 系统组成

系统由 3~4 台测速雷达组成,如果采用双头测速雷达(共用红外启动器),则可减少雷达数量。系统组成如图 5-1 所示。

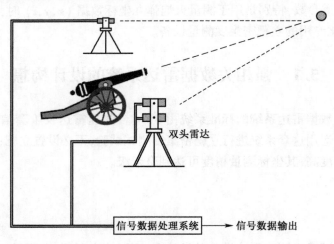

双头雷达

信号数据处理系统 ⟶ 信号数据输出

图 5-1　强相关数据雷达系统

3) 强相关数据雷达系统数据处理方案

强相关数据雷达系统数据处理流程如图 5-2 所示,详细数据处理方法将在后面介绍。

98

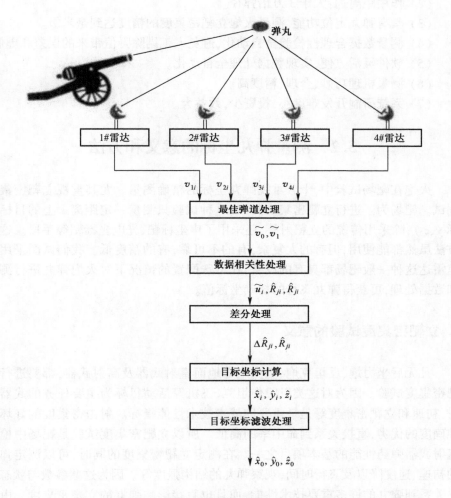

图 5-2　强相关数据雷达系统数据处理流程

3. 强相关数据雷达系统的特点

一个强相关数据雷达系统,工作能力相当于一套超低空近程三维精密测量雷达,可精确测量目标的弹道参数,如目标速度 v、加速度 $\dot{v}$、坐标 (x, y, z)、弹道倾角 θ 等,特点如下:

(1) 测速精度高:优于 0.05%。

（2）作用距离远：大于 3 万倍弹径。

（3）具有弹丸定位功能，测量火炮立靶密集度的精度达到毫米级。

（4）测量数据合理性检验全自动化，避免人工剔除野值带来的误差和虚假。

（5）软件灵活方便，实现数据处理全自动化。

（6）测量机理巧妙、合理、精度高。

（7）系统研制开发难度小，投资少，效益大。

5.2　测量弹丸坐标的意义和方法

　　火炮在靶场试验中，十分重视弹丸坐标的精确测量。尤其重视立靶密集度测试。靶场为了进行立靶密集度测试（这种试验只测量一定距离 x 上的目标坐标 y、z），除采用传统的立靶射外，还采用了声坐标靶、光电坐标靶等手段。这些方法虽然都能使用，但有的太复杂，有的不可靠，有的精度低。我们试图采用测速雷达这种一般靶场都具有的设备，在特殊配置的情况下对火炮弹丸进行测量和数据处理，可获得弹丸飞行的精确坐标值。

1. 立靶密集度试验的意义

　　凡无后坐力炮、反坦克炮、坦克炮等地面直射武器及高射武器，都要进行立靶密集度试验。因为对这类以毁伤坦克、飞机等活动目标为主要任务的武器来讲，初速和立靶密集度等是最重要的战术技术性能指标。射击密集度的好坏和准确度的优劣，直接关系到命中率的高低。所以立靶密集度试验是靶场中检验直射武器弹药性能的基本项目之一。在测定立靶密集度的同时，可以测定弹丸的初速、速度降以及飞行时间，观察弹丸的结构强度等。因为这些参数与状态不仅关系到弹丸的许多重要技术性能，而且也直接影响弹丸的立靶密集度。由这些参数还能确定弹丸的直射距离。

2. 立靶密集度试验的一般方法

立靶密集度的测量方法

立靶尺寸规格见表 5-1。

表 5-1 立靶尺寸规格

靶距/m	200~300	500	1000	1500	2000	3000
宽度/m	6	8	10	12	14	14
高度/m	4	5	6	7	8	10

（1）立靶射的要求。为了保持每组弹丸的射击条件和气象条件尽可能一致,通常要求在 30min 内射击完毕,并尽可能保持间隔时间相等,使炮身管温度维持不变。弹孔坐标应逐发观测和标记,以便知道弹序。一组射击完毕,依次精确测量其坐标值。

对靶板的传统测量方法是采用钢卷尺直接在靶板上测量,精度可达到 ±0.5cm。采用自动检靶系统测量时,精度约为 0.5 倍弹径。

（2）立靶坐标测量设备。立靶坐标测量设备有声坐标靶、光电坐标靶、CCD 光电靶等。

（3）立靶密集度试验一般方法的优缺点:

① 立靶射要有靶,射击结果可从靶上直接测定,直观,有一定的精确度。对弹孔位置的判断,影响对坐标的精确测量。根据试验的炮型,对靶的大小规格有一定的要求。靶的制做和设置比较复杂。

② 自动检靶系统自动化程度和测靶精度各不相同,可以在有限的范围内满足特定要求。但是这些设备成本较高,使用比较复杂。往往还要在靶上设置传感器。一旦打坏了传感器就会使试验失败。

由上述情况可知,寻求一种更为经济有效的立靶密集度测量方法是人们所希望的。

3. 其他靶场试验项目

小射角立靶试验(射角<5°)、跳角测定等。

跳角测定实际上也是弹丸坐标测量。

小射角立靶射、跳角测定也要求较高的弹丸坐标测量精度。如果找到了良好的立靶密集度测量方法,小射角立靶射和跳角测定也就迎刃而解了。

4. 精密三坐标测量雷达定位精度估算

精密的三坐标测量雷达是一种高级雷达。从理论上讲,三坐标测量雷达是可以测量飞行目标的坐标 (x,y,z)。但是对于常规兵器靶场测量,像立靶密集度这种测试项目,要求坐标测量精度为毫米量级,而且是超低空测量,一般的精密三坐标测量雷达是难以达到这样的测量要求的。下面举例说明。

例如，一台精密三坐标测量雷达，其距离测量精度为 $\sigma_R = 5\text{m}$，高低角和方位角测量精度为 $\sigma_E = \sigma_A = 0.1\text{mrad}$（相当于 $20''$）。（导弹靶场使用的单脉冲雷达的测量精度 $\sigma_R = 10\text{m}, \sigma_E = \sigma_A = 0.2\text{mrad}$）试对一距离 $R = 1000\text{m}$，高低角 $E = 0$，方位角 $A = 0$ 的弹丸目标进行精度估算。由图 5-3 可知，目标坐标和坐标精度公式如下：

$$\begin{cases} x = R\cos E\cos A \\ y = R\sin E \\ z = R\cos E\sin A \end{cases}$$

$$\begin{cases} \sigma_x^2 = (\cos E\cos A)^2\sigma_R^2 + (R\sin E\cos A)^2\sigma_E^2 + (R\cos E\sin A)^2\sigma_A^2 \\ \sigma_y^2 = (\sin E)^2\sigma_R^2 + (R\cos E)^2\sigma_E^2 \\ \sigma_z^2 = (\cos E\sin A)^2\sigma_R^2 + (R\sin E\sin A)^2\sigma_E^2 + (R\cos E\cos A)^2\sigma_A^2 \end{cases}$$

当 $R = 1000\text{m}, A = E = 0, \sigma_R = 5\text{m}, \sigma_E = \sigma_A = 10^{-4}$ 时，则计算结果为

$$\sigma_x = \sigma_R = 5\text{m}, \sigma_y = R\sigma_E = 0.1\text{m}, \sigma_z = R\sigma_A = 0.1\text{m}$$

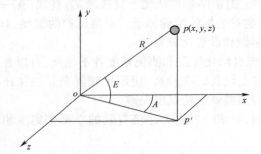

图 5-3　精密测量雷达定位示意图

由此可见，这种精密三坐标测量雷达对满足常规兵器靶场立靶密集度射击的精度要求，还差一个数量级以上。我们随后介绍的采用强相关数据雷达系统，运用数据融合性相关处理和坐标差分处理方法却可以满足这样的要求。

5.3　运用测速雷达测量弹丸坐标的方法

1. 坐标系约定

火炮弹丸的弹道参数（如速度 v、坐标 (x,y,z)），是在火炮发射坐标系（地面坐标系）中定义的。雷达对弹丸的测量参数（如径向速度 $\dot{R}$、斜距离 R）是在

102

雷达测站坐标系中定义的。为了用雷达测量参数计算弹丸的弹道参数,要进行某种坐标转换,例如由雷达测量的径向速度 $\dot{R}$ 计算弹丸切向速度 V:

$$V = \frac{R\dot{R}}{\sqrt{R^2 - A^2}} \text{ 或 } V = \frac{R\dot{R}}{U_1 + B}$$

就是把雷达在测量坐标系中对弹丸测量的径向速度 $\dot{R}$ 转换到弹丸在发射坐标系中的切向速度 V。此式称为弹丸速度转换公式。

本章涉及的雷达测量数据处理中,有发射坐标系和雷达测站平面坐标系。

1) 发射坐标系

火炮测量的发射坐标系(图 5-4)是一个与地面固连的坐标系,用 $o - xyz$ 表示。其坐标原点 o 为炮口中心,它是弹道起点。以射面和弹道起点的水平面的交线为 x 轴,顺射向为正; y 铅直向上为正; z 轴按右手定则确定。

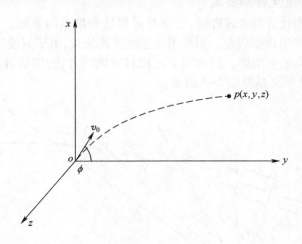

图 5-4　火炮发射坐标系

2) 雷达测站平面坐标系(图 5-5)

原点 o:雷达天线相位中心。

x 轴:过原点 o 和炮身管中心线平行,顺射向为正。

测站坐标平面:x 轴和炮身管中心线构成测站坐标平面。

y 轴:在上述测站坐标平面内,是垂直于炮身管中心线的直线。指向左侧为正。

发射坐标系至测站平面坐标系站址参数的转换公式:

103

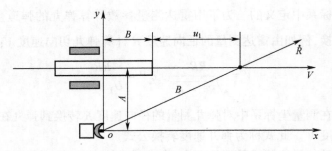

图 5-5　雷达测站平面坐标系示意图

$$\begin{cases} A = \sqrt{z_0^2 + (x_0\sin\varphi - y_0\cos\varphi)^2} \\ B = \sqrt{x_0^2 + y_0^2 - (x_0\sin\varphi - y_0\cos\varphi)^2} \end{cases}$$

3) 精确的速度转换公式

由测速数据计算弹丸速度时,应尽量采用比较精确的方法。近似公式会使弹丸坐标计算产生近似误差。如常用的速度转换公式,由于假设弹道为直线,可能计算不出弹丸的 y 坐标。如采用下述比较精确的方法,则能计算出弹丸坐标 (x,y,z)。其几何关系如图 5-6 所示。

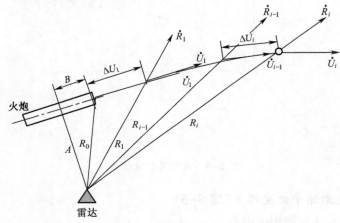

图 5-6　雷达测速几何关系

$$\begin{cases} \Delta U_i = \dot{U}_{i-1}t_p \\ R_i = R_{i-1} + (\dot{R}_{i-1} + \dot{R}_i)t_p/2 \\ \dot{U}_i = 2\Delta U_i R_i \dot{R}_i / (R_i^2 - R_{i-1}^2 + \Delta U_i^2) \end{cases}$$

104

其初始值按下式计算：

$$
\begin{cases}
R_0 = \sqrt{A^2 + B^2} \ \text{或} \ R_0 = \sqrt{x_0^2 + y_0^2 + z_0^2} \\
R_1 = R_0 + \dot{R}_1 t_y \\
\dot{U}_1 = 2\Delta u_1 R_1 \dot{R}_1 / (R_1^2 - R_0^2 + \Delta U_1^2)
\end{cases}
$$

虽然式中的 $\dot{U}_i$ 和 V_i 都是切向速度的近似值，但它们有不同的物理意义。前者 $\dot{U}_i = \sqrt{\dot{x}_i^2 + \dot{y}_i^2}$，后者 $V_i = \dot{x}_i$。这使得前者在计算弹丸坐标时更为精确。

2. 目标坐标的距离平方差定位方程

当有三台雷达的距离数据时，则目标的空间位置（三维的空间坐标），就可由分别以三个雷达站为球心和以各雷达站同时测得的距离为半径的三个球面的交点确定。目标位置可由如下三个球面方程求解：

$$
\begin{cases}
R_1^2 = (x - x_{01})^2 + (y - y_{01})^2 + (z - z_{01})^2 \\
R_2^2 = (x - x_{02})^2 + (y - y_{02})^2 + (z - z_{02})^2 \\
R_3^2 = (x - x_{03})^2 + (y - y_{03})^2 + (z - z_{03})^2
\end{cases} \tag{5-1}
$$

式中：(x_{0j}, y_{0j}, z_{0j}) 为雷达站址坐标；R_j 为雷达到目标的距离；$j = 1,2,3$。

设站要求：只要三台雷达不配置在一条直线上，就能定出目标位置。这种定位方法称为 $3R$ 定位方法。

对式（5-1）中的任两个方程进行处理都可以计算出三坐标中的一个坐标，下面逐一推导三个坐标的计算公式。

1）弹丸坐标 x 的测量方法

在雷达布站上采取措施，用两台雷达可以测量 3 坐标中的任一坐标值。

布站方法是将两台测速雷达配置在火炮的同一侧，共用一个红外启动器，并使站址坐标 $z_{01} = z_{02}$，$y_{01} = y_{02}$，$|x_{02}| > |x_{01}|$，应尽量使 x_{01} 与 x_{02} 的差距大一些。雷达配置方法如图 5-7 所示。

利用雷达测量的径向速度 $\dot{R}_{1i}$、$\dot{R}_{2i}$ 分别进行数字积分获得雷达至目标的斜距离 R_{1i}、R_{2i}。

则式（5-1）的 1、2 式变为

$$
\begin{cases}
R_{1i}^2 = (x_i - x_{01})^2 + (y_i - y_{01})^2 + (z_i - z_{01})^2 \\
R_{2i}^2 = (x_i - x_{02})^2 + (y_i - y_{02})^2 + (z_i - z_{02})^2
\end{cases} \tag{5-2}
$$

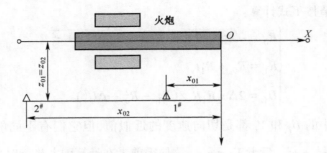

图 5-7 两台雷达测量 X 的示意图

两式相减得

$$R_{1i}^2 - R_{2i}^2 = (x_i - x_{01})^2 - (x_i - x_{02})^2$$

将此式展开整理得

$$x_i = \frac{x_{01} + x_{02}}{2} + \frac{R_{1i}^2 - R_{2i}^2}{2(x_{02} - x_{01})} \tag{5-3}$$

2) 坐标 y 的测量计算方法

采用一套双头结构的测速雷达可以测量弹丸坐标 y，要求双头雷达高度 y 可调，这时的站址坐标 $x_{01} = x_{03}$，$z_{01} = z_{03}$，只是 $3^\#$ 雷达要高（或低）于 $1^\#$ 雷达，要求 y_{01} 与 y_{03} 之差应尽量大些（见图 5-8）。

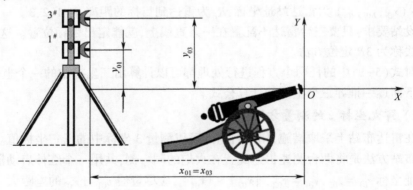

图 5-8 两台雷达测量坐标 y 布站示意图

由式（5-1）的 1、2 两式相减得

$$R_{1i}^2 - R_{3i}^2 = (y_i - y_{01})^2 - (y_i - y_{03})^2$$

将此式展开整理得

$$y_i = \frac{y_{01} + y_{03}}{2} + \frac{R_{1i}^2 - R_{3i}^2}{2(y_{03} - y_{01})} \tag{5-4}$$

3）坐标 z 的测量计算方法

当用两台雷达测量坐标 z 时，要求两台雷达在发射坐标系中，配置在火炮两侧，并使 $x_{01} = x_{04}$，$y_{01} = y_{04}$，如图 5-9 所示。

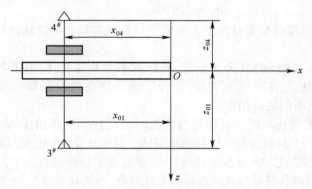

图 5-9　两台雷达测量坐标 z 布站示意图

由式（5-1）的 1、2 两式相减得

$$R_{1i}^2 - R_{4i}^2 = (z_i - z_{01})^2 - (z_i - z_{04})^2$$

将此式展开整理得

$$z_i = \frac{z_{01} + z_{04}}{2} + \frac{R_{1i}^2 - R_{4i}^2}{2(z_{04} - z_{01})} \tag{5-5}$$

式（5-3）~式（5-5）称为目标坐标的距离平方差定位方程。这种坐标解法要求有四台测速雷达。

5.4　强相关数据雷达系统的构想原理

运用目标坐标的距离平方差定位方程（5-3）~（5-5）计算目标坐标时，如果不计站址测量误差，由于各台雷达测量数据是互相独立的，则目标坐标 (x, y, z) 的测量精度，可表示如下：

$$\begin{cases} \sigma_x^2 = \left(\dfrac{\partial x}{\partial R_1}\right)^2 \sigma_{R_1}^2 + \left(\dfrac{\partial x}{\partial R_2}\right)^2 \sigma_{R_2}^2 \\[3mm] \sigma_y^2 = \left(\dfrac{\partial y}{\partial R_1}\right)^2 \sigma_{R_1}^2 + \left(\dfrac{\partial y}{\partial R_3}\right)^2 \sigma_{R_3}^2 \\[3mm] \sigma_z^2 = \left(\dfrac{\partial z}{\partial R_{14}}\right)^2 \sigma_{R_1}^2 + \left(\dfrac{\partial z}{\partial R_4}\right)^2 \sigma_{R_4}^2 \end{cases} \tag{5-6}$$

则对 D100 火炮弹丸的坐标测量精度为

$$\begin{cases} \sigma_x = 6.9895 \times 10^{-3}\,\mathrm{m} \\ \sigma_y = 2.5221 \times 10^{-2}\,\mathrm{m} \\ \sigma_z = 2.9109 \times 10^{-3}\,\mathrm{m} \end{cases}$$

这已是相当高的测量精度了。而常规兵器试验场立靶密集度试验要求的测量精度更高。

式(5-3)~式(5-5)从形式上看,和距离平方差有关,但由于各台雷达站测量的数据互相独立,不具有相关性,因而不能消除系统误差和相关性误差的影响,测量结果达不到更高精度。

当使用多台雷达对同一目标进行测量时,它们处于相同的环境中,可以设法把它们构造成一个具有强相关性的测量系统。其做法是:首先,是以数据融合性处理方法处理多台雷达的测速数据,得到一组融合性最佳弹道数据 $\tilde{v}_0$、$\tilde{v}_i(j = 1,2,\cdots,n)$;其次,对融合性最佳弹道进行相关性处理,得到具有强相关性的速度、距离等参数;最后,对所获强相关数据施以差分处理方法,即能得到高精度的弹道数据。

用这种方法构造的"强相关数据雷达系统"可以假想成一套配置在目标上的多目标测量系统,把配置在地面的多台雷达站视为假想的目标。从相对运动的理念出发,这种构想是合乎逻辑的。在这种情况下,再运用式(5-3)~式(5-5)计算目标坐标,由于参数具有了强相关性,并把距离平方差作为测量元素,则坐标测量精度就会有明显的提高。这时仍使用目标坐标的距离平方差定位方程(5-3)~(5-5)计算目标坐标,则目标坐标精度就会有大幅度提高。

$$\begin{cases} \sigma_x^2 = \left(\dfrac{\partial x}{\partial \Delta R_{12}}\right)^2 \sigma_{\Delta R_{12}}^2 \\[2mm] \sigma_y^2 = \left(\dfrac{\partial y}{\partial \Delta R_{13}}\right)^2 \sigma_{\Delta R_{13}}^2 \\[2mm] \sigma_z^2 = \left(\dfrac{\partial z}{\partial \Delta R_{14}}\right)^2 \sigma_{\Delta R_{14}}^2 \end{cases} \tag{5-7}$$

式中:$\sigma_{\dot{x}_0} = 1.2625 \times 10^{-3}\,\mathrm{m}$;$\sigma_{\dot{y}_0} = 6.8941 \times 10^{-5}\,\mathrm{m}$;$\sigma_{\dot{z}_0} = 5.7111 \times 10^{-4}\,\mathrm{m}$。

我们把这种测量数据强相关测量系统称为强相关数据雷达系统。

5.5　强相关数据雷达系统数据处理方法

1. 测量数据融合性相关处理

"强相关数据雷达系统"既然是一个系统,应用中就要发挥系统的优越性。

是系统测量飞行目标,不再是单台雷达测量目标。得出的数据是系统的数据,而不再是单台雷达的数据。要做到系统融合性和数据融合性。

多台雷达由信号处理系统归总,称为系统融合性;测量数据融合性相关处理将拿出系统的数据,称为数据融合性。系统的数据精度更高,且具有强相关性。

1) 数据融合性处理

对强相关数据雷达系统内各台雷达测量的火炮弹丸切向速度 $V_j(j = 1, 2, \cdots, m)$,用加权平均方法计算切向速度和初速的最佳估计序列:

$$\widetilde{V}_i = \sum_{j=1}^m p_j v_{ji} \text{ 和 } \widetilde{V}_0 = \sum_{j=1}^m p_j V_{0j} , \quad j = 1, 2, \cdots, m \tag{5-8}$$

式中,各雷达站的权系数为

$$p_j = \sigma_{V_j}^{-2} p, \quad \sigma_{\widetilde{V}}^2 = p = 1 / \sum_{j=1}^m \sigma_{V_j}^{-2} \tag{5-9}$$

式中:m 为雷达站数;n 为雷达测量的数据点数。

2) 数据相关性处理

根据各雷达站的站址参数反算各雷达站对弹丸的径向速度和距离:

$$\begin{cases} \dot{\hat{R}}_{ji} = \widetilde{V}_i(\hat{U}_i + B_j)/\hat{R}_{ji} \\ \hat{R}_{ji} = [A_j^2(\hat{U}_i + B_j)^2]^{1/2} \end{cases} \tag{5-10}$$

式中

$$\hat{U}_i = \hat{U}_{i-1} + (\widetilde{V}_{i-1} + \widetilde{V}_i)t_p/2 , \hat{U}_1 = \widetilde{V}_0 t_y$$
$$A_j = [z_{0j}^2 + (x_{0j}\sin\varphi - y_{0j}\cos\varphi)^2]^{1/2}$$
$$B_j = [x_{0j}^2 + y_{0j}^2 + (x_{0j}\sin\varphi - y_{0j}\cos\varphi)^2]^{1/2}$$

其中,φ 为火炮射角。

这样,速度和距离均化成了强相关数据雷达系统的测量数据,由于这时的数据具有了强相关性,再对数据进行差分处理,就会消除相关性误差的影响。

2. 用距离平方差定位方程计算弹丸空间坐标

因为已经用强相关数据雷达系统对数据进行了强相关性处理,数据 $\hat{R}_i$、$\dot{\hat{R}}_i$

都是强相关性数据,由于强相关性测量数据的组合,也是相关性数据,所以距离平方 $\hat{R}_i^2$ 也是强相关性数据。对其进行差分运算都能有良好结果。

对式(5-3)~式(5-5)略作改变,可在强相关数据雷达系统中计算目标空间坐标:

$$
\begin{cases}
\tilde{x}_i = \dfrac{x_{01} + x_{02}}{2} + \dfrac{\Delta \hat{R}_{12i}^2}{2\Delta x_0} \\[3mm]
\tilde{y}_i = \dfrac{y_{01} + y_{03}}{2} + \dfrac{\Delta \hat{R}_{13i}^2}{2\Delta y_0} \\[3mm]
\tilde{z}_i = \dfrac{z_{01} + z_{04}}{2} + \dfrac{\Delta \hat{R}_{14i}^2}{2\Delta z_0}
\end{cases}
\tag{5-11}
$$

式中

$$
\Delta \hat{R}_{12i}^2 = \hat{R}_{1i}^2 - \hat{R}_{2i}^2, \quad \Delta \hat{R}_{13i}^2 = \hat{R}_{1i}^2 - \hat{R}_{3i}^2, \quad \Delta \hat{R}_{14i}^2 = \hat{R}_{1i}^2 - \hat{R}_{4i}^2
$$

$$
\Delta x_0 = x_{02} - x_{01}, \quad \Delta y_0 = y_{03} - y_{01}, \quad \Delta z_0 = z_{04} - z_{01}
$$

在强相关数据雷达系统中,$\Delta \hat{R}_{ji}^2$、$\Delta \hat{R}_{ji}^2$、$\Delta \hat{R}_{jki}^2$ 都视为测量元素。由于强相关的原因,$\Delta \hat{R}_{12i}^2 = \hat{R}_{1i}^2 - \hat{R}_{2i}^2$, $\Delta \hat{R}_{13i}^2 = \hat{R}_{1i}^2 - \hat{R}_{3i}^2$, $\Delta \hat{R}_{14i}^2 = \hat{R}_{1i}^2 - \hat{R}_{4i}^2$ 在运算中会抵消掉相关性误差的影响。

3. 三台雷达的定位方案

从理论上讲,三台雷达即可定位,但距离平方差定位方程却要求用四台雷达。这是最佳强相关差分处理所要求的。如果退而求次最佳,采用三台雷达也未尝不可。设用三台雷达,当只取式(5-11)的2、3两式,可解出 $\tilde{y}$、$\tilde{z}$ 两个参数,由于去掉 2# 雷达,则可用式(5-1)解参数 $\tilde{x}$ 。这时有

$$
\begin{cases}
\hat{R}_1^2 = (x - x_{01})^2 + (\tilde{y} - y_{01})^2 + (\tilde{z} - z_{01})^2 \\
\hat{R}_3^2 = (x - x_{03})^2 + (\tilde{y} - y_{03})^2 + (\tilde{z} - z_{03})^2 \\
\hat{R}_4^2 = (x - x_{04})^2 + (\tilde{y} - y_{04})^2 + (\tilde{z} - z_{04})^2
\end{cases}
\tag{5-1$'$}
$$

由式(5-1)′任一式都可解出 x:

$$
\tilde{x} = x_{01} + [\hat{R}_1^2 - (\tilde{y} - y_{01})^2 - (\tilde{z} - z_{01})^2]^{1/2}
\tag{5-1$''$}
$$

4. 火炮弹丸的其他弹道参数计算

计算出高精度目标坐标 $(\tilde{x}_i, \tilde{y}_i, \tilde{z}_i)$ 后,可用其解算其他弹道参数。

1) 微分求速度的公式

将位置参数微分求速度时,通常应用速度二阶中心平滑公式,假设输入 $2n+1$ 个等间隔采样的位置参数为 $(\tilde{x}_{-n}, \tilde{x}_{-n+1}, \cdots, \tilde{x}_0, \cdots, \tilde{x}_n)$,这里的位置参数是强相关数据雷达系统输出的坐标数据。则中心时刻的速度 $\tilde{\dot{x}}$ 为

$$\tilde{\dot{x}}_i = \sum_{i=-n}^{n} \frac{12i}{t_p N(N^2-1)} \tilde{x}_i \tag{5-12}$$

式中:t_p 为测量数据的采样间隔;$N = 2n + 1$ 为输入数据总个数。

同样地,对于 y 和 z 方向微分的求速方法和式(5-12)类同。

2) 微分求加速度的公式

由位置参数微分求加速度时,通常应用加速度三阶中心平滑公式,即

$$\tilde{\ddot{x}}_0 = \sum_{i=-n}^{n} \frac{30[12i^2 - (N^2-10)]}{t_p^2 N(N^2-1)(N^2-4)} \tilde{x}_i \tag{5-13}$$

式中:$\tilde{\ddot{x}}_0$ 为中心时刻的加速度参数;$\tilde{x}_i$ 为 $2n+1$ 个等间隔的位置参数,也是强相关数据雷达系统输出的坐标数据。

同样地,也可对 y 方向和 z 方向进行微分求加速度。

3) 其他弹道参数解算

最后利用速度与弹道倾角、偏角之间的关系,得到合成速度、弹道倾角 θ 和偏角 σ 为:

$$\begin{cases} V = (\dot{X}^2 + \dot{Y}^2 + \dot{Z}^2)^{1/2} \\ \theta = \arctan \dfrac{\dot{Y}}{\dot{X}} + \begin{cases} 0, \dot{X} \geqslant 0 \\ \pi, \dot{X} < 0, \dot{Y} < 0 \end{cases} \\ \sigma = \arcsin(-\dot{Z}/V) \end{cases} \tag{5-14}$$

而切向、法向和侧向加速度分别为

$$\begin{cases} \dot{V} = (\dot{X}\ddot{X} + \dot{Y}\ddot{Y} + \dot{Z}\ddot{Z})/V \\ V\dot{\theta} = \ddot{Y}\cos\theta = \ddot{X}\sin\theta \\ V\dot{\sigma} = -\dfrac{\ddot{Z}}{\cos\sigma} - \dot{V}\tan\sigma \end{cases} \tag{5-15}$$

5.6 弹丸坐标的滤波处理

靶场试验中立靶射要求的靶距为 500m、1000m、1500m、2000m 等。试验中,

靶距需要精确测量,采用测速雷达进行立靶射时,一不设置立靶,二不需事前测量靶距。只需在雷达进行弹丸坐标测量过程中,精确求出靶距 $\tilde{x}_0$ 及相应坐标 $\tilde{y}_0$、$\tilde{z}_0$。由于雷达测量的坐标值一般不会刚好等于所要求的靶距,欲确定立靶在精确距离 $\tilde{x}_0$ 下精确地弹丸散布值 $\tilde{y}_0$、$\tilde{z}_0$,需利用测量计算出的多点坐标值 $\tilde{x}_i\ (i=1,2,\cdots,n)$,推算出所要求靶距值,例如 $\tilde{x}_0=1000\mathrm{m}$,算出外推或内插的步数 k,对 $\tilde{y}_i$、$\tilde{z}_i$ 也作相应步数的外推或内插,则就获得了弹丸散布的精确值 $\tilde{y}_0$、$\tilde{z}_0$。若测量的最大值 $\tilde{x}_n > \tilde{x}_0$ 就需内插,若 $\tilde{x}_n < \tilde{x}_0$,就外推。设采用一阶多项式拟合方法求 $\tilde{x}_0$,则

$$\tilde{x}_0 = \sum_{i=1}^{n} w_i \tilde{x}_i \tag{5-16}$$

式中,权系数为

$$w_i = \frac{1}{n} + \frac{12\left(2 - \dfrac{n+1}{2}\right)\left(k + \dfrac{n-1}{2}\right)}{n(n^2 - 1)} \tag{5-17}$$

则外推步数为

$$k = \left(\tilde{x}_0 - \sum_{i=1}^{n} w_{0i} \tilde{x}_i\right) \bigg/ \sum_{i=1}^{n} w_{1i} \tilde{x}_i \tag{5-18}$$

式中,权序列为

$$
\begin{cases}
w_{0i} = \dfrac{1}{n} + \dfrac{6\left(i - \dfrac{n+1}{2}\right)}{n(n+1)} \\[4mm]
w_{1i} = \dfrac{12\left(i - \dfrac{n+1}{2}\right)}{n(n^2 - 1)}
\end{cases}
$$

求出外推或内插步数后,则可用下式解弹丸散布值:

$$
\begin{cases}
\tilde{y}_0 = \sum_{i=1}^{n} w_i \tilde{y}_i \\[4mm]
\tilde{z}_0 = \sum_{i=1}^{n} w_i \tilde{z}_i
\end{cases}
\tag{5-19}
$$

也可采用二阶多项式拟合方法外推 $\tilde{x}_0$、$\tilde{y}_0$、$\tilde{z}_0$。

5.7　强相关数据雷达系统综合算例

1. 测量方案

我们试图用一个综合算例,运用前面所论述的方法,计算距离为 1000m 立靶下的弹丸坐标散布值($\tilde{x}$,$\tilde{y}$,$\tilde{z}$)。本例采用两种测量方案:

A 方案:4 台雷达的测量方案,见图 5-2。

B 方案:3 台雷达的测量方案,见图 5-1。

A 方案中,$1^\#$—$2^\#$雷达测量 x 坐标,$1^\#$—$3^\#$雷达测量 y 坐标,$1^\#$—$4^\#$雷达测量 z 坐标。

B 方案中,去掉 $2^\#$雷达,$1^\#$—$3^\#$雷达测量 y 坐标,$1^\#$—$4^\#$雷达测量 z 坐标,坐标 x 用坐标综合算法获得。

雷达站址:

$1^\#$雷达:$x_{01} = -3.00\text{m}$,　$y_{01} = 0.00\text{m}$,　$z_{01} = 3.00\text{m}$;

$2^\#$雷达:$x_{02} = -15.00\text{m}$,　$y_{02} = 0.00\text{m}$,　$z_{02} = 3.00\text{m}$;

$3^\#$雷达:$x_{03} = -3.00\text{m}$,　$y_{03} = 0.50\text{m}$,　$z_{03} = 3.00\text{m}$;

$4^\#$雷达:$x_{04} = -3.00\text{m}$,　$y_{04} = 0.00\text{m}$,　$z_{04} = -3.20\text{m}$。

时间参数:

开始测量时间 $t_y = 0.15\text{s}$;

测量间隔时间 $t_p = 0.015\text{s}$。

2. 测量数据

测量数据见表 5-2。这些数据是在射角 $\varphi = 0$ 情况下的实弹测速数据算出的。$\tilde{V}_0 = 869.9899\text{m/s}$;$\tilde{V}_i$ 是按式(5-8)计算的 4 台雷达的加权平均值。

表 5-2　表雷达测量的切向速度值　　　　　　　（单位:m/s）

i	1	2	3	4	5	6	7	8	9	10
$\tilde{V}_i$	858.9297	857.8560	856.8207	855.5688	854.6388	853.3895	852.2904	851.2256	850.0274	848.8604
i	11	12	13	14	15	16	17	18	19	20
$\tilde{V}_i$	847.8244	846.6992	845.6422	844.5958	842.4073	842.2418	841.1841	840.0741	838.8794	837.9800

113

i	21	22	23	24	25	26	27	28	29	30
$\tilde{V}_i$	836.9483	835.6991	834.6651	833.4539	832.4826	831.2740	830.2405	828.9670	828.0436	826.8754
i	31	32	33	34	35	36	37	38	39	40
$\tilde{V}_i$	825.8771	824.6415	823.6933	822.4676	821.3764	820.3641	819.2786	818.0006	816.9401	815.8698
i	41	42	43	44	45	46	47	48	49	50
$\tilde{V}_i$	814.8244	813.5291	812.5838	811.3709	810.2931	809.2478	808.0750	807.1823	806.0695	804.8668
i	51	52	53	54	55	56	57	58	59	60
$\tilde{V}_i$	803.5390	802.7813	801.4436	800.3549	799.0658	798.2056	797.0205	796.1503	794.8751	793.7724
i	61	62	63	64	65	66	67	68	69	70
$\tilde{V}_i$	792.6973	791.4521	790.3845	789.2995	788.2843	787.1167	785.9391	784.6665	783.7814	782.6263
i	71	72	73	74	75	76	77	78	79	80
$\tilde{V}_i$	781.5136	780.3384	779.2435	778.0210	777.1309	776.0258	774.7257	773.8056	772.7080	771.5456

按式(5-11)计算的弹丸坐标值（ $\tilde{x}_i$, $\tilde{y}_i$, $\tilde{z}_i$ ）见表5-3。

表5-3　雷达测量计算的弹丸坐标值　　　　　单位:m

i	1	2	3	4	5	6	7	8
$\tilde{x}_i$	130.1404	142.9831	155.8100	168.6200	181.4135	194.1908	206.9504	219.6939
$\tilde{y}_i$	1.4165×10^{-3}	1.5798×10^{-3}	1.6351×10^{-3}	1.4640×10^{-3}	1.3986×10^{-3}	1.3782×10^{-3}	1.2935×10^{-3}	1.5350×10^{-3}
$\tilde{z}_i$	-9.1985×10^{-5}	-1.2490×10^{-4}	-1.6155×10^{-4}	-1.9392×10^{-4}	-2.1192×10^{-4}	-2.2077×10^{-4}	-2.3275×10^{-4}	-2.62680×10^{-4}
i	9	10	11	12	13	14	15	16
$\tilde{x}_i$	232.4205	245.1293	257.8217	270.4978	283.1577	295.8019	308.4292	321.0390
$\tilde{y}_i$	2.0355×10^{-3}	2.3197×10^{-3}	2.1037×10^{-3}	1.8582×10^{-3}	1.6698×10^{-3}	1.8582×10^{-3}	2.0415×10^{-3}	2.1168×10^{-3}
$\tilde{z}_i$	-2.9858×10^{-4}	-3.1839×10^{-4}	-3.3755×10^{-4}	-3.5425×10^{-4}	-3.6090×10^{-4}	-3.8315×10^{-4}	-4.1617×10^{-4}	-4.3871×10^{-4}
i	17	18	19	20	21	22	23	24
$\tilde{x}_i$	333.6322	346.2091	358.7688	371.3129	383.8425	396.3550	408.8505	421.3292
$\tilde{y}_i$	2.0641×10^{-3}	2.0984×10^{-3}	2.1498×10^{-3}	1.8033×10^{-3}	1.6635×10^{-3}	2.0634×10^{-3}	2.2456×10^{-3}	2.1403×10^{-3}
$\tilde{z}_i$	-4.5763×10^{-4}	-4.6176×10^{-4}	-4.7091×10^{-4}	-4.5627×10^{-4}	-4.1786×10^{-4}	-4.1962×10^{-4}	-4.4447×10^{-4}	-4.4390×10^{-4}
i	25	26	27	28	29	30	31	32
$\tilde{x}_i$	433.7916	446.2377	458.6669	471.0789	483.4745	495.8544	508.2182	520.5652
$\tilde{y}_i$	1.6776×10^{-3}	1.2004×10^{-3}	1.0979×10^{-3}	1.3694×10^{-3}	2.0139×10^{-3}	2.5722×10^{-3}	2.5408×10^{-3}	2.8124×10^{-3}
$\tilde{z}_i$	-3.9083×10^{-4}	-3.5372×10^{-4}	-3.3107×10^{-4}	-2.8378×10^{-4}	-2.6962×10^{-4}	-2.7993×10^{-4}	-2.6847×10^{-4}	-3.4042×10^{-4}

114

（续）

i	1	2	3	4	5	6	7	8
$\tilde{x}_i$	532.8958	545.2101	557.5071	569.7886	582.0543	594.3022	606.5326	618.7468
$\tilde{y}_i$	3.3860×10^{-3}	3.7580×10^{-3}	3.8944×10^{-3}	4.2858×10^{-3}	4.3948×10^{-3}	3.6397×10^{-3}	4.1904×10^{-3}	5.5429×10^{-3}
$\tilde{z}_i$	-4.1339×10^{-4}	-4.7888×10^{-4}	-5.2873×10^{-4}	-5.5422×10^{-4}	-5.9028×10^{-4}	-5.8744×10^{-4}	-6.2756×10^{-4}	-7.0753×10^{-4}
i	41	42	43	44	45	46	47	48
$\tilde{x}_i$	630.9451	643.1263	655.2907	667.4390	679.5701	691.6853	703.7841	715.8674
$\tilde{y}_i$	5.9842×10^{-3}	6.0404×10^{-3}	6.2818×10^{-3}	6.7076×10^{-3}	7.3179×10^{-3}	7.4743×10^{-3}	7.7920×10^{-3}	8.9303×10^{-3}
$\tilde{z}_i$	-7.7748×10^{-4}	-8.7989×10^{-4}	-9.6311×10^{-4}	-9.7184×10^{-4}	-9.9907×10^{-4}	-9.9037×10^{-4}	-9.4033×10^{-4}	-1.0030×10^{-3}
i	49	50	51	52	53	54	55	56
$\tilde{x}_i$	727.9356	739.9865	752.0185	764.0349	776.0355	788.0180	799.9828	811.9315
$\tilde{y}_i$	8.9091×10^{-3}	8.3444×10^{-3}	8.5894×10^{-3}	9.6759×10^{-3}	1.0207×10^{-2}	1.0149×10^{-2}	1.0206×10^{-2}	1.0379×10^{-2}
$\tilde{z}_i$	-1.0725×10^{-3}	-1.0916×10^{-3}	-1.1667×10^{-3}	-1.2404×10^{-3}	-1.2523×10^{-3}	-1.2560×10^{-3}	-1.2485×10^{-3}	1.2872×10^{-3}
i	57	58	59	60	61	62	63	64
$\tilde{x}_i$	823.8656	835.7843	847.6862	859.5704	871.4382	883.2888	895.1219	906.9389
$\tilde{y}_i$	1.0664×10^{-2}	1.1064×10^{-2}	1.2359×10^{-2}	1.2998×10^{-2}	1.2948×10^{-2}	1.2176×10^{-2}	1.0650×10^{-2}	1.0001×10^{-2}
$\tilde{z}_i$	-1.3719×10^{-3}	-1.4405×10^{-3}	-1.5534×10^{-3}	-1.6467×10^{-3}	-1.7176×10^{-3}	-1.7635×10^{-3}	-1.7151×10^{-3}	-1.7018×10^{-3}
i	65	66	67	68	69	70	71	72
$\tilde{x}_i$	918.7404	930.5254	942.2929	954.0421	965.7751	977.4929	989.1938	1000.877
$\tilde{y}_i$	1.0278×10^{-2}	1.0641×10^{-2}	1.1095×10^{-2}	1.1639×10^{-2}	1.2274×10^{-2}	1.2999×10^{-2}	1.2903×10^{-2}	1.2875×10^{-2}
$\tilde{z}_i$	-1.7916×10^{-3}	-8489×10^{-3}	-1.8713×10^{-3}	-1.8560×10^{-3}	-1.8720×10^{-3}	-1.9190×10^{-3}	-1.8503×10^{-3}	-1.8092×10^{-3}
i	73	74	75	76	77	78	79	80
$\tilde{x}_i$	1012.5440	1024.193	1035.8270	1047.4460	1059.0460	1070.6310	1082.2000	1093.752
$\tilde{y}_i$	1.3848×10^{-2}	1.3968×10^{-2}	1.3202×10^{-2}	1.2482×10^{-2}	1.1809×10^{-2}	1.2167×10^{-2}	1.2593×10^{-2}	1.2079×10^{-2}
$\tilde{z}_i$	-1.8709×10^{-3}	-1.8858×10^{-3}	-1.8512×10^{-3}	-1.8421×10^{-3}	-1.8588×10^{-3}	-1.9010×10^{-3}	-1.8080×10^{-3}	-1.5746×10^{-3}

3. 计算结果

1）A 方案计算结果

内插步数 $k=-8.596068$。

① 一般计算方法：

$\sigma_{x_0} = 6.9885 \times 10^{-3}\,\mathrm{m}, \sigma_{y_0} = 2.5221 \times 10^{-2}\,\mathrm{m}, \sigma_{z_0} = 2.9109 \times 10^{-3}\,\mathrm{m}$

② **强相关数据雷达系统输出的数据：**

$$\tilde{x}_0 = 1000\text{m}, \tilde{y}_0 = 7.7900 \times 10^{-3}\text{m}, \tilde{z}_0 = -2.2405 \times 10^{-4}\text{m}$$

$$\sigma_{\tilde{x}_0} = 1.3055 \times 10^{-3}\text{m}, \sigma_{\tilde{y}_0} = 4.7101 \times 10^{-4}\text{m}, \sigma_{\tilde{z}_0} = 5.4307 \times 10^{-4}\text{m}$$

2）B 方案计算结果

内插步数 $k = -8.841739$。

① **一般计算方法：**

$$\sigma_{x_0} = 6.7939 \times 10^{-3}\text{m}, \sigma_{y_0} = 3.7099 \times 10^{-2}\text{m}, \sigma_{z_0} = 3.0733 \times 10^{-3}\text{m}$$

② **强相关数据雷达系统输出的数据：**

$$\tilde{x}_0 = 1000\text{m}, \tilde{y}_0 = 4.4016 \times 10^{-3}\text{m}, \tilde{z}_0 = 4.4499 \times 10^{-4}\text{m}$$

$$\sigma_{\tilde{x}_0} = 1.2625 \times 10^{-3}\text{m}, \sigma_{\tilde{y}_0} = 6.8941 \times 10^{-5}\text{m}, \sigma_{\tilde{z}_0} = 5.7111 \times 10^{-4}\text{m}$$

计算结果见表 5-4 所列

表 5-4　计算结果

项　　　目	坐标 x 精度	坐标 y 精度	坐标 z 精度
一般方法	7mm	30mm	3mm
强相关数据雷达系统	1.3mm	0.5mm	0.6mm
精度提高数	6 倍	60 倍	5 倍

4. 说明和讨论

（1）实弹测速数据只有一组 80 点数据，即只有一台雷达的测速数据。并没有算例所说 A 方案、B 方案所要求的 4 台、3 台雷达的数据。因此以一台雷达数据推算到强相关数据雷达系统中的数据误差偏大。而按照式（5-9）推算，4 台雷达的精度应比单台雷达的精度高 1 倍。

（2）本例中强相关数据雷达系统中强相关的元素距离平方差，进行精度估算的结果，发现其系统误差已经消失。这表明强相关数据雷达系统确实具有我们所期望的那种特性。

（3）算例中给出的精度数据都是随机误差，是用变量差分方法解算出来的。

（4）A 测量方案和 B 测量方案都能满足立靶密集度试验和测定跳角试验的精度要求。但 B 测量方案较 A 测量方案少用一台测速雷达，这可以节省 25% 的人力和财力。

（5）用距离平方差定位方程计算结果表明，完全可以满足立靶密集度试验和测定跳角试验的精度要求。

（6）计算机模拟实验结果表明，用强相关数据雷达系统测量弹丸坐标是可行的。这为靶场进行立靶密集度测量等试验，提供了一种切实有效的途径。

（7）本算例中 $\tilde{x}_0$ 表示立靶距离，$(\tilde{y}_0、\tilde{z}_0)$ 代表弹丸质心在立靶上的坐标。它与采用钢尺在立靶上测量弹着点有很大差别，既没有量具误差，也没有人工测量误差。

第6章 测速雷达误差因素解析

6.1 测速雷达测速误差概述

火炮测速雷达的测速精度是由测速雷达的多种误差因素综合决定的。雷达本身的误差因素和使用环境条件的变化都会引起测速误差,其结果会对测量的弹丸速度精确度造成影响。我们分析雷达测速误差因素的目的,一是在数量上弄清雷达测速误差的数值大小,二是弄清误差产生的原因,从而在研制生产中尽量减少误差因素,在使用中尽量避开对雷达测速精度不利的因素。

本章从三个方面讨论雷达测速误差,即雷达测量弹丸径向速度的误差因素、火炮弹丸切向速度测量误差因素、火炮弹丸初速测量误差因素。此三者有联系又有差别:径向速度测量误差是由雷达本身的误差因素和使用的环境条件变化引起的,对径向速度测量误差的分析计算是基本的;弹丸切向速度测量误差是在进行速度转换时由径向速度测量误差传播过来的,速度转换公式的不精确性也会产生切向速度误差,对切向速度进行数据合理性检验和数字滤波,能有效地压缩随机误差的影响;雷达对火炮弹丸初速测量误差是由切向速度测量误差传播过来的,采用最优线性数字滤波方法外推初速可以压缩随机误差的影响。

6.2 雷达测量弹丸径向速度的误差因素

1. 雷达发射机误差因素引起的测速误差

1) 系统误差

系统误差主要由发射机载波频率长期稳定度 S_L 和频率准确度误差引起的。根据现有技术及检测水平,取 $S_L = \Delta f_{d1}/f_d = 1 \times 10^{-4}$。

则由此引起的径向速度测量误差为

$$\Delta \dot{R}_L = -\dot{R} S_L = -870 \times 10^{-4} = -0.087 \text{m/s}$$

式中, $\dot{R} \approx V_0 = 870 \text{m/s}$

2) 随机误差

随机误差主要是指由发射机载波频率短期稳定度引入的误差,而

$$\delta f_{d1} = 2f_0 s_s \sqrt{t_u/t_p}$$

式中:t_u 为电波传播的时延;t_p 为测量间隔时间;f_0 为发射机载波频率;S_s 为发射机频率短时稳定度。

设作用距离为 800m,则由此引入的测频误差见表 6-1。

表 6-1   不同短期稳定度的测频误差

频率短期稳定度 S_s	10^{-8}	10^{-9}	10^{-10}
测频误差 δf_d/Hz	2.42	0.242	0.0242

选择发射机频率短期稳定度 $S_s = 1 \times 10^{-9}$,则 $\delta f_{d1} = 0.242$Hz。由此引起的测速误差 $\delta \dot{R}_s = \lambda \delta f_{d1} = 0.0285 \times 0.242 = 0.0069$m/s,其中雷达发射信号波长 $\lambda = 0.0285$m。

2. 雷达接收机误差因素引起的测速误差

1) 系统误差

主要由于环境温度、多普勒频率及接收机电平等的变化,引起接收机放大器、滤波器等的时延变化而引入飘移率误差。

由此引起的测速误差为 $\Delta \dot{R}_2 = \Delta f_{d2} \lambda/2 = 0.071$m/s。

这里,信号波长 $\lambda = 0.0285$m。

2) 随机误差主要为接收机热噪声误差。其计算公式为

$$\delta f_{d2} = \frac{\sqrt{2}}{2\pi t_p \sqrt{S/N}}$$

当输出信噪比 $S/N = 20$dB,雷达测频误差 $\delta f_{d2} = 1.125$Hz。由此引起的测速误差 $\delta \dot{R}_2 = \delta f_{d2} \lambda/2 = 0.032$m/s。

3. 雷达天线误差因素引起的测速误差

1) 系统误差

由图 6-1 可知,由于天线不自动跟踪目标,因而在测速过程中,各测点位于天线波束内的不同波束角 θ 处。若波束的相位方向图 $\Phi(\theta)$ 不均匀,则引入测

量误差：

$$\Delta f_{d3} = K\dot{\theta}/360°$$

式中，$\dot{\theta}$ 为弹丸穿过波束时对应的波束角变化速率。

设测点在弹道上 $100\sim500m$ 内，弹速取 $V_{\max} = 2000m/s$，

则弹丸通过的时间为 $0.2s$；由雷达布站位置知，对应弹丸穿过天线波束角度为 $6°$。K 为天线相位方向图中相位变化斜率，取为 $0.2(°)/$ 密位，则引入的误差：

$$\Delta f_{d3} = (0.2(°)/\text{密位}) \times (6×16.6\ \text{密位}/(°))/(360 \times 0.2s) = 0.277\text{Hz}$$

则相对误差 $\Delta f_{d3}/f_d = 1.976 \times 10^{-5}$。

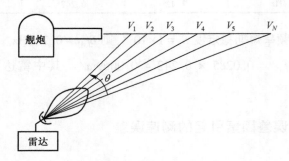

图 6-1　多普勒雷达波束示意图

由此引起的测速误差 $\delta\dot{R}_s = \dot{R}S_s = = 870×1.976×10^{-5} = 0.017m/s$。

由上述计算可知，为保证测量精度，要求天线波束相位斜率小于 $0.2(°)/$ 密位。或者说，天线波束中心 $\pm5°$ 波束角内，天线相位变化小于 $10°$。

2) 随机误差

随机误差主要是指由电波的多径效应引起的误差，由下式决定：

$$\delta f_{d3} = \frac{\sqrt{2}\rho h\dot{\theta}}{\lambda\sqrt{F(r)}}$$

式中：ρ 为海面的反射系数，取 $\rho = 0.82$；h 为天线距离海面高度，$h = 4m$；λ 为工作波长；$F(r)$ 为天线方向图中，主瓣方向上最大辐射电场强度与付瓣方向上最大辐射场强之比，取付瓣电平为 $20dB$，则 $F(r) = 100$；$\dot{\theta}$ 为天线仰角变化率。

由于天线置于船上，随着船体以角速度 $\dot{\theta}$ 动摇时，天线波束也将以角速度 $\dot{\theta}$ 变化。设在四级海情下，$\dot{\theta} = 3(°)/s = 0.0523rad/s$，从而引入测频误差 $\delta f_{d3} = 0.83Hz$。

由此引起的测速误差为

$$\delta \dot{R}_s = \delta f_{d3} \lambda/2 = 0.024 \text{m/s}$$

4. 雷终端机误差因素引起的测速误差

1) 数字化终端信号处理误差

这部分误差是采用数字信号处理系统的终端设备具有的误差因素。

(1) 采样量化误差。信号处理时,连续的模拟信号经模数转换(A/D)装置变成为离散的数字信号,由于 A/D 字长位数有限,在变换成数字信号时,对最低位以下的数字,进行舍入处理,由此产生量化误差。

设 A/D 字长 12 位,则量化后,信号误差为

$$\Delta q = 1.22 \times 10^{-4}$$

由于量化误差是均匀分布统计特性,其均方差为

$$\delta q = \Delta q / \sqrt{12} = 3.52 \times 10^{-5}$$

(2) 采样时间的误差引入的测频误差。测时误差与加速度关系为

$$\delta f_{d5} = f_d \Delta \tau$$

由弹丸最大加速度引入的多普勒变化率 $\dot{f}_d = -14 \text{kHz/s}$,取测时误差 $\Delta \tau = 10^{-7} \text{s}$,则 $\delta f_{d5} = -1.4 \times 10^{-3} \text{Hz}$。

(3) 频率估计误差。由信号处理的频率估计方法可知,频率估计的最大误差为 12.5Hz,此一误差为均匀分布特性,故其方根误差为

$$\delta f_{d6} = 12.5/12^{1/2} = 3.6 \text{Hz}$$

若在算法上采用内插法,则可做到 $\delta f_{d6} = 1 \text{Hz}$。

(4) 系数量化误差和舍入误差。在 FFT 运算中的乘系数是用有限字长表达的,存在着量化误差和舍入误差。

由于 DSP 采用数字处理器,其浮点运算为 32 位,所以量化误差和舍入误差很小,可以忽略。

(5) 多普勒变化率 $\dot{f}_d$ 引入的误差。目标在弹道上的运动存在着加速度,因而对应的多普勒频率 f_d 随之变化。在采样时间 τ 内,因弹丸速度变化引起的多普勒频率变化将引入的测频误差为

$$\Delta f_d = \dot{f}_d \tau = \frac{\mathrm{d} f_d}{\mathrm{d} t} \tau$$

在信号处理中,采用二阶跟踪滤波器或加速度补偿的方法可以大大减少因

$\dot{f}_d$ 引起的误差。但仍存在着补偿误差 $\delta f_{d1} = 3.9\text{Hz}$。

2) 固周测时终端机误差因素

(1) 时钟漂移率。

主要是由计时钟频稳定度和准确度引入的误差,这是一项系统误差,即

$$\Delta \dot{R}_{c1} = \dot{R}\Delta f_e/f_c = 870 \times 10^{-5} = 0.0087\text{m/s}$$

这里,时钟频率稳定度 $\Delta f_c/f_c = 10^{-5}$。

(2) 时钟频率周数 N_c 量化误差。量化误差为 $(0,1)$ 均匀分布的随机误差,其均值 $\Delta N_c = 0.5$,方差 $\sigma_{N_c} = 0.0833$。因此,量化误差引入的测速误差:

$$\Delta \dot{R}_{N_c} = -\dot{R}\Delta N_c/N_c = -870 \times 0.5/10^4 = 0.0435\text{m/s} \quad \text{为系统误差。}$$

$$\delta \dot{R}_{N_c} = -\dot{R}\delta N_c/N_c = -870 \times 0.0833/10^4 = 0.0725\text{m/s} \quad \text{为随机误差。}$$

(3) 过零脉冲形成中脉冲前沿抖动引入的角触发误差。

$$\delta \dot{R}_g = \dot{R}\sqrt{2}\delta t_g/t_p = 0.0062\text{m/s}$$

式中:脉冲前沿抖动引入的时间误差 $\delta t_g = 10^{-7}\text{s}$,采样时间 $t_p = 0.02\text{s}$。

5. 红外启动器误差

红外探测器响应时间为 10^{-6}s,脉冲形成中触发迟后为 10^{-7}s。这两项误差都会引入时延误差。

另外,红外启动脉冲对记时钟频脉冲是随机的,不可能同步,最大可能错一个记时脉冲,因而存在计时量化误差,设记时脉冲频率为 $1\text{MHz}(T = 10^{-6}\text{s})$。计时误差为

$$\delta T = \sqrt{(10^{-6})^2 + (10^{-7})^2 + (10^{-4})^2} = 10^{-4}\text{s}$$

最大加速度为 $200\text{m/s}^2(=14\text{kHz/s})$ 时,则红外启动时延引入的测频误差为

$$\delta f_{d8} = \dot{f}_d \delta T = 14\text{kHz/s} \times 10^{-4}\text{s} = 1.4\text{Hz}$$

6. 光速不准确性引入的误差

光速误差的表达式为

$$\Delta R_c/R = \Delta c/c$$

式中:Δc 是电磁波在大气中传播造成的误差。

电磁波在大气中传播速度的差异,主要是由大气折射率改变造成的。

众所周知：

$$c = c_0/n$$

式中：$c_0 = 299792458\text{m/s}$ 是电磁波在真空中传播的速度；n 为空气对电磁波的折射率。

在计算径向速度 $\dot{R}$ 时，一般都用真空光速代替，这样造成的测速误差约为

$$\Delta\dot{R}_c/\dot{R} = 3.188 \times 10^{-4}, \Delta c = 95.55\text{km/s}$$

对高精度测速雷达，此值显得过大。

我们作如下改进：取地面光速值代替过去使用的真空光速值，靶场和有条件的单位可使用当地实测的光速值。这样做的根据是：初速测量是在接近地面的高度上进行测量的。海炮使用环境也符合这种情况。地面光速的计算，主要是选择合适的大气模型，准确计算地面折射率。

在地面空气介质中，$c = 299696910\text{m/s}$。这样最大光速误差 $\Delta\dot{R}/\dot{R} = 1.112 \times 10^{-4}$，这是一项系统误差。

7. 测速公式近似误差

当雷达发射信号（其频率为 f_0）触到空间飞行目标时，由多普勒效应产生的多普勒频率（其频率为 f_d）可由下式表示：

$$f_d = \frac{2\dot{R}}{c + \dot{R}}f_0$$

由于弹丸飞行速度 $\dot{R}$（在雷达观测方向上的投影）远小于电波传播的速度 c，即 $R \ll c$，可忽略上式分母中的 $\dot{R}$，则

$$f_d = \frac{2\dot{R}}{c}f_0 \text{ 或 } \dot{R} = \frac{c}{2f_0}f_d$$

由上述近似造成的速度误差为

$$\Delta\dot{R}_1 = -\dot{R}^2/c \text{ 或 } \Delta\dot{R}_1/\dot{R} = -\dot{R}/c$$

这里，电磁波传播速度取海平海上的值，$c = 299696910\text{m/s}$，当 $\dot{R} = 50 \sim 2000\text{m/s}$ 时，$\Delta\dot{R}_1/\dot{R} = (-0.167 \sim -6.67) \times 10^{-6}$，这是一项系统性误差。

8. 平均速度误差

信号处理系统采用 FFT 方法对信号进行谱分析，是将一个"窗口"中的平均多

普勒频率值送给数据处理系统的。因而计算出的径向速度 $\dot{R}$ 是平均速度 $\dot{R}_a$：

$$\dot{R}_a = \frac{1}{t_s}\int_{-t_s/2}^{+t_s/2}\dot{R}\mathrm{d}t$$

式中，$\dot{R} = \dot{R}_0 + \ddot{R}t + \dddot{R}t/2$。

积分结果为

$$\dot{R}_a = \dot{R}_0 + \dddot{R}t_s^2/24$$

式中：t_s 为采样时间；$\dot{R}_0$ 为采样时间中点的瞬时速度；$\ddot{R}$ 为加速度；$\dddot{R}$ 为加速度变化率。

故测速原理误差为

$$\dot{R}_a - \dot{R}_0 = \dddot{R}t_s^2/24$$

三种炮的测速原理误差分别为

单 100：

$$\dddot{R} = \ddot{V} = 8.25\mathrm{m/s^3}, \Delta\dot{R}_a/\dot{R} = 3951 \times 10^{-8}$$

H130/50：

$$\dddot{R} = \ddot{V} = 7.26\mathrm{m/s^3}, \Delta\dot{R}_a/\dot{R} = 3.457 \times 10^{-8}$$

OTO76/62：

$$\dddot{R} = \ddot{V} = 26.88\mathrm{m/s^3}, \Delta\dot{R}_a/\dot{R} = 1.231 \times 10^{-7}$$

这是一项系统误差，其影响甚小。

9. 测速雷达径向速度测速误差综合

误差综合的原则是：随机误差按均方和计算，则系统误差按代数和计算，则总误差按系统误差和随机误差均方和计算而

$$\sigma_{\dot{R}} = \sqrt{\left(\sum_i \Delta\dot{R}_i\right)^2 + \sum_j \delta\dot{R}_j^2}$$

计算相对误差时，一般换算到 $\dot{R} = 200\mathrm{m/s}$ 时的值，这样可以兼顾到高、低速弹的测速精度。测速总误差为 $\sigma_{\dot{R}}/\dot{R} = 4.227 \times 10^{-4}$。

径向速度测速误差综合结果见表 6-2。

表 6-2　径向速度误差综合

序号	误差项目	系统误差 $\Delta\dot{R}/\dot{R}$	随机误差 $\delta\dot{R}/\dot{R}$
1	公式近似误差	-6.67×10^{-7}	

序号	误差项目	系统误差 $\Delta\dot{R}/\dot{R}$	随机误差 $\delta\dot{R}/\dot{R}$
2	光速误差	1.112×10^{-4}	
3	平均速度误差	6.76×10^{-6}	
4	发射机频率误差	1×10^{-4}	1.73×10^{-5}
5	接收机误差	3.36×10^{-5}	8.01×10^{-5}
6	天线误差	1.98×10^{-5}	5.84×10^{-5}
7	红外计时误差		1×10^{-4}
8	A/D 量化误差		3.52×10^{-5}
9	测量间隔误差		9.97×10^{-8}
10	加速度补偿误差		2.78×10^{-4}
11	FFT 频率估计误差		7.12×10^{-5}
12	误差综合	2.727×10^{-4}	3.23×10^{-4}

6.3　雷达测量弹丸切向速度的测速误差因素

1. 速度转换误差

当雷达测量的径向速度 $\dot{R}$ 转换成切向速度 v 时,由径向速度测量误差 $\sigma_{\dot{R}}$ 、距离误差 σ_R 和雷达站址误差 σ_A 、σ_B 引起的测速误差为

$$\sigma_V^2 = \left(\frac{\partial V}{\partial \dot{R}}\right)^2 \sigma_{\dot{R}}^2 + \left(\frac{\partial V}{\partial R}\right)^2 \sigma_R^2 + \left(\frac{\partial V}{\partial A}\right)^2 \sigma_A^2 + \left(\frac{\partial V}{\partial B}\right)^2 \sigma_B^2$$

式中,各偏导数分别为

$$\frac{\partial V}{\partial \dot{R}} = \frac{R}{\sqrt{R^2 - A^2}}$$

$$\frac{\partial V}{\partial R} = V\left[\frac{1}{R} - \frac{R}{R^2 - A^2}\right]$$

$$\frac{\partial V}{\partial A} = \frac{AV}{R^2 - A^2}$$

$$\frac{\partial V}{\partial B} = \frac{\dot{R}}{R} - \frac{V}{\sqrt{R^2 - A^2}}$$

1) 雷达径向速度测量误差对切向速度精度的影响

由于雷达测速时,时延较长,距离 $R \gg A$,故

$$\frac{\partial V}{\partial \dot{R}} = 1, \sigma_{V1} = \frac{\partial V}{\partial \dot{R}} \sigma_R = \sigma_R$$

因此,径向速度误差完全转化成切向速度误差,即 $\sigma_v = \sigma_{\dot{R}}$。

参数几何关系如图 6-2 所示。

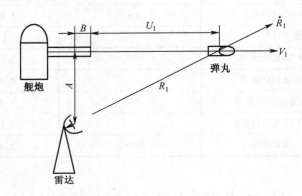

图 6-2 测速雷达参数几何关系

2) R 数字积分误差及其对测速精度的影响

距离误差是径向速度积分造成的。使用梯形积分法时,其误差公式为

$$\sigma_{R_i}^2 = \sigma_{R_1}^2 + (i - 1) t_p^2 \sigma_R^2 + \left(\frac{\dot{R}_1 + \dot{R}_i}{2} + \sum_{j=1}^{i-1} \dot{R}_j \right)^2 \sigma_{t_p}^2 + T_{E_{R_i}}^2$$

式中,测点序号 $i = 1, 2, \cdots, n$。

(1) 初值误差:

$$\sigma_{R_1}^2 = \left(\frac{\partial R_1}{\partial A} \right)^2 \sigma_A^2 + \left(\frac{\partial R_1}{\partial B} \right)^2 \sigma_U^2 + \left(\frac{\partial R_1}{\partial U_1} \right)^2 \sigma_U^2$$

式中:$\frac{\partial R_1}{\partial A} = \frac{A}{R_1}, \frac{\partial R_1}{\partial B} = \frac{\partial R_1}{\partial U_1} = \frac{B + U_1}{R}$。

$\dot{R}_1, Y_1 、U_1 、R_1$ 为 t_y 时刻参数。由图 6-2 可知

$$\begin{cases} R_1^2 = (U_1 + B)^2 + A^2 \\ U_1 = V_0 t_y \\ \sigma_{U_1}^2 = t_y^2 \sigma_{V_0}^2 + V_0^2 \sigma_{t_y}^2 \end{cases}$$

126

设对 H37 舰炮，$V_0 = 1000\text{m/s}, A = 1.5\text{m}, B = 2.0\text{m}, t_y = 40\text{ms}, U_1 = 40\text{m}, \sigma_A = \sigma_B = 0.05\text{m}, \sigma_{v_0} = 1\text{m/s}, R_1 = 42.03\text{m}, \sigma_{t_y} = 10^{-4}\text{s}$，则 $\sigma_{U_1} = 0.11\text{m}, \sigma_{R_1} = 0.12\text{m}$。

（2）σ_R 对 R 积分的影响：

取 $N = 50, t_p = 10\text{ms}, i = N$ 时，则 $(i-1)t_p^2\sigma_R^2 = 7.94 \times 10^{-10}$。

（3）测时误差的影响：

$$\left(\frac{\dot{R}_1 + \dot{R}_i}{2} + \sum_{j=1}^{i+1}\dot{R}_j\right)^2 \sigma_{f_p}^2 = 2.40 \times 10^{-5}$$

（4）截断误差：

$$T_{E_{R_i}} = it_p^3\dddot{R}(x_i)/12, 0 \leq x_i \leq 1$$

取 $\ddot{R} = \dot{V} = 74.89\text{m/s}^2, i = 50, t_p = 10\text{ms}$，则 $T_{E_{R_i}} = 3.12 \times 10^{-4}$

（5）测距误差综合：

$$\sigma_{R_1} = 0.12\text{m}$$

引起的测速误差为

$$\sigma_{V_R} = \frac{\partial V}{\partial R}\sigma_R = -0.0303 \times 0.12 = -3.64 \times 10^{-3}\text{m/s}$$

3）雷达站址误差对测速精度的影响

$$\frac{\partial V}{\partial A} = 0.85 \sim 0.0053$$

$$\frac{\partial V}{\partial B} = -0.015 \sim -7.47 \times 10^{-6}$$

取 $\sigma_A = \sigma_B = 0.05\text{m}$，则

$$\frac{\partial V}{\partial A}\sigma_A = 0.0425 \sim 2.65 \times 10^{-4}\text{m/s}$$

$$\frac{\partial V}{\partial B}\sigma_B = -7.50 \times 10^{-4} \sim -3.74 \times 10^{-7}\text{m/s}$$

4）速度转换误差综合

系统误差：

$$\Delta V/N = 2.43 \times 10^{-4}$$

随机误差：

$$\sigma_{V_r}/V = 3.87 \times 10^{-4}$$

2. 速度转换公式近似误差

在推导速度转换公式时,假定弹丸沿直线运动。事实上,弹丸出炮口后,受空气阻力和地心引力的作用,是按抛物线规律运动的。

由图 4-5 中的几何关系推得

$$R_i^2 = u_i^2 + R_0^2 - 2u_i\cos\psi_i$$

对上式求导得

$$\dot{u}_i = (R_i\dot{R}_i - R_0 u_i\dot\theta_i\sin\psi_i)/(u_i - R_0\cos\psi_i)$$

在弹道初始段,θ_i、ψ_i 变化小 $\psi_i \approx \psi_0$,$\dot\theta_i \approx 0$,故有速度转换公式的近似公式:

$$\dot{u}_i = \frac{R_i\dot{R}_i}{u_i + B} \approx V_i$$

事实上,$\Psi_i \neq \Psi_0$,$\dot\theta_i \neq 0$,因此 V_i 与 $\dot{u}_i$ 存在差异。由此引起的速度误差为

$$\begin{cases} \Delta v_\theta = \dfrac{Au_i}{u_i + B}\dot\theta_i \\[2mm] \Delta v_{\psi_i} = \dfrac{Au_i}{u_i + B}\Delta\psi_i \\[2mm] \Delta v_{\theta_i} = v_i(\cos\Delta\theta_{1i} - 1) \end{cases}$$

式中:$\dot\theta_i$ 为弹道倾角变化率;$\Delta\theta_{1i} = \theta_{1i} - \theta_i$;$\Delta\psi_{1i} = \psi_{1i} - \psi_i$。

假设对 H37 舰炮,按下列参数计算弹道:$V_0 = 1000\text{m/s}$,$t_y = 40\text{ms}$,$t_p = 10\text{ms}$,$N = 50$,按弹道方程计算弹道参数后,得如下数值:

$$\begin{cases} \Delta V_\theta = 5.629 \times 10^{-4} \sim 0.02172\text{m/s} \\ \Delta V_\psi = 0 \sim 0.3524\text{m/s} \\ \Delta V_\theta = -0.0929 \sim 0\text{m/s} \end{cases}$$

因为这三项误差都是系统误差,综合得

$$\Delta V_2 = \Delta V_\theta + \Delta V_\psi + \Delta V_\theta = -0.03596 \sim 5.626 \times 10^{-4}\text{m/s}$$

取 $\Delta V_2 = -0.03596\text{m/s}$,换算到 $V = 200\text{m/s}$ 的相对误差,$V_2/V = -1.80 \times 10^{-4}$,与速度转换误差一起综合得

$$\Delta V/V = 9.27 \times 10^{-5},\sigma_v/V = 3.87 \times 10^{-4}$$

3. 数字滤波器对随机误差的压缩

当对切向速度 V 进行数据合理性检验时，α-β 滤波器对速度 v 的随机误差有一定削弱，系统误差数量不变。α-β 滤波器的稳态方差为

$$\sigma_{\hat{V}_r} = K_V \sigma_{V_r}$$

式中

$$K_V = \sqrt{\frac{2\beta - 3\alpha\beta + 2\alpha^2}{\alpha(4 - 2\alpha - \beta)}}$$

取滤波器增益系数 $\alpha = 0.8, \beta = 0.3056$。

对随机误差的平滑系数（方差压缩比）$K_V = 0.831$，则

$$\sigma_{\hat{V}_r}/V = 3.216 \times 10^{-4}$$

切向速度系统误差：

$$\Delta V/V = 9.27 \times 10^{-5}$$

切向速度随机误差：

$$\sigma V_r/V = 3.216 \times 10^{-4}$$

6.4　雷达测量弹丸初速的测速误差因素

由 N 点切向速度值外推初速时，所采用的多项式拟合阶数 K、平滑点数 N、外推步数 k，都会影响外推初速的精度。

1. 测速系统误差的传播

按最小二乘法多项式拟合方法：

$$\Delta V_0 = \sum_i W_i \Delta V_i = \Delta V \sum_i W_i$$

根据最小二乘多项式拟合的性质，权系数之和为 1，即 $\sum_i w_i = 1$，于是 $\Delta V_0 = \Delta V$，即测速点上的系统误差传播到初速的数值不变。

2. 测速随机误差的传播

多项式平滑外推 v_0 时，v_0 的随机误差表达式为

$$\sigma_{V_0} = \mu_k(N, k_0) \sigma_{\hat{V}_r}$$

式中:$\sigma_{\hat{V}_r}$、σ_{V_0} 分别为 V、V_0 的随机误差,以下用 σ_{V_r} 代替 $\sigma_{\hat{V}_r}$;$\mu_k(N,k_0)$ 为平滑系数。

对一、二阶多项式拟合,平滑系数分别为

$$\mu_1^2 = \frac{1}{N} + \frac{12[k_0 + (N+1)/2]^2}{N(N^2-1)}$$

$$\mu_2^2 = \mu_1^2 + \frac{180\left[\left(k_0 + \dfrac{N-1}{2}\right)^2 - \dfrac{N^2-1}{12}\right]}{N(N^2-1)(N^2-4)}$$

3. 截断误差

由于在外推初速 V_0 时,采用了有限阶次的多项式拟合,略去的高次项造成了截断误差。

一、二阶多项式拟合截断误差的表达式分别为

$$T_{E_2} = -\frac{1}{2}\left[\left(k_0 + \frac{N-1}{2}\right)^2 - \frac{N^2-1}{2}\right] t_0^2 \ddot{V}$$

$$T_{E_2} = -\frac{1}{6}\left(k_0 + \frac{N-1}{2}\right)\left[\left(k_0 + \frac{N-1}{2}\right)^2 - \frac{3N^2-7}{20}\right] t_p^3 \dddot{V}$$

4. 初速误差综合

一般情况下采用下式计算总误差:

$$\sigma_{V_0}^2 = (\Delta V_o + T_E)^2 + \sigma_{V_{or}}^2$$

当 ΔV_0 的符号不明确时,采用下式计算总误差:

$$\sigma_{V_0}^2 = \Delta V_0^2 + T_E^2 + \sigma_{V_{or}}^2$$

5. 初速精度估算

根据海军可能装备的几种火炮进行精度估算。

1) 计算初速精度的有关参数(表6-3)

表6-3   计算初速精度的有关参数

序号	炮型	$V_0/(\text{m/s})$	$\dot{V}/(\text{m/s}^3)$	$\ddot{V}/(\text{m/s}^4)$	t_y/ms	t_s/ms
1	单100	870	8.25	−6.204	100	10

序号	炮型	V_0/(m/s)	$\dot{V}$/(m/s^3)	$\ddot{V}$/(m/s^4)	t_y/ms	t_s/ms
2	H130/50	875	7.26	-5.05	100	10
3	OTO76/62	910	26.88	-31.89	100	10

2）精度计算结果

对每种炮都计算了 200 点。计算结果包括随机误差 $\sigma_{V_{0r}}$、截断误差 T_E、总误差 σ_{V_0}。为了便于分析比较,分别计算了一、二阶多项式拟合的情况。

（1）一阶多项式拟合最佳平滑点数 N_0 下的有关结果见表 9-5。

（2）二阶多项式拟合最佳平滑点数 N_0 下的有关结果见表 9-6。

在表 6-4、表 6-5 中, $\sigma_{V_{01}}$、$\sigma_{V_{02}}$ 分别表示采用一、二阶多项式拟合的总误差。

6. 初速误差讨论

（1）初速随机误差随平滑点数 N 的增加而降低。

（2）截断误差随平滑点数的增加而增加。二阶多项式拟合的截断误差小于一阶多项式拟合截断误差。

表 6-4　一阶多项式拟合最佳平滑点数 N_0 下初速精度

炮型	N_0	k_0	R/D	T_E/(m/s)	$\sigma_{V_{0r1}}$(m/s)	$\sigma_{V_{01}}$/(m/s)	$\sigma_{V_{02}}$/(m/s)
单 100	27	10	3000	-0.1581	0.1581	0.1887	0.4547
H130/50	28	10	2500	-0.1768	0.1638	0.2039	0.4788
OTO76/62	15	10	3000	-0.3633	0.2928	0.4344	1.2735

表 6-5　二阶多项式拟合最佳平滑点数 N_0 下初速精度

炮型	N_0	k_0	R/D	T_E/(m/s)	$\sigma_{V_{0r2}}$(m/s)	$\sigma_{V_{01}}$/(m/s)	$\sigma_{V_{02}}$/(m/s)
单 100	78	10	7500	0.0722	0.1495	0.5271	0.1963
H130/50	83	10	8200	0.0673	0.1421	0.6844	0.1877
OTO76/62	51	10	7200	0.1554	0.2384	1.3376	0.3196

（3）系统误差与平滑点数 N、多项式拟合阶数无关。

（4）多项式拟合的综合结果,有一个最佳平滑点数 N_0 ,如图 6–3 所示。这时在 N_0 下能获得最佳测速精度。

一阶多项式拟合最佳平滑点数 $N_0 = 15 \sim 30$ 点, $\sigma_{V_{01}}/V_0 = (2.17 \sim 4.77) \times 10^{-4}$,二阶多项式拟合最佳平滑点数 $N_0 = 50 \sim 80$ 点, $\sigma_{V_{02}}/V_0 = (2.15 \sim 3.51) \times 10^{-4}$ 。

由此可见,在较远或较近的距离上,适当选取数据处理方法,都能获得较好的测速精度。但认为二阶多项式拟合截断误差小,盲目使用二阶多项式拟合方法,不一定都能得到满意的结果。一般来说,测速雷达在近距离采用一阶多项式拟合方法,其精度比二阶多项式拟合高 1~2 倍。

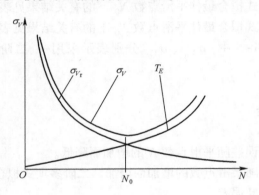

图 6-3   雷达精度曲线示意图

（5）虽然精度估算结果有较大的余量,但是在雷达测速领域,还有一些因素不能准确估计。如火炮射击的火焰和烟尘、曳光弹的火焰以及低空测速时地面、海面杂波干扰、多径效应等的影响还不能完全预计。不过由估算结果看,达到 0.1% 测速精度是有把握的。经过鉴定试验,精度测试结果,该测速雷达测速精度已经达到 0.05%。

6.5　雷达各分机精度指标分配

作为雷达精度设计的例子,我们给出雷达的有关数据。雷达各分机误差分配的原则是:根据系统总精度的要求和前述各误差源的误差分析与估算,并结合各分机在系统中的地位与作用规定各分机的精度指标。分配结果见表 6-6。

由上面分配结果可以看出,总精度满足要求,于是这样的指标分配是合理的。

本书在以后的精度测试的实例里,将证明这种精度设计的正确性。

表 6-6　雷达各分机误差指标分配

序号	分机名称	系统误差	随机误差	总误差
1	天线	1.98×10^{-5}	5.80×10^{-5}	6.12×10^{-5}
2	接收机	3.50×10^{-5}	8.00×10^{-5}	8.73×10^{-5}
3	发射机	1.00×10^{-5}	1.80×10^{-5}	1.02×10^{-5}
4	终端机	0	3.71×10^{-4}	3.71×10^{-4}
5	红外启动器	0	1×10^{-4}	1×10^{-4}
6	其他	3.50×10^{-5}	2.20×10^{-5}	4.1310^{-5}
7	设备总误差	1.898×10^{-4}	3.97×10^{-4}	4.40×10^{-4}

第7章　火炮测速雷达在使用条件
下测速精度解析

火炮测速雷达在使用中有地面工作方式和炮载(舰载)工作方式。本章从理论上和实践上论述炮载工作方式存在着由于火炮发射时的运动,使雷达测速数据产生了牵连速度,造成雷达测速结果的偏差。

测速雷达在设计和使用中,其作用距离和参数的选择与雷达的测速精度有密切的关系,只有达到一定的作用距离,才有可能选择合理的或最佳的参数,使雷达在使用中发挥潜在性能,从而使测速精度达到理想的境界。

测速雷达已经广泛地应用于各类兵器试验场以及我军地面炮兵、高射炮兵、坦克自行火炮和海军舰炮的测速实践。

7.1　火炮运动对炮载雷达测速精度的影响

1. 火炮测速雷达的两种工作方式

测量火炮弹丸运动速度的多普勒测速雷达,通常有两种工作方式,即地面工作方式和炮载工作方式。地面工作方式是用三脚架把雷达高频头架在火炮近旁;炮载工作方式是用夹具把雷达固定在炮上无后座部件上,如图7-1~图7-3所示。鉴于地面工作方式架设简单,测速准确,人们通常都采用地面工作方式。炮载工作方式架设比较复杂,测速结果有较大的系统性偏差和较大的随机误差,人们常常不采用炮载工作方式。那么为什么还要设计炮载工作方式呢? 根据国内外对火炮测速雷达使用情况,我们认为有两个原因使得雷达的炮载工作方式至今没有完全放弃:一是由炮瞄雷达引导的高射火炮和在运动中进行射击的坦克自行火炮需要采用炮载工作方式;二是炮载雷达数据处理中不需要对测速数据进行几何修正,数据处理比较简单。

问题在于,有没有充分的理由说明地面火炮不适宜采用炮载工作方式? 回答是肯定的。除了地面工作方式操作简单、测速精度高之外,由于雷达终端采用微机,速度的几何修正乃至一发弹的数据处理,只是瞬间完成的工作。应该特

图 7-1　测速雷达的两种工作方式

图 7-2　测速雷达炮载工作方式

别指出的是,由于火炮本身的运动(包括平移、转动和冲击振动等)使得炮载雷达产生 1~7m/s 的牵连速度。虽然这是系统性的偏差,但由于其规律难以掌握,因而不易修正。如此大的偏差对射击效果造成的影响是不可忽视的。另外雷达在炮载工作方式下,雷达承受极大的冲击、震动,不但产生较大测速偏差对雷达寿命的影响,也是不可忽视的。因此,我们认为,国内从事火炮测速的雷达工程技术人员只采用地面工作方式的做法是完全正确的。

我们对火炮运动造成的炮载雷达测速偏差问题,作过不少实弹测速试验。试验结果证明我们的分析是正确的。南京理工大学陈宜生教授对火炮运动问题进行过深入研究。他运用火炮发射的六自由度动力学模型,对火炮运动进行了

135

火炮测速雷达

图 7-3　测速雷达对 155 自行榴弹炮的炮载工作方式

计算机模拟和火炮发射试验。计算结果与试验结果十分接近。这就从运动机理上证明了火炮运动对炮载雷达测速精度的影响。

我们进行这些工作的结果,应该引起雷达生产单位和使用单位的重视,正确认识火炮运动对炮载雷达测速精度的影响,并正确掌握采用炮载雷达工作方式的场合。

2. 炮载雷达测速方程

用夹具固定在火炮无后座部件(摇架)上的测速雷达高频头,受着火炮发射过程中十分复杂的运动学因素的影响。火炮的运动包括炮身的平动、转动和高频震动,主要是由火药气体产生的炮膛合力和各种机械力造成的。虽然各种现代火炮都设计了反后座装置,使得火炮射击结果能满足战术技术要求,但火炮的复杂运动,对炮载雷达测速精度的影响,却不可忽视。表 7-1 给出几种火炮射击循环时间。而雷达测速时间,通常也在此期间内进行。因此火炮的平动(后座、复进)、转动(跳动)对雷达测速都造成影响。这种影响可使雷达对 100 坦克加农炮(载于坦克车上)测速结果大了 1.2~1.6m/s,使 130 加农炮测速结果大了 6m/s。

表 7-1　火炮射击循环时间

序号	火炮名称	后座时间 t_λ/ms	复进时间 t_f/ms	$t_\lambda + t_f$/ms
1	56-85J	163	417	580
2	54-122L	168	1580	1748
3	59-57G	290	145	435
4	59-100G	175	710	885

1) 基本假设

为了便于研究炮载雷达运动规律,我们采用研究火炮运动时通常采用的那些假设:

(1) 把火炮看成由四块刚体组成,即火炮的后座部分、火炮的下架和大架部分、火炮的上架部分、火炮的摇架部分。刚体之间的连接为弹性绞接。

(2) 火炮的射击方向角 $\varphi=0$,受力均在火炮的垂直对称射面内。射击时,火炮只作平面运动。

(3) 车轮和土壤富有弹性。轮子在支反力作用下作垂直运动,其变化规律为已知函数。车轮和地面有水平相对运动,相互之间的摩擦力记作 $f_A \cdot N_{AY}$。

(4) 驻锄支点 O 在支反力 N_{BY}、N_{BX} 作用下作垂直和水平运动。N_{BY}、N_{BX} 为已知函数。

(5) 火炮发射时,火炮作 X、Y 方向的平动和绕驻锄支点 O_B 转动。火炮的后座部分和起落部分,相对耳轴中心转动。后座部分相对起落部分作沿炮膛轴线方向的直线运动。

(6) 忽略地球自转的影响。

2) 坐标系的约定

绝对坐标系 O_1XY,简称坐标系 O_1,原点设在架尾的初始位置,水平轴 X 为射向,垂直轴 Y 向上。单位矢量为 i、j。

平动坐标系 $O_BX_1Y_1$,简称 O_B 坐标系,原点与架尾固联,水平轴为 O_BX_1,垂直轴为 O_BY_1,单位矢量为 ζ_1、η_1。

相对坐标系 OX_2Y_2,简称坐标系 O,原点为耳轴中心,OX_2 平行于摇架轴线,OY_2 垂直于摇架轴线。它是一个随耳轴中心 O 平动,又随摇架一起转动的参考系。坐标轴单位矢量为 ζ、η。

雷达坐标系 C,简称坐标系 C,原点 C 为固联于摇架前套箍处的雷达高频头相位中心,坐标轴与坐标系 O 各轴对应平行。

3) 炮载雷达测速方程的建立

火炮六自由度动力学模型如图 7-4 所示。

根据基本假设、坐标系约定所规定的相对几何关系,使用多次运动合成法,推导测速雷达测速方程。图 7-5 给出炮载雷达运动的几何关系。

图 7-5 中:

P 为目标点(火炮弹丸,视为质点);

O 为耳轴中心;

C 为雷达天线相位中心;

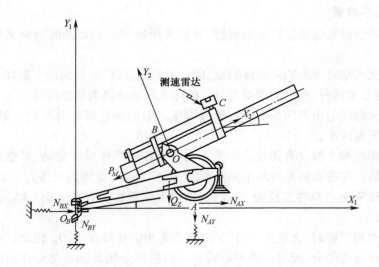

图 7-4　火炮六自由度动力学模型

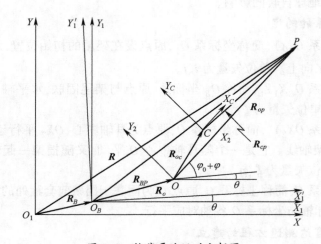

图 7-5　炮载雷达运动分析图

O_1 为火炮驻锄中心的初始位置；

O_B 为火炮驻锄中心的当前位置；

φ_0 为火炮射击前所赋于的射角；

φ 为起落部分绕耳轴的转角，以逆时针方向为正；

θ 为发射时，火炮绕驻锄中心的转角，以逆时针方向为正；

X、Y 为火炮驻锄中心 O_B 在坐标系 O_1 中的位置坐标；

138

X_0、Y_0 为火炮发射前,耳轴中心 O 在坐标系 O_B 中的位置坐标;

X_c、Y_c 为雷达(相位中心)在坐标系 O 中的位置坐标;

$\boldsymbol{R}_B$ 为坐标系 O_B 原点在坐标系 O_1 中的矢径;

$\boldsymbol{R}_O$ 为坐标系 O 原点在坐标系 O 中的矢径;

$\boldsymbol{R}_{OC}$ 为坐标系 C 原点在坐标系 O_B 中的矢径;

$\boldsymbol{R}$、$\boldsymbol{R}_{BP}$、$\boldsymbol{R}_{OP}$、$\boldsymbol{R}_{CP}$ 分别为运动目标 P 在坐标系 O_1,O_B、O、C 中的矢径。

下面逐一以各动坐标系为中间坐标系,分析运动目标 P 的运动。最后综合求出目标的速度方程式:

$$\boldsymbol{R} = \boldsymbol{R}_B + \boldsymbol{R}_{BP} \tag{7-1}$$

这里仅考虑坐标系 O_B 对坐标 O_1 的转动角速度 $\boldsymbol{\omega}_0$。根据合成运动系中目标速度合成定理,有

$$\boldsymbol{V} = \frac{\mathrm{d}\boldsymbol{R}}{\mathrm{d}t} = \frac{\mathrm{d}\boldsymbol{R}_B}{\mathrm{d}t} + \left(\frac{\partial \boldsymbol{R}_{BP}}{\partial t}\right)_B + \boldsymbol{\omega}_0 \times \boldsymbol{R}_{BP} \tag{7-2}$$

式中:$\boldsymbol{V} = \dfrac{d\boldsymbol{R}}{\mathrm{d}t}$ 为目标对坐标系 O_1 的速度;$\left(\dfrac{\partial \boldsymbol{R}_{BP}}{\partial t}\right)_B$ 为目标 P 对坐标系 O_1,

的相对速度;$\boldsymbol{\omega}_0 \times \boldsymbol{R}_{BP}$ 为坐标系 O_B 相对坐标 O_1 转动而产生的牵连速度。

这里 $\boldsymbol{\omega}_0 \times \boldsymbol{R}_{BP}$ 为矢性积(下同)。

同样,由三角形 OBP 中,得

$$\boldsymbol{R}_{BP} = \boldsymbol{R}_O + \boldsymbol{R}_{OP} \tag{7-3}$$

$$\left(\frac{\partial \boldsymbol{R}_{BP}}{\partial t}\right) = \left(\frac{\partial \boldsymbol{R}_O}{\partial t}\right)_O + \left(\frac{\partial \boldsymbol{R}_{OP}}{\partial t}\right)_O + \boldsymbol{\omega}_1 \times \boldsymbol{R}_{OP} \tag{7-4}$$

由三角形 OCP 中,得

$$\boldsymbol{R}_{OP} = \boldsymbol{R}_{OC} + \boldsymbol{R}_{OP} \tag{7-5}$$

$$\left(\frac{\partial \boldsymbol{R}_{OP}}{\partial t}\right) = \left(\frac{\partial \boldsymbol{R}_{OC}}{\partial t}\right)_C + \left(\frac{\partial \boldsymbol{R}_{CP}}{\partial t}\right)_C + \boldsymbol{\omega}_2 \times \boldsymbol{R}_{CP} \tag{7-6}$$

综合上述各式得

$$\boldsymbol{V} = \frac{\mathrm{d}\boldsymbol{R}_B}{\mathrm{d}t} + \left(\frac{\partial \boldsymbol{R}_O}{\partial t}\right)_O + \left(\frac{\partial \boldsymbol{R}_{OC}}{\partial t}\right)_C + \left(\frac{\partial \boldsymbol{R}_{CP}}{\partial t}\right)_C + (\boldsymbol{\omega}_0 + \boldsymbol{\omega}_1) \times \boldsymbol{R}_{OC} +$$
$$(\boldsymbol{\omega}_0 + \boldsymbol{\omega}_1 + \boldsymbol{\omega}_2) \times \boldsymbol{R}_{CP} \tag{7-7}$$

由于坐标系 O 是以耳轴为中心的刚体摇架,它对坐标系 OB 只有相对转动,而无相对平动,于是

$$\left(\frac{\partial \boldsymbol{R}_O}{\partial t}\right)_O = 0$$

139

而雷达坐标系 C 对坐标系 O 既无转动, 又无平动, 于是

$$\left(\frac{\partial \boldsymbol{R}_{OC}}{\partial t}\right)_C = 0, \boldsymbol{\omega}_2 = 0$$

令:$\boldsymbol{V}_B = \dfrac{\mathrm{d}\boldsymbol{R}_B}{\mathrm{d}t}$ 为火炮的平移速度;$\boldsymbol{V}_0 = \boldsymbol{V}_B + \boldsymbol{\omega}_0 \times \boldsymbol{R}_O$ 为耳轴的运动速度;$\boldsymbol{V}_C = (\boldsymbol{\omega}_0 + \boldsymbol{\omega}_1) \times \boldsymbol{R}_{OC}$ 为雷达相对坐标系 O 的运行速度;$\boldsymbol{V}_p = (\boldsymbol{\omega}_0 + \boldsymbol{\omega}_1) \times \boldsymbol{R}_{CP}$ 为目标相对坐标系 C 的牵连转动速度;$\boldsymbol{V}_r = \left(\dfrac{\partial \boldsymbol{R}_{CP}}{\partial t}\right)_O$ 为目标对雷达坐标系 C 的相对速度, 即雷达在动坐标系测得的目标速度。

最后得

$$\boldsymbol{V} = \boldsymbol{V}_e + \boldsymbol{V}_p \tag{7-8}$$

式中:牵连速度 $\boldsymbol{V}_e$ 就是炮载雷达的测速偏差。

3. 炮载雷达测速误差的试验测定

根据前面的分析, 我们知道, 炮载雷达只能测量目标对雷达坐标系 C(动坐标系)的相对速度 $\boldsymbol{V}_r$, 而架设在地面三角架上的雷达, 由于不受火炮运动的影响, 所测速度值 $\boldsymbol{V}$ 是相对固定坐标系 O_1 的绝对速度。

由图 7-6, 三角形 O_1DP 中, 得

$$\boldsymbol{R} = \boldsymbol{R}_D + \boldsymbol{R}_{DP} \tag{7-9}$$

$$\frac{\mathrm{d}\boldsymbol{R}}{\mathrm{d}t} = \frac{\mathrm{d}\boldsymbol{R}_D}{\mathrm{d}t} + \left(\frac{\partial \boldsymbol{R}_{DP}}{\mathrm{d}t}\right)_D + \boldsymbol{\omega}_D \times \boldsymbol{R}_{DP} \tag{7-10}$$

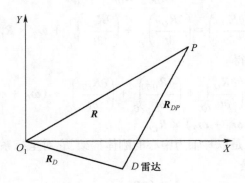

图 7-6 地面雷达运动分析图

由于这里的雷达坐标系 D 是固定坐标系,相对于绝对坐标系 O_1 的平移速度:

$$\frac{\mathrm{d}\boldsymbol{R}_D}{\mathrm{d}t} = 0$$

因此

$$\frac{\mathrm{d}\boldsymbol{R}}{\mathrm{d}t} = \left(\frac{\partial \boldsymbol{R}_{DP}}{\mathrm{d}t}\right)_D, \text{即 } \boldsymbol{V} = \boldsymbol{V}_{测} \qquad (7\text{-}11)$$

这说明地面工作方式,雷达所测速度 $\boldsymbol{V}_{测}$(经过几何修正)即是目标飞行速度,而不存在活动坐标系相对运动产生的牵连速度。

式(7-8)和式(7-11)中的速度均是绝对坐标系中的矢量,与通常所指的弹道切向速度,在方向上和量值上是相等的。

1) 炮载雷达测速偏差的测量方法

根据以上讨论,提出以下实测炮载雷达测速偏差的方法:采用两台经过校准的同型号测速雷达,一台采用炮载工作方式,另一台采用地面工作方式,雷达配置方法如图 7-1 所示。两台雷达同时对火炮弹丸测速,则炮载雷达测量的是相对速 $\boldsymbol{V}_r$,地面雷达测量的是绝对速度 $\boldsymbol{V}$,由此可知炮载雷达的测速偏差为

$$V_e = V - V_r \qquad (7\text{-}12)$$

试验需要重复进行多次,以提高试验结果的置信度。

2) 炮载雷达测速偏差的测试结果

有关试验结果,列入表 7-2。

表中 V_0 为初速,V_{0r}、V_{0e} 分别为炮载雷达的相对速度和牵连速度。其值是雷达测量的十点速度的综合影响结果。V_{0e} 取负值时,表示牵连速度和绝对速度(切向速度)方向相反。

表 7-2　炮载雷达测速偏差测试结果

序号	炮型	试验日期	射角 $\varphi_0/(°)$	发数	V_0	V_{0r}	V_{0e}
1	37G	86.4.10	2	20	875.93	876.86	−0.93
2	100T	86.7.9	3	2	910.20	911.41	−1.20
3	100T	86.8.24	3	3	905.33	906.93	−1.60
4	122L	86.2.25	2	6	506.90	510.15	−3.25
5	130J	86.2.26	2	9	886.44	891.66	−5.21
6	130J	86.9.11	2	6	942.43	948.07	−5.64
7	130J	88.9.13	30	9	942.94	949.10	−6.16
8	152JL	86.2.27	2	9	627.51	628.70	−1.19
9	152JL	88.9.15	35	1	660.80	668.20	−7.40

3) 对炮载雷达测速误差的分析

（1）雷达采用地面工作方式时，火炮运动对雷达无直接影响，高频的冲击、振动的影响是随机的，因此两台处于地面工作状态的雷达，其测速值的差异有时正，有时负。当测量发数很多时，其差的平均值趋于零。试验结果见表7-3。

表7-3　地面工作方式试验结果

序号	炮型	试验日期	发数	V_{01}	V_{0r}	ΔV_0
1	100P	19860410	28	248.45	248.41	-0.04
2	152JL	19860915	26	657.87	657.78	-0.09

（2）炮载雷达在火炮平射时，牵连速度中有明显的向后平移的速度，从而使所测相对速度大于雷达的地面工作方式的测速值。试验结果见表7-4。

表7-4　炮载工作方式试验结果

序号	炮型	试验日期	发数	V_0	V_{0r}	V_{0e}
1	100T	19860824	3	905.33	906.93	-1.60
2	100T	19860709	2	910.21	911.40	-1.20

试验时，观察到炮载雷达随火炮和坦克车体在短时间内向后平移20～40cm，因而炮载雷达测速值偏大。

（3）炮载雷达的牵连速度 V_e，随火炮装药量的增加而增大（绝对值）。试验结果见表7-5。

表7-5　不同装药量试验结果

序号	炮型	试验日期	射角 $\varphi_0/(°)$	发数	装药号	V_{0e}
1	122L	19860411	2	8	2* 装药	+0.05
2	122L	19860225	2	6	全装药	-3.25

（4）不同射角时，火炮运动产生的牵连速度也不同。以130J为例，$\varphi_0 = 30°$ 时牵连速度最大；$\varphi_0 = 45°$ 时，牵连速度最小。试验结果见表7-6。

表7-6　不同射角试验结果

序号	炮型	试验日期	射角 $\varphi_0/(°)$	发数	装药号	V_{0e}
1	130J	19880911	2	6	全装药	-5.64
2	130J	19860226	2	9	1* 装药	-5.21
3	130J	19860929	45	12	2* 装药	+0.215
4	130J	19880913	30	9	全装药	-6.16

142

（5）由火炮运动产生的炮载雷达牵连速度与阵地设置情况有关。例如在××基地试验时，阵地为水泥浇灌的坚固阵地，射击时火炮固定牢固，火炮运动很小，因而炮载雷达和地面雷达测速结果差异不大。而在野战靶场试验时，两种状态测速差异较大。这说明，野战炮兵阵地不宜采用炮载工作方式。

（6）当采用炮载工作方式时，高炮牵连速度小，地炮牵连速度大。试验结果见表7-7。高炮之所以牵连速度较小，是因其在结构上可以固定得较稳妥。表7-7给出的为平射结果，高射情况下，其牵连速度将更小。另外，在战时高炮常需跟踪射击活动目标，这时，采用炮载工作方式将更合适。

表7-7　高炮与地炮试验结果比较

序号	炮型	试验日期	射角 $\varphi_0/(°)$	发数	V_{0c}
1	37G	19860410	2	20	−0.93
2	130J	19860226	2	9	−5.21

（7）雷达炮载工作方式的测速随机误差比地面工作方式的测速随机误差大。这是因为雷达在炮载状态受火炮运动的高频振动（包括横向振动、轴向振动、径向振动、扭转振动以及这些振动的相互耦合）和强烈冲击的影响较大；另外，炮载雷达穿过火焰、烟尘对目标进行观测，干扰相对较强，信号随机衰减较大。这都使炮载雷达的测速随机误差有较大的增长。根据实弹测速数据统计运算结果，几种炮的测速随机误差见表7-8。

表7-8　多种炮型的测速随机误差比较

项目/炮型	152JL	130J	122J	57G	37G
炮载 σ_v	0.112	0.0970	0.1605	0.1480	0.1587
地面 σ_v	0.0764	0.0604	0.0618	0.1105	0.1137
炮载 σ_v/地面 σ_v	1.5	1.6	2.6	1.3	1.4

上表数值表明，地炮采用炮载雷达工作状态，随机误差较大，地面工作状态随机误差较小。因此，地炮不宜采用炮载雷达工作方式。

4. 炮载雷达测速误差的理论计算

在基本假设和坐标系约定的条件下，若给定各种必要的条件，则炮载测速雷达的牵连速度即测速偏差，可以采用六自由度动力学模型进行理论计算。这些条件是:火炮各组成部分的质量,复进机、驻退机、摇架传动机构等的力学参数,各有关部分的几何尺寸,内弹道平均压力、弹丸重量、炮口点的炮膛合力和平均压力,土壤性质和摩擦系数,等等。这些参数是需要用专门的仪器并采用力学方法精确测定的。

下面我们给出炮载雷达测速方程计算公式。

由于假设火炮受力均在火炮的垂直对称射面内,射击时火炮只作平面运动。因此各坐标系的侧向坐标轴均垂直于射面,其单位矢量均为 $\boldsymbol{k}$。

故 $\boldsymbol{\omega}_0 = \dot{\theta} \cdot \boldsymbol{k}$ 为坐标系 O 相对坐标系 O_1 的转动角速度,其中 $\dot{\theta}$ 是 θ 的变化率。

$$\boldsymbol{\omega}_1 = \dot{\varphi} \cdot \boldsymbol{k} \tag{7-13}$$

式中: $\boldsymbol{\omega}_1$ 为坐标系 O 相对坐标系 O_n 的转动角速度; $\dot{\varphi}$ 为 φ 的变化率。

有关矢径的表达式为

$$\begin{cases} \boldsymbol{R}_O = x_0 \boldsymbol{\zeta}_1 + y_0 \boldsymbol{\eta}_1 \\ \boldsymbol{R}_{OC} = x_C \boldsymbol{\zeta} + y_C \boldsymbol{\eta} \\ \boldsymbol{R}_{CP} = x_P \boldsymbol{\zeta} + (-y_C) \boldsymbol{\eta} \end{cases} \tag{7-14}$$

为了便于计算,单位矢量均通过坐标变换,化为绝对坐标系 O_1 各坐标轴的单位矢量。则

$$\begin{aligned}
\boldsymbol{R}_O &= (x_0 \cos\theta - y_0 \sin\theta) \boldsymbol{i} + (x_0 \sin\theta + y_0 \cos\theta) \boldsymbol{j} \\
\boldsymbol{R}_{OC} &= (x_C \cos(\theta + \varphi_0 + \varphi) - y_C \sin(\theta + \varphi_0 + \varphi)) \boldsymbol{i} + \\
&\quad (x_C \sin(\theta + \varphi_0 + \varphi) + y_C \cos(\theta + \varphi_0 + \varphi)) \boldsymbol{j} \\
\boldsymbol{R}_{CP} &= (x_P \cos(\theta + \varphi_0 + \varphi) + y_C \sin(\theta + \varphi_0 + \varphi)) \boldsymbol{i} + \\
&\quad (x_P \sin(\theta + \varphi_0 + \varphi) - y_C \cos(\theta + \varphi_0 + \varphi)) \boldsymbol{j}
\end{aligned} \tag{7-15}$$

式中, x_P、y_P 是目标 P 在雷达坐标系 C 中的坐标。由于假设目标在初始段中沿直线通动,于是 $y_P = -y_C$。由相对角速度引起的相对线速度为

$$\begin{aligned}
\boldsymbol{V}_C &= (\dot{\theta} + \dot{\varphi}) \{ [-x_C \sin(\theta + \varphi_0 + \varphi) - y_C \cos(\theta + \varphi_0 + \varphi)] \boldsymbol{i} + \\
&\quad [x_C \cos(\theta + \varphi_0 + \varphi) - y_C \sin(\theta + \varphi_0 + \varphi)] \boldsymbol{j}
\end{aligned} \tag{7-16}$$

且

$$\boldsymbol{V}_0 = [\dot{x} - \dot{\theta}(x_0 \sin\theta + y_0 \cos\theta)] \boldsymbol{i} + [\dot{y} + \dot{\theta}(x_0 \cos\theta - y_0 \sin\theta)] \boldsymbol{j} \tag{7-17}$$

目标对坐标系 C 的相对速度为

$$\boldsymbol{V}_r = \dot{\boldsymbol{R}}_{CP} = x_P \boldsymbol{\zeta} + y_P \boldsymbol{\eta} \tag{7-18}$$

式中, $\dot{\boldsymbol{R}}_{CP}$ 为炮载雷达的测量值。

144

$$\dot{x}_P = \dot{R}_{CP}\cos\alpha , \quad \dot{y}_P = \dot{R}_{CP}\sin\alpha ,$$

由于 $\alpha \approx 0$，所以 $\dot{y}_P \approx 0, \dot{x}_P \approx \dot{R}_{CP}$，

$$V_r = \dot{R}_{CP}\left[\cos(\theta + \varphi_o + \varphi)\boldsymbol{i} + \sin(\theta + \varphi_o + \varphi)\boldsymbol{j}\right] \tag{7-19}$$

目标对雷达坐标系的牵连速度为

$$V_e = V_o + V_c + V_p$$

$$= \left[\dot{x} - \dot{\theta}(x_o\sin\theta + y_o\cos\theta) - (\dot{\theta} + \dot{\varphi})(x_C + y_P)\sin(\theta + \varphi_o + \varphi)\right]\boldsymbol{i}$$

$$+ \left[\dot{y} + \dot{\theta}(x_o\cos\theta - y_o\sin\theta) + (\dot{\theta} + \dot{\varphi})(x_C + y_P)\cos(\theta + \varphi_o + \varphi)\right]\boldsymbol{j} \tag{7-20}$$

则目标总的运动速度为

$$V = V_e + V_r$$

$$= \left[\dot{R}_{CP}\cos(\theta + \varphi_o + \varphi) - (\dot{\theta} + \dot{\varphi})(x_C + y_P)\sin(\theta + \varphi_o + \varphi) + \dot{x} - \dot{\theta}(x_o\sin\theta + y_o\cos\theta)\right]\boldsymbol{i}$$

$$+ \left[\dot{R}_{CP}\sin(\theta + \varphi_o + \varphi) + (\dot{\theta} + \dot{\varphi})(x_C + y_P)\cos(\theta + \varphi_o + \varphi) + \dot{y} + \dot{\theta}(x_o\cos\theta - y_o\sin\theta)\right]\boldsymbol{j}$$

$$\tag{7-21}$$

式中参数有以下几类：

（1）事先直接测定的参数。x_0、y_0 为火炮发射前，用长度标准（如钢卷尺）量取的耳轴中心在坐标系 O_B（此时与绝对坐标系 O_1 重合）中的位置坐标；x_c、y_c 为雷达相位中心（在天线口面中心）相对坐标系 O 的位置坐标，可直接量取；φ_0 是火炮射击前赋于的射角，为已知量。

（2）需用六自由度动力学模型计算的参数。θ、$\dot{\theta}$ 分别为发射时，火炮绕驻锄中心的转角及旋转角速度；φ、$\dot{\varphi}$ 分别为起落架绕耳轴的转角及旋转角速度；x、$\dot{x}$ 分别为火炮驻锄中心 O_B 的水平位移和平移速度；y、$\dot{y}$ 分别为火炮驻锄中心 O_B 的垂直位移及垂直速度分量。

5. 计算机模拟计算结果

对 122 榴弹炮进行计算机模拟。

条件：射角 $\varphi_0 = 0°$，全装药情况 $V_0 = 515\text{m}/\text{s}, t_y = 40\text{ms}, t_p = 10\text{ms}$。

计算结果见表 7-9。

表 7-9　计算机模拟计算结果

t/ms	40	50	60	70	80	90	100	110	120	130
$V_e/(\text{m}/\text{s})$	-3.30	-3.17	-3.08	-3.16	-3.35	-3.54	-3.54	-3.38	-3.08	-2.78
$V_0/(\text{m}/\text{s})$	516.82	516.31	515.85	515.55	515.38	515.19	514.82	514.30	513.61	512.95

根据初速外推公式算得

$$\begin{cases} V_{0e} = -3.36\text{m/s} \\ V_{0r} = 518.33\text{m/s} \end{cases}$$

则初速为

$$V_0 = \text{Vor} + \text{Voe} = 514.97\text{m/s}$$

此修正结果是相当精确的。

牵连速度 $V_{0e} = -3.36\text{m/s}$，与类似情况的实测值（$V_{0e} = -3.25\text{m/s}$）是十分接近的。这就从理论上验证了牵连速度的实在性和测试方法的可行性。

6. 炮载雷达测速偏差之讨论

1）火炮运动产生的测速误差

炮载雷达测速误差包括发射时火炮运动产生的雷达测速偏差（牵连速度）和由发射时强烈的冲击、振动及火焰造成的测速随机误差。这两方面对雷达的地面工作方式影响很小，或者说基本无影响。这个结论已被实测结果和理论计算证明。

2）炮载雷达测速偏差修正的可能性

炮载雷达测速偏差有一定的规律性，也能用理论方法计算。因此，不可否认存在着修正的可能性。但是，必须指出，修正炮载雷达测速偏差是相当困难的。这是因为：

（1）炮载雷达的牵连速度 V_e 和装药量及射角大小有关。实战情况千变万化，很难给出各种情况的修正方法。

（2）炮载雷达的牵连速度和阵地环境与土壤性质有关，不同土壤力学性质千差万别，难以给出准确数值。

（3）炮载雷达的牵连速度和阵地设置情况有关。在相同的环境条件下，阵地设置措施不同，也能造成炮载雷达牵连速度的较大差别。

（4）炮载雷达牵连速度的理论计算是十分复杂的过程，炮兵部队目前不具备理论计算条件。

3）测速雷达地面工作方式的优点

（1）操作简单。

（2）雷达由一炮转向另一炮比较方便。

（3）不受火炮运动的影响，测速精度较高。

（4）可以不使用比较笨重的雷达夹具，减少部队保管使用的困难。

雷达的地面工作方式，特别适合于地炮。因此，我们建议地炮不要配备雷达夹具。

4) 高炮既可采用炮载方式,也可采用地面方式

如果战术要求在作战时适时修正测速偏差,则采用炮载方式是必要的。另外,高炮采用炮载雷达工作方式时,有以下几个原因,允许不修正测速偏差(指牵连速度):

(1) 由于高炮阵地设置方法,能使火炮运动对炮载雷达测速偏差影响较小。

(2) 高炮靠高速连发和群炮速射杀伤目标,这种情况下,炮载雷达测速偏差对射击效果影响较小。

(3) 由于弹药和火炮本身的原因,引起的初速偏差,比火炮运动造成的测速偏差更大。因此,修正初速偏差更为重要。

5) 炮载工作方式的必要性

坦克、自行火炮常在行进中射击,采用炮载工作方式是必要的。

6) 结论与建议

根据以上讨论,我们建议:

(1) 为了简化部队操作,提高测速精度,应取消地炮的炮载工作方式。

(2) 高炮、坦克和自行火炮可采用两种工作方式,尽量减少炮载工作方式。

7.2 舰船运动对雷达测量舰炮弹丸初速的影响

1. 舰炮雷达测速概述

舰炮测速雷达是配置在军舰上的测量舰炮弹丸初速的测速传感器。

由于军舰的运动,使雷达测量的速度发生了一些变化。本节分析了影响舰炮弹丸初速的因素,推导了舰炮弹丸速度方程。分析认为:雷达测量的舰炮弹丸相对初速基本不受舰体运动的影响。在采用现代导航技术的情况下,绝对初速测量精度可优于 0.1%。

当测速雷达用于舰炮测速时,一般配置在舰艏或舰艉的舰炮近旁,也可固定在炮上非后坐部位。由于测速雷达和舰炮同处于军舰这个运动载体上,虽然测速雷达测到的初速 V_0 是相对速度,其结果和舰体静止时(如同地炮)测量的效果基本相同。

但是,军舰作战时,常以较高的速度(几节至几十节)运动,从惯性参考系观测目标,在舰炮弹丸速度上增加了一个平移分量;作战海域海水以一定的速度

（2~8节）作定向流动,会使军舰的实际航速发生变化,这也会使弹丸的绝对初速发生变化;军舰作战环境常受到风浪等外力的作用,舰体各部分会产生绕摇心的角速度,由于舰炮距摇心一定的距离,当弹丸出炮口时,其速度会附加舰摇分量;军舰随风浪、潮涌的升沉运动,也会使弹丸绝对初速增加一个垂直速度分量。上述这些因素的综合影响,会使弹丸的绝对初速与雷达测量的相对初速有一定差别。舰炮对目标进行射击时,应对这些因素进行综合计算,解算出弹丸的绝对初速,再据此装定射击诸元,才能准确命中目标。

现代军舰装备比较完善,一般舰上装备有惯性导航系统、电磁计程仪、升沉仪等,能够较准确地测量航向、航速、升沉速度,以及绕摇心的姿态角和角速度。当采用北斗卫星导航系统或多普勒/惯性导航系统时,将能克服海流的影响,获得军舰的绝对航速和航向。根据有关资料,对某型 D100 舰炮估算结果表明:对绝对初速的测量误差 $\sigma_{v_0} = 0.525\text{m/s}$,相对误差 $\sigma_{v_0}/V_0 = 6\times10^{-4}$。因此,我们认为综合利用测速雷达测速数据和舰上导航系统数据,能够解算出满足舰炮战术要求的初速数据。

2. 舰炮弹丸速度方程

1) 坐标系约定

在图 7-7 中,P 为舰炮弹丸,O 为摇心,C 为雷达,E 为惯导三轴交点,D 为炮口,I 为地球上一点。

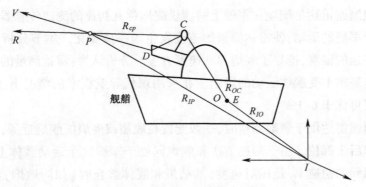

图 7-7 舰载雷达坐标系示意图

（1）地平坐标系 $I\text{-}xyz$,简称坐标系 I。此为惯性坐标系。坐标原点选在军舰作战地区地球表面上一点,X 轴指向北方,在当地水平面上;Y 轴沿铅垂线,向上为正;Z 轴按右手定则取向。

（2）甲板坐标系 $O\text{-}x_jy_jz_j$，简称坐标系 O。坐标原点在摇心 O，x_j 轴平行于甲板平面，指向舰艏；y_j 轴垂直于甲板平面，向上为正；z_j 轴按右手定则取向（指向右舷）。

（3）测量坐标系 $C\text{-}x_Cy_Cz_z$，简称坐标系 C。原点取在雷达天线相位中心，各轴与甲板坐标系各轴对应平行。

2) 舰体运动参数定义

航向角 $\boldsymbol{\kappa}_C$：舰体 x_j 轴（艏艉线）在水平面上的投影与正北方向的夹角，自北起算，顺时针为正。

纵摇角 $\boldsymbol{\psi}_C$：舰体沿节线（纵摇轴）相对水平面的转角，以舰艏抬高为正。

横摇角 $\boldsymbol{\theta}_C$：舰体绕 x_j 轴相对肋骨的转角，以右舷下降为正。

$\dot{\boldsymbol{\kappa}}_C$、$\dot{\boldsymbol{\Psi}}_C$、$\dot{\boldsymbol{\theta}}_C$ 分别为 $\boldsymbol{\kappa}_C$、$\boldsymbol{\Psi}_C$、$\boldsymbol{\theta}_C$ 的变化率。

i、j、k 分别为地平坐标系 x 轴、y 轴、z 轴的正向单位向量。

i_C、j_C、k_C 分别为测量坐标系（甲板坐标系）x_C 轴、y_C 轴、z_C 轴的正向单位向量。

3) 舰炮弹丸速度方程

根据动坐标系既有平移又有转动的速度合成定理，其绝对速度 V_{IP} 包括舰炮弹丸对雷达坐标系 C 的相对速度、由甲板坐标系 O 的平移运动而产生的牵连平移速度，以及由于转动而产生的牵连切线速度，即

$$V_{IP} = V_{CP} + V_{IO} + \omega_{IO} \times R_{OP} \tag{7-22}$$

式中：ω_{IO} 为坐标系 O 对坐标系 I 的角速度；R_{OP} 为点 O 到目标 P 的矢径；V_{IP} 为舰炮弹丸 P 相对坐标系 I 的绝对速度；V_{CP} 为弹丸 P 相对坐标系 C 的相对速度；V_{IO} 为坐标系 O 相对坐标系 I 的平移运动而产生的牵连平移速度。

式（7-22）的第三项为动坐标系相对地平坐标系的旋转运动而产生的牵连切线速度。

3. 舰体运动对舰炮弹丸速度的影响

由舰炮弹丸速度式（7-22）可以看出，在军舰运动的情况下，舰炮弹丸的速度，除了第一项相对速度 V_{CP}（由测速雷达测量，与舰体静止时测量结果相同）外，还增加了两项：一项是摇心相对地平坐标系的平移速度 V_{IO}（包括舰体升沉速度和海流速度的影响），另一项是由于测量的目标点距摇心有一段距离，由舰摇角速度而产生的切线速度分量 $\omega_{IO} \times R_{OP}$。当测量的几何条件、舰体姿态一

定时,舰体平移(航行)速度(包括海流和升沉)越大,则对弹丸绝对速度的影响越大;测量目标点距摇心越远,舰摇对弹丸绝对速度的影响越大。

设对某型 100mm 舰炮进行初速测量时,舰炮射角为 $\Psi_C = 45°$,横摇角 $\varphi_0 = -45°$,射击方位角 $\zeta = -45°$,航速 $V_b = 15\text{m/s}(29.16\text{kn})$,航向角 $\kappa_C = 5°$,纵摇角 $\theta_C = 5°$,三个方向的舰摇角速度分别为 $\dot{\kappa}_C = \dot{\Psi}_C = 2(°)/\text{s}, \dot{\theta}_c = 2.5(°)/\text{s}$,升沉速度 $\dot{y}_{IO} = 2\text{m/s}$,雷达测量的舰炮弹丸初速 $V_0 = 870\text{m/s}$,则算得舰摇产生的速度分量:$V_C = |\ \boldsymbol{\omega}_{IO} \times \boldsymbol{R}_{OP}| = 2.66\text{m/s}$,摇心平移速度分量 $V_{IO} = 15.13\text{m/s}$,弹丸绝对速度 $V_{IP} = 879.89\text{m/s}$,舰体运动使舰炮实际射角 $\tilde{\varphi}_0 = 22°50'$,而射向偏差 $\Delta\zeta = -1°20'$。

这说明,根据雷达和舰上导航系统计算舰炮弹丸绝对初速和修正射击诸元是必要的。

4. 舰体运动对舰载雷达测量弹丸速度的影响

测速雷达测量舰炮弹丸速度的方法和对地炮或舰体静止时的测量方法相同。因为弹丸由载于运动的军舰上的火炮发射,测速雷达和舰炮处于相近的位置上,舰炮和雷达相对静止。因此雷达测得的弹丸速度是相对速度。当雷达距炮口很近时,则测得弹丸出炮口瞬间的速度基本不受舰体运动的影响。

1) 舰体运动对舰载雷达测量弹丸初速的影响

由于雷达在配置上距舰炮炮口总有一定距离,舰体运动对雷达测量的舰炮弹丸初速还是有影响的。但是舰体的平移运动(包括海流)、升沉运动不影响雷达对舰炮弹丸初速的测量结果。

(1) 舰摇对雷达测量弹丸初速的影响。

舰摇分量对雷达测量初速的影响是由于雷达至炮口有一定距离造成的。舰摇使雷达测量的弹丸初速附加的量为

$$V_{CD} = (\boldsymbol{\omega}_{IO} \times \boldsymbol{R}_{CD}) \cdot \boldsymbol{R}_{DP} \tag{7-23}$$

式中:$\boldsymbol{\omega}_{IO}$ 为舰摇角速度;$\boldsymbol{R}_{CD}$ 为雷达至炮口的距离;$\boldsymbol{R}_{DP}$ 为炮口至目标的距离。

对式(7-23)中参数展开可得

$$V_{CD} = l_C \dot{x}_{CD} + m_C \dot{y}_{CD} + n_C \dot{z}_{CD} \tag{7-24}$$

式中

$$\begin{bmatrix} \dot{x}_{CD} \\ \dot{y}_{CD} \\ \dot{z}_{CD} \end{bmatrix} = \begin{bmatrix} \omega_y z_{CD} - \omega_z y_{CD} \\ \omega_z x_{CD} - \omega_x z_{CD} \\ \omega_x y_{CD} - \omega_y x_{CD} \end{bmatrix}$$

$$\begin{bmatrix} \omega_x \\ \omega_y \\ \omega_z \end{bmatrix} = \begin{bmatrix} \dot{\theta}_C - \Psi_C \dot{\kappa}_C \\ \dot{\theta}_C \dot{\Psi}_C - \dot{\kappa}_C \\ \dot{\Psi}_C + \theta_C \dot{\kappa}_C \end{bmatrix}$$

$$\begin{bmatrix} x_{CD} \\ y_{CD} \\ z_{CD} \end{bmatrix} = \begin{bmatrix} A\cos\varphi_0\cos\zeta \\ A\sin\varphi_0 - B \\ 0 \end{bmatrix}$$

$$\begin{bmatrix} l_C \\ m_C \\ n_C \end{bmatrix} = \begin{bmatrix} \cos\varphi_0\cos\zeta \\ \sin\varphi_0 \\ \cos\varphi_0\sin\zeta \end{bmatrix}$$

A、B 为雷达站址参数。

设 D100 舰炮射击时的参数 $A = 3\mathrm{m}$, $B = 0.5\mathrm{m}$,则按式(7-23)算得 $V_{CD} = 0.049\mathrm{m/s}$。

这种情况下,完全可以忽略由舰摇产生的影响。即认为雷达测量的结果和舰体静止时测量结果相同。也就是说,雷达测量的舰炮弹丸初速基本上不受舰体运动的影响。

(2)舰摇参数误差对雷达初速测量精度的影响。

$$V_0 = \tilde{V}_0 + V_{CD} \tag{7-25}$$

式中:$\tilde{V}_0$ 为舰体静止时的弹丸速度;V_0 为雷达测量的相对速度;V_{CD} 为舰摇对初速的影响项。

弹丸速度的精度为

$$\sigma_{\tilde{V}_0} = \sqrt{\sigma_{V_0}^2 + \sigma_{V_{CD}}^2} \tag{7-26}$$

弹丸速度的精度 $\sigma_{\tilde{V}_0}$ 由雷达测速精度和舰摇修正项的精度决定。其中舰摇修正项的误差传播公式为

$$\sigma_{V_{CD}}^2 = l_C^2\sigma_{x_{CD}}^2 + n_C^2\sigma_{y_{CD}}^2 + m_C^2\sigma_{z_{CD}}^2 + \left(\frac{\partial V_{CD}}{\partial\varphi_0}\right)^2\sigma_{\varphi_0}^2 + \left(\frac{\partial V_{CD}}{\partial\zeta}\right)^2\sigma_{\zeta}^2 \tag{7-27}$$

算得

$$\sigma_{V_{CD}} = 0.0052\mathrm{m/s}$$

则

$$\sigma_{\tilde{V}_0} = 0.50003\mathrm{m/s}$$

可见,舰摇误差传播到雷达测量的弹丸初速,其量值是很小的,雷达测速精度不受其影响。

2) 舰体运动对舰载雷达测量弹丸出炮口后的速度的影响

(1) 雷达对出炮口后弹丸的测速方程。

弹丸出炮口后,雷达测量的弹丸速度中,既包含弹丸运动引起的多普勒效应,也包含舰体运动引起的多普勒效应的影响。其中出炮口瞬间的牵连速度的影响很小,可以忽略。由于弹丸飞行距离和舰体运动参数的变化,引起的牵连速度的改变量,则要反映在雷达测速数据中。首先,假设在短时间内,舰体平移速度变化不大,当只考虑弹丸速度变化时,则由舰摇会引起牵连速度增量。这种情况下雷达测量的速度为

$$V_{CP} = V_{CP1} + \omega_{IO} \times R_{CP} \tag{7-28}$$

式中:$\omega_{IO} \times R_{CP}$ 为由弹丸飞行距离 R_{CP} 变化时由舰摇引起的牵连速;V_{CP1} 为弹丸本身的速度。

(2) 初速 V_0 的获得。

由初速 V_0 获得的过程,可知舰体运动产生牵连速度对弹丸初速的影响是如何渗透进去的,从而分析牵连速度影响的消长过程。

首先将雷达测量的速度在测量坐标系中进行处理,并将雷达测量的径向速度进行几何变换后可得到弹丸切向速度,则式(7-28)变为

$$V_i = V_{1_i} + V_{C_i} \tag{7-29}$$

式中:V_{1_i} 为弹丸切向速度;V_{C_i} 为舰摇引起的牵连速度。

当采用多项式拟合方法外推初速 V_0 时,则

$$V_0 = \sum_{i=1}^{N} W_i V_i = \sum_{i=1}^{N} W_i (V_{1_i} + V_{C_i}) \tag{7-30}$$

雷达至弹丸的距离 R_{CP} 由出炮口时的 R_{CD} 逐渐增大至雷达测量的最远点 R_{CPM}。当采用多项式拟合方法外推初速时,舰摇引起的牵连速度增量部分的影响的外推结果为

$$\sum_{i=1}^{N} W_i V_{C_i} = V_{CD} \tag{7-31}$$

前面已经算出 $V_{CA} = 0.049 \mathrm{m/s}$。

雷达距炮口距离越小,则 V_{CD} 值也越小。当采用炮载工作方式时,可以认为 $V_{CD} = 0$。

同样,弹丸出炮口后,舰体运动平移分量的改变量对弹丸速度的影响,其外推结果也必为零。这是因为雷达和出炮口瞬间的弹丸具有相同的牵连速度(指平移分量),二者相对静止。从出炮口后二者的差异再推到出炮口瞬间的状态,仍然是相对静止的状态。故有

152

$$V_0 = \sum_{i=l}^{N} W_i V_{li} \tag{7-32}$$

这就是说,用雷达测量的弹丸速度,外推弹丸初速 V_0 时其结果不受舰体运动牵连速度的影响,或说影响很小,可以忽略。这对舰炮测速雷达是一个很重要的结论。

3) 舰体运动牵连速度的测量误差对雷达测量弹丸初速精度的影响

舰体运动的牵连速度既然不影响雷达测量初速的结果,雷达测量出炮口后的速度中包含的牵连速度的影响,在外推初速的处理过程中,又消失了。因此,不必考虑牵连速度测量误差对雷达测量初速的影响。

5. 舰炮弹丸绝对初速测量计算方法

舰炮弹丸绝对初速计算问题,就是在统一的坐标系中计算雷达对弹丸测量的相对初速、舰体平移对弹丸初速的影响及舰摇对弹丸初速的影响。也就是在地平坐标系中分别计算速度方程(7-22)中三个分速度的数值,然后在地平坐标系中计算绝对速度。

1) 相对初速 V_0 变换到地平坐标系

相对初速 V_0 向地平坐标系变换时,需经过向甲板(测量)坐标系的变换及 κ_C、ψ_C、θ_C 几个角度的坐标旋转变换,得到相对初速 V_0 在地平坐标系的三个分速度:

$$\begin{bmatrix} \dot{x}_{CP} \\ \dot{y}_{CP} \\ \dot{z}_{CP} \end{bmatrix} = V_0 \begin{bmatrix} \cos\varphi_0\cos(\zeta + \kappa_C)\cos\psi_C + \sin\varphi_0\sin\psi_C \\ \left[\sin\varphi_0\cos\psi_C - \cos\varphi_0\sin\psi_C\cos(\zeta + \kappa_C) \right]\cos\theta_C + \cos\varphi_0\sin(\zeta + \kappa_C)\sin\theta_C \\ \left[\cos\varphi_0\cos(\zeta + \kappa_C)\sin\psi_C - \sin\varphi_0\cos\psi_C \right]\sin\theta_C + \cos\varphi_0\sin(\zeta + \kappa_C)\cos\theta_C \end{bmatrix}$$

$$\tag{7-33}$$

2) 舰摇分量牵连速度变换到地平坐标系

设 x_{OP}、y_{OP}、z_{OP} 是舰炮炮口在摇心甲板坐标系中的坐标,则舰摇引起的牵连线速度为

$$\boldsymbol{V}_C = \boldsymbol{\omega}_{IO} \times \boldsymbol{R}_{OP} \tag{7-34}$$

将其变换到甲板坐标系并进行 κ_C、ψ_C、θ_C 三个角度的坐标旋转变换,则舰摇分量在地平坐标系中的各分量为

$$\begin{bmatrix} \dot{x}_C \\ \dot{y}_C \\ \dot{z}_C \end{bmatrix} = \begin{bmatrix} \psi_C\dot{\psi}_C - (\dot{\kappa}_C - \theta_C\dot{\psi}_C)\sin\kappa_C, \ -(\dot{\psi}_C - \theta_C\dot{\kappa}_C)\cos\kappa_C - (\dot{\theta}_C - \psi_C\dot{\kappa}_C)\sin\kappa_C, \\ \psi_C\dot{\theta}_C - (\dot{\kappa}_C - \theta_c\dot{\psi}_C)\cos\kappa_C \\ \dot{\psi}_C + \dot{\kappa}_C(\theta_C + \psi_C\sin\kappa_C + \theta_C\cos\kappa_C), (\psi_C\dot{\psi}_C + \theta_C\dot{\theta}_C)\cos\kappa_C + (\psi_C\dot{\theta}_C - \theta_C\dot{\psi}_C)\sin\kappa_C, \\ -\dot{\theta}_C + \dot{\kappa}_C(\psi_C + \psi_C\cos\kappa_C - \theta_C\sin\kappa_C) \\ (\dot{\kappa}_C - \theta_C\dot{\psi}_C)\cos\kappa_C - \theta_C\dot{\psi}_C, (\dot{\theta}_C - \psi_C\dot{\kappa}_C)\cos\kappa_C - (\dot{\psi}_C + \theta_C\dot{\kappa}_C)\sin\kappa_C, \\ \theta_C\dot{\theta}_C\cos\kappa_C - (\dot{\kappa}_C - \theta_C\dot{\kappa}_C)\sin\kappa_C \end{bmatrix}$$

$$\begin{bmatrix} x_{OP} \\ y_{OP} \\ z_{OP} \end{bmatrix} \tag{7-35}$$

3) 平移分量变换到地平坐标系

平移分量是由舰体相对地平坐标系航行及海流对舰体运动的影响等因素引起的。当采用北斗卫星导航系统或多普勒/惯性导航系统时,测量的航速 V_b 和航向角 ψ_C,包含了海流的影响。则在地平坐标系中,平移速度的三个分量为

$$\begin{bmatrix} \dot{x}_{IO} \\ \dot{y}_{IO} \\ \dot{z}_{IO} \end{bmatrix} = \begin{bmatrix} V_b\cos\kappa_C \\ \dot{y}_{IO} \\ V_b\sin\kappa_C \end{bmatrix} \tag{7-36}$$

式中, $\dot{y}_{IO}$ 为舰体升沉速度。

4) 弹丸绝对初速综合

根据弹丸速度方程(7-23),弹丸绝对初速 V_{IP} 在地平坐标系的三个分速度为

$$\begin{bmatrix} \dot{x}_{IP} \\ \dot{y}_{IP} \\ \dot{z}_{IP} \end{bmatrix} = \begin{bmatrix} \dot{x}_{CP} + \dot{x}_C + \dot{x}_{IO} \\ \dot{y}_{CP} + \dot{y}_C + \dot{y}_{IO} \\ \dot{z}_{CP} + \dot{Z}_C + \dot{z}_{IO} \end{bmatrix} \tag{7-37}$$

将式(7-33)、式(7-35)、式(7-36)式代入式(7-37)得

$$\begin{bmatrix} \dot{x}_{IP} \\ \dot{y}_{IP} \\ \dot{z}_{IP} \end{bmatrix} = \begin{bmatrix} A_xV_0 + B_xV_b + C_xx_{OP} + D_xy_{OP} + E_xz_{OP} \\ A_yV_0 + B_yV_b + C_yx_{OP} + D_yy_{OP} + E_yz_{OP} \\ A_zV_0 + B_zV_b + C_zx_{OP} + D_zY_{OP} + E_zz_{OP} \end{bmatrix} \tag{7-38}$$

则弹丸在地平坐标系的绝对速度为

154

$$V_{IP} = \sqrt{\dot{x}_{IP}^2 + \dot{y}_{IP}^2 + \dot{z}_{IP}^2} \qquad (7-39)$$

6. 舰炮弹丸初速测量精度分析

1) 影响舰炮弹丸初速测量精度的因素

（1）弹丸相对速度的测量精度。弹丸相对速度是由测速雷达获得的。因此测速雷达测速误差因素都影响相对速度的测量精度。测速雷达对初速测量的总误差 $\sigma_{V_0} = 0.5 \mathrm{m/s}$（对某 100mm 舰炮而言）。舰摇和舰体平移速度测量误差对相对速度精度影响甚小。因此认为，相对初速的测量精度只取决于雷达的测速精度。

（2）舰行速度的影响。舰行速度是弹丸牵连速度中平移速度的主要项。当航行速度大于 24kn 时，GPS/惯导系统或多普勒/惯导系统测速精度小于 0.1kn，即 $\sigma_{V_b} \leqslant 0.05 \mathrm{m/s}$。同样，航向角 κ_C 的测角精度 $\sigma_{\kappa_C} \leqslant 5.5 \times 10^{-4} \mathrm{rad}$。

（3）海流的影响。由于采用 GPS/惯导系统或多普勒/惯导系统，海流的影响已包含在航速和航向的测量中。

（4）射角和射向的影响。射角 φ_0 和射向 ζ 在地炮射击时不影响弹丸的测速精度。但在舰炮射击时，由于要计算地平坐标系中弹丸的绝对初速，当由甲板坐标系向地平坐标系变换时，φ_0、ζ 被引入相对初速 V_0 的转换过程中，其误差对相对初速有一定影响。

（5）舰炮在甲板坐标系位置误差。舰炮在甲板坐标系的位置是指舰炮炮口在以摇心 O 为原点的甲板坐标系中的坐标 x_{OP}、y_{OP}、z_{OP}。

一般情况下，舰炮配置在舰体艏艉线上，其位置精度为

$$\sigma_{x_{OP}} = \sigma_{y_{OP}} = \sigma_{z_{OP}} \leqslant 0.1 \mathrm{m}$$

（6）舰摇对测速精度的影响。舰摇是指由风浪等外力使舰体发生倾斜和摇摆，从而产生角度 ψ_C、θ_C、κ_C 及其变化率 $\dot{\psi}_C$、$\dot{\theta}_C$、$\dot{\kappa}_C$。对这些角度和角速度的测量误差造成对弹丸初速测量精度的影响表现在两方面：舰摇本身产生的牵连线速度并不大，但在坐标转换过程中还影响相对速度和牵连平移速度的精度。

（7）舰摇对测速精度的影响。舰体升沉速度直接影响地平坐标系速度的垂直分量的大小。测量升沉速度的精度和航行速度测量精度相当，$\sigma_{\dot{y}_{IO}} \leqslant 0.05 \mathrm{m/s}$。

2) 舰炮弹丸初速测量精度估算

（1）舰炮弹丸初速测量误差公式。

$$\begin{bmatrix} \sigma_{\dot{x}_{IP}}^2 \\ \sigma_{\dot{y}_{IP}}^2 \\ \sigma_{\dot{z}_{IP}}^2 \end{bmatrix} = \begin{bmatrix} \sum_{i=1}^{n} \left(\dfrac{\partial \dot{x}_{IP}}{\partial \alpha_i}\right)^2 \sigma_{\alpha i}^2 \\ \sum_{i=1}^{n} \left(\dfrac{\partial \dot{y}_{IP}}{\partial \alpha_i}\right)^2 \sigma_{\alpha i}^2 \\ \sum_{i=1}^{n} \left(\dfrac{\partial \dot{z}_{IP}}{\partial \alpha_i}\right)^2 \sigma_{\alpha i}^2 \end{bmatrix} \qquad (7-40)$$

式中：$i = 1, 2, \cdots, n$ ，这里 $n = 14$ 。

当各误差因素 $\delta \alpha_1, \delta \alpha_2, \cdots \delta \alpha_n$ 互相独立时，式(7-40)成立。

（2）估算舰炮弹丸初速精度的原始数据。

D100 炮射击参数：$V_0 = 870\mathrm{m/s}, \varphi_0 = 30°, \zeta = -45°$ 。

舰体运动参数：$\kappa_C = 45°, V_b = 15\mathrm{m/s}, \psi_C = \theta_C = 5°, \dot{\kappa}_C = \dot{\psi}_C = 2(°)/\mathrm{s}, \dot{\theta}_C = 2.5(°)/\mathrm{s}, \dot{y}_{IO} = 2\mathrm{m/s}$ 。

测速雷达测速精度：$\sigma_{V0} = 0.5\mathrm{m/s}$ 。

舰体运动参数测量精度：当采用北斗卫星导航系统或多普勒/惯性等综合导航系统时，下面的精度是易于达到的。

$\sigma_V = 0.1\mathrm{m/s}, \sigma_{\dot{y}_{IO}} = 0.05\mathrm{m/s}, \sigma_{\kappa_C} = \sigma_{\psi_C} = \sigma_{\theta_C} = 5.8 \times 10^{-4}\mathrm{rad}$ 。

$\sigma_{\dot{\kappa}C} = \sigma_{\dot{\psi}_C} = \sigma_{\dot{\theta}_C} = 1.5 \times 10^{-4}\mathrm{rad/s}$ 。

舰炮射击参数的精度：$\sigma_{\varphi_0} = \sigma_{\zeta} = 2.91 \times 10^{-4}\mathrm{rad}$ 。

炮口坐标测量精度：$\sigma_{x_{OP}} = \sigma_{y_{OP}} = \sigma_{z_{OP}} = 0.1\mathrm{m}$ 。

3）舰炮弹丸初速精度估算结果

表 7-10 为 14 种误差因素的误差偏导数及这些误差因素造成的速度误差。误差综合公式为

$$\sigma_{V_{IP}}^2 = \frac{1}{V_{IP}^2}\left[\dot{x}_{IP}^2 \sigma_{\dot{x}_{IP}}^2 + \dot{y}_{IP}^2 \sigma_{\dot{y}_{IP}}^2 + \dot{z}_{IP}^2 \sigma_{\dot{z}_{IP}}^2\right] \qquad (7-41)$$

表 7-10　舰炮弹丸初速精度估算结果

序号	$\delta\alpha_i$	$\dfrac{\partial\dot{x}_{IP}}{\partial a_i}$	$\dfrac{\partial\dot{y}_{IP}}{\partial\alpha_i}$	$\dfrac{\partial\dot{z}_{IP}}{\partial\alpha_i}$	$\dfrac{\partial\dot{y}_{IP}}{\partial\alpha_i}\sigma_{\alpha i}$	$\dfrac{\partial\dot{x}_{IP}}{\partial\alpha_i}\sigma_{\alpha i}$	$\dfrac{\partial\dot{z}_{IP}}{\partial\alpha_i}\sigma_{\alpha i}$
1	δV_0	0.9063	0.4218	−0.03689	0.4532	0.2105	−0.01842
2	δV_b	0.7071	0	0.7071	0.7071	0	0.07071
3	δx_{OP}	−0.01948	0.04226	0.01948	−0.001948	0.004226	0.001958
4	δy_{OP}	−0.05123	0.005384	0.001863	−0.005123	0.000539	0.000186
5	δz_{OP}	−0.01872	−0.04059	−0.01984	−0.001872	−0.004059	−0.001984
6	$\delta\varphi_0$	−367.678	788.488	−103.330	−1.10699	0.2294	−0.03007

序号	$\delta\alpha_i$	$\dfrac{\partial \dot{x}_{IP}}{\partial_{ai}}$	$\dfrac{\partial \dot{y}_{IP}}{\partial \alpha_i}$	$\dfrac{\partial \dot{z}_{IP}}{\partial \alpha_i}$	$\dfrac{\partial \dot{y}_{IP}}{\partial \alpha_i}\sigma\alpha_i$	$\dfrac{\partial \dot{x}_{IP}}{\partial \alpha_i}\sigma\alpha_i$	$\dfrac{\partial \dot{z}_{IP}}{\partial \alpha_i}\sigma\alpha_i$
7	$\delta\zeta$	0	65.667	−750.575	0	0.01911	−0.2184
8	$\delta\psi_C$	369.547	−768.945	62.236	0.2143	0.4564	0.03610
9	δk_C	−11.702	65.667	759.778	−0.006787	0.03809	0.4407
10	$\delta\theta_C$	1.3574	3.0103	−369.382	0.000787	0.001746	−0.2142
11	$\delta\dot{\Psi}_C$	3.9131	50.000	−10.984	0.000587	0.00750	−0.00165
12	δk_C	−34.738	10.534	34.738	−0.00521	0.00158	0.00521
13	$\delta\dot{\theta}_C$	−3.5355	0.6171	3.5355	−0.00053	0.000093	0.001029
14	$\delta\dot{y}_{IO}$	0	1	0	0	0.05	0
15	综合 $\displaystyle\sum_{i=1}^{14}\left(\dfrac{\partial \dot{x}_{IP}}{\partial \alpha_i}\right)^2\sigma_{\alpha_i}^2$				0.26787	0.30940	0.29540

计算结果：$\sigma_{V_{IP}} = 0.5246\text{m/s}$ 或 $\sigma_{V_{IP}}/V_{IP} = 5.9\times10^{-4}$。

这里

$$V_{IP} = 879.89\text{m/s}$$

$$\begin{bmatrix} \dot{x}_{IP} \\ \dot{y}_{IP} \\ \dot{z}_{IP} \end{bmatrix} = \begin{bmatrix} 797.86\text{m/s} \\ 370.41\text{m/s} \\ -20.46\text{m/s} \end{bmatrix}$$

$$\begin{bmatrix} \sigma_{\dot{x}_{IP}} \\ \sigma_{\dot{y}_{IP}} \\ \sigma_{\dot{z}_{IP}} \end{bmatrix} = \begin{bmatrix} 0.518\text{m/s} \\ 0.556\text{m/s} \\ 0.544\text{m/s} \end{bmatrix}$$

4）弹丸绝对速度精度讨论

（1）雷达测速精度。在测量坐标系中，弹丸相对初速测量精度主要取决于雷达测量精度。按总体论证情况，对 D100 炮，$\sigma_{V_0} = 0.5\text{m/s}$。在测量坐标系中讨论雷达测速精度，才能反映雷达的性能。

（2）舰体运动对弹丸产生的牵连平移速度。主要因素有舰体航速、航向和升沉速度。由于采用 GPS/惯导系统，海水流速和流向包含在航速和航向的测量中。在本节假定情况下，弹丸的牵连平移速度：

$$V_{IP} = 15.13\text{m/s}$$

（3）舰摇问题。由舰摇角速度对弹丸产生的牵连线速度虽然有一定数值，但与弹丸绝对速度的相对速度分量和牵连平移速度分量相比,要小得多。当忽略舰摇分量和升沉速度的影响时,算得 $V_{IP} = 879.302\text{m/s}$,带来的误差约为 $\Delta V_{IP} = -0.591\text{m/s}$,约为万分之七。

7. 舰船运动对测速雷达测量舰炮初速影响的讨论

在结束本节讨论时,简述我们的看法和结论。

(1) 本节运用动力学原理推导了弹丸速度方差、绝对初速计算方法和精度计算公式。

(2) 本节以具体数据进行了分析计算,大体可以看出 14 种误差因素的影响大小。根据目前所掌握的资料,绝对初速总误差约为万分之六,可以满足舰炮射击的要求。

(3) 舰摇分量影响较小。当不考虑这部分影响时,会产生万分之七的误差。

(4) 海流问题在现代导航技术下,不是不可解决的问题。

(5) 测速雷达在海炮射击中,是有重要意义的。假如没有高精度的测速雷达,本章提供的初速误差数据将有较大的增长,对射击效果的影响也较大。

7.3 火炮测速雷达的最少测量点数和雷达作用距离的关系

1. 火炮测速雷达测点数与作用距离关系引言

近程测速雷达(特指作用距离为 2000 倍弹丸直径的测速雷达)在满足火炮初速测量精度要求的最少测量点数下,如果由于雷达作用距离的限制,使数据采样间隔时间太短,就会在一定程度上降低雷达测速精度或使雷达在数据处理中发生病态。由于近程测速雷达存在作用距离上的这种局限性,从而使雷达使用性能受到一定程度的限制。本节提出适当增大雷达的作用距离,使之有条件采用合理的采样间隔时间,从而走出近程测速雷达不合理作用距离的误区。

火炮测速雷达对弹丸的测量距离和开始测量时间、测点采样间隔时间及要求测量的点数有关。国外应用较多的近程测速雷达,如丹麦 DR -810 雷达、美国 M-90 雷达均测量 7 点速度数据,其作用距离为 2000 倍弹丸直径。

雷达的作用距离限制了雷达的测量距离。由于雷达作用距离和测量点数一定,对各型号火炮,有可能出现测点的采样间隔时间相对较小的情况。在此情况下,一方面测速随机误差相关性较强,这会降低雷达的测速精度;另一方面,如果弹丸速度增量(为负值)和测速随机误差数值大小相当,则会引起信号失真,而数字滤波器对由这种信号失真产生的随机误差滤波能力较弱。分析表明:作用距离为 2000 倍弹丸直径、测量 10 点数据情况下,对许多火炮来说,采样间隔都显得太小。结果导致在一定概率下,数据合理性检验通不过和处理结果不合理,从而在一定程度上降低了雷达使用性能。本节把火炮弹丸运动学特性和测速雷达自身的噪声特性结合起来进行分析,以寻求合理的采样间隔时间和合理的作用距离。

2. 测速雷达数据处理方法和最少测量点数

1) 测速雷达数据处理方法概述

测速雷达在测速终端进行信号数据采集后,在测速终端专用微处理机进行数据处理,应用数据处理软件首先对采集的数据进行数据合理性检验与递推滤波,而后以多项式拟合方法外推初速。

2) 数据合理性检验及递推滤波

测速雷达是在逼近火炮的情况下进行测速的,测速条件十分严酷,数据野值率较高,因此数据合理性检验工作显得特别重要。近程测速雷达一般采用小子样观测数据合理性检验方法,即 $\alpha - \beta$ 递推滤波检验方法。

3) 初速计算

用多项拟合方法外推初速:

$$V_0 = \sum_{i=1}^{N} W_i(N, K_0) V_i \tag{7-42}$$

式中: $W_i(N, K_0)$ 为权序列。当为一、二阶多项式拟合时,权分别为

$$
\begin{cases}
W_{1i}(N, K_0) = \dfrac{1}{N} + \dfrac{12[N+1)/2 - i][K_0 + (N-1)/2]}{N(N^2 - 1)} \\[3mm]
W_{2i}(N, K_0) = \dfrac{1}{N} + \dfrac{12[(N+1)/2 - i][K_0 + (N-1)/2]}{N(N^2 - 1)} + \\[3mm]
\dfrac{180\{[(N-1)/2 - i]^2 - (N^2 - 1)/12\}\{[K_0 + (N-1)/2]^2 - (N^2 - 1)/12\}}{N(N^2 - 1)(N^2 - 4)}
\end{cases}
$$

$$\tag{7-43}$$

式中:外推步数 $K_0 = t_y/t_p$, t_y 为开始测量时间, t_p 为采样间隔时间。

4) 外推初速时最佳平滑效果对雷达作用距离的要求

火炮测速雷达外推弹丸初速时,一般采用最优线性滤波方法。要想获得最

佳平滑效果,需选择误差综合时能使总误差最小的情况。在其他条件确定的情况下,平滑点数 N 是决定因素。这实际上是对雷达作用距离提出了要求。一、二阶多项式拟合外推初速时,其误差传播方程如下:

$$\sigma_{V_{0r}} = \mu(N, K_0) \sigma_{V_r} \tag{7-44}$$

式中: σ_{V_r}、$\sigma_{V_{0r}}$ 分别为速度 V、初速 V_0 的随机误差; $\mu(N, K_0)$ 为平滑系数。

对一、二阶多项式拟合,平滑系数分别为

$$\begin{cases} \mu_1^2(N, K_0) = \dfrac{1}{N} + \dfrac{12[K_0 + (N-1)/2]^2}{N(N^2-1)} \\[3mm] \mu_2^2(N, K_0) = \dfrac{1}{N} + \dfrac{12[K_0 + (N-1)/2]^2}{N(N-1)} + \dfrac{180\{[K_0 + (N-1)/2]^2 - (N^2-1)/2\}}{N(N^2-1)(N^2-4)} \end{cases}$$

$$\tag{7-45}$$

当我们将火炮运动速度按泰勒级数展开时,由于在数据处理时只采用有限的阶数,因而存在截断误差,也称剩余误差或方法误差。

一、二阶多项拟合的截断误差分别为

$$\begin{cases} T_{E1} = -\dfrac{1}{2}\{[K_0 + (N-1)/2]^2 - (N^2-1)/2\} t_p^2 \ddot{V} \\[3mm] T_{E2} = -\dfrac{1}{6}[K_0 + (N-1)/2]\{[K_0 + (N-1)/2]^2 - (3N^2-7)/20\} \dddot{V} t_p^3 \end{cases}$$

$$\tag{7-46}$$

初速总误差按下式计算:

$$\sigma_{V_0} = \sqrt{(\Delta V + T_E)^2 + \sigma_{V_{0r}}^2} \tag{7-47}$$

式中: ΔV 为系统误差。

按式(7-45)~式(7-51)计算雷达对各种火炮的测速精度,取其最佳平滑点数 N_0,估算相应的作用距离。计算结果列入表 7-11。

表 7-11　雷达测速的最佳平滑点数和作用距离

序号	炮型	K_0	t_p/ms	一阶多项式拟合		二阶多项式拟合	
				N_0	R/D	N_0	R/D
1	100G	5	20	18	3960	54	10440
2	HD100	5	20	15	3306	45	8526
3	HS100	5	20	20	4440	54	10730
4	130JA	5	30	13	3648	39	9443
5	155ZX	5	30	13	3027	40	7835
6	85G	5	20	15	4435	45	11435

序号	炮型	K_0	t_p/ms	一阶多项式拟合		二阶多项式拟合	
				N_0	R/D	N_0	R/D
7	57G	5	10	11	2526	56	10105
8	37G	5	10	12	4324	51	14865
9	平均	5		15	3705	48	10423

对一阶多项式拟合,外推 5 步,最佳平滑点数 $N_0 = 15$,测速精度 $\sigma_{V_0}/V_0 = 0.04\%$,相应的作用距离 $R/D = 3700$;对二阶多项式拟合,外推 5 步,最佳平滑点数 $N_0 = 48$,测速精度 $\sigma_{V_0}/V_0 = 0.03\%$,相应的作用距离 $R/D = 10423$。

5) 测量火炮弹丸速度的最少测量点数问题

雷达测量火炮弹丸速度时,最少测量点数是指在采用近程测速雷达的情况下,满足火炮初速测量精度要求的前提下,最少应测量几点速度数据。而开始测量时间,又决定了在计算弹丸初速时应外推几步。因此,开始测量时间、采样间隔时间、测量初速的精度要求是决定最少测量点数的三个基本因素。

(1)开始测量时间。雷达对火炮弹丸的开始测量时间 t_y(又叫延迟时间),一般应取在发射火炮弹丸的后效期之后和发射时的喷焰对雷达电磁波的影响基本消失之时。严格地说,初速并非弹丸出炮口瞬间的速度 V_g。这是由于弹丸在后效作用期内,继续受到火药气体的作用而加速,直至后效期末,速度值达到 V_{ae},此后弹丸才是只受空气阻力和重力作用而作减速运动,如图 7-8 实线所示。

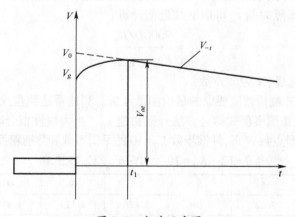

图 7-8　初速示意图

由于后效期作用时间(或距离)较短,对整个弹道的影响不大,故在实用上,

161

常假设弹丸一出炮口即仅受空气阻力和重力的作用。为了修正上述假设所造成的误差,而采用了一个虚拟的初速 V_0 以代替实际炮口速度 V_g。这个初速在数值上比炮口速度 V_g 和后效期末的速度 V_{ae} 都大。由于后效期末的速度和该时刻由外弹道理论计算的速度完全一致,因此我们采用多项式拟合方法外推的初速 V_0 即是虚拟速度,也是弹道计算中所用的初速 V_0。从理论上讲,在后效期结束后的任一时刻,都能运用 N 点测速值推算出初速 V_0。在雷达测速的运用上,要求开始测量时间 t_y 应选在火炮发射时的喷焰及其流场对雷达电磁波影响基本消失之时,而这时也已在后效期之后了。

测速雷达几何关系如图7-9所示。

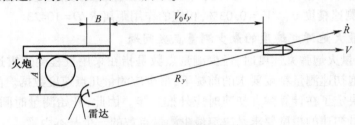

图7-9　测速雷达几何关系

在图7-9中:A 为雷达天线相位中心至炮身管中心线的垂直距离;B 为上述垂足至炮口的距离;$\dot{R}$ 为径向速度;R_y 为雷达至弹丸的距离。

对弹丸开始测量时的距离 R_y,由图7-9几何关系可知

$$R_y = \sqrt{A^2 + (B + V_0 t_y)^2} \tag{7-48}$$

(2)测点采样间隔时间 t_p。由于近程测速雷达作用距离为2000倍弹丸直径,则测点采样间隔时间 t_p 可用下式近似计算:

$$t_p = \frac{2000D/R_y}{(N-1)\dot{R}} \tag{7-49}$$

式中:D 为弹丸直径;N 为测点数。

(3)满足初速测量精度要求的最少测量点数。测速雷达测量火炮弹丸航迹上 N 点速度数据后,按照多项式拟合方法外推初速 V_0。当为线性拟合时,按误差传播公式算得不同平滑点数 N 下,外推步数 $K_0 = 10$ 的平滑系数和测速精度如表7-12。

表7-12　$K_0 = 10$ 下,$N-\sigma_{V_0}/V_0$ 数值表

N	5	6	7	8	9	10
$\mu(N,K_0)$	3.821	3.016	2.486	2.113	1.838	1.627
σ_{V_0}/V_0	0.19%	0.15%	0.12%	0.11%	0.09%	0.08%

一般火炮初速测量精度要求为 $\sigma_{V_0}/V_0 = 0.1\%$。表 7-12 数值表明,$N=9$ 时,即能满足初速测量精度要求。鉴于计算中未考虑截断误差的影响,应留有适当的余量,故取 $N=10$ 作为测速雷达的最少测量点数。

(4) 最少测量点数下雷达参数选择。这里的前提条件是:最少测量点数 $N=10$,近程雷达的作用距离 $R=2000D(D$ 为弹丸直径)。在设计近程雷达时,按下式计算测量距离:

$$R = R_y + (N-1)\dot{R}t_p \qquad (7\text{-}50)$$

对各种火炮,在最少测量点数下,有关参数见表 7-13。由表中数值可知,各种火炮在最少测量点数下,雷达的平均作用距离 $R/D=2000$。

表 7-13　最少测量点数下雷达有关参数表

序号	炮型	V_0(m/s)	t_y/ms	t_p/ms	R_y/m	R/m	R/D
1	152JL	655	120	40	78.6	314.4	2068
2	130JA	930	150	15	139.5	265.1	2039
3	122LU	515	120	40	61.8	247.4	2026
4	155ZX	920	140	20	128.8	294.4	1899
5	100G	900	120	10	108.0	189.0	1890
6	HS100	925	120	10	111.0	194.3	1943
7	HD100	870	90	15	78.3	195.8	1958
8	100H	1050	100	10	105.0	199.5	1995
9	57G	960	48	8	46.1	115.2	2021
10	37G	1000	35	5	35.0	98.0	2162

3. 合理采样间隔时间对雷达作用距离的要求

1) 采样间隔时间 t_p 选取不当带来的问题

在雷达测速实践中,常常遇到这样的问题:我们从监视回波信号的仪表上,看到仪表指针偏转较大。这说明回波信号较强。因此判断此发弹应能测下来。可是,我们发现,数据处理结果有时显示"数据合理性检验未通过",有时输出结果不合理。检查打印输出数据发现:数据规律不够理想。

在这种情况下,虽然多数数据在误差范围内,但由于数据受到污染,找不到吻合值,数据合理性检验通不过;或者数据规律错误,被判为"逆吻合"。其结果是使雷达数据录取率降低,雷达应用性能受到了影响。这种现象是由于数据采样间隔时间选取不当(t_p 太小)引起的。

2) 弹丸的运动特性和雷达噪声的影响

火炮弹丸由火炮发射出炮口后,以初速 V_0 开始飞行。由于受空气阻力和地

心引力的作用,弹丸以负加速度作减速飞行。其速度方程为

$$V = V_0 + \dot{V}t + \ddot{V}t^2/2$$

式中,V_0、$\dot{V}$、$\ddot{V}$ 分别为初速、加速度、加速度变化率。

由于 $\ddot{V}$ 较小,速度方程近似为

$$V = V_0 + \dot{V}t_p$$

在计算弹丸速度时,常采用如下离散化方程:

$$V_i = V_{i-1} + \dot{V}_{i-1}t_p, i = 1,2,\cdots,N$$

则速度增量为

$$\Delta V_i = \dot{V}_{i-1}t_p$$

由于加速度 $\dot{V}$ 是负值,速度增量 ΔV_t 也是负值。当雷达采用等间隔时间 t_p 测量弹丸在弹道上各点的速度 V_i 时,随着时间的增长,V_i 是递减的,减少的数值就是速度增量 ΔV_i。一般情况下,雷达测速数据符合上述规律。

雷达的测速噪声反映在测速数据上就是测速随机误差,主要由接收机噪声、信号处理系统测频误差和环境噪声引起。雷达随机误差的综合影响,可视为高斯型白噪声。高斯噪声服从正态分布律 $N(0,\sigma_V)$,即数学期望为零,根方差为 σ_V。在此前提下,雷达的测速误差值以一定的统计概率发生在确定的区域中,见表 7-14。

表 7-14 正态分布的随机噪声条件下的测速随机误差和对应的概率

测速误差 δV	$\delta V \leqslant \sigma_V$	$\delta V \leqslant 2\sigma_V$	$\delta V \leqslant 3\sigma_V$
概率 P	68.3%	95.4%	99.73%

可见,随机误差发生在零附近的概率较大。但是大于 σ_v 的概率仍有 32%。由于随机误差有正有负,正负值发生的概率相等。如果弹丸速度增量的数值和测速随机误差的数值相近,就会有将近 1/3 的测速数据受到干扰。其中可能有 16% 的测速点失去负增长规律。因此由于随机误差的影响,使某发弹测速数据无吻合值也就成为可能的了。由于雷达测速随机误差的影响,使测速数据受到污染。在对信号和数据进行处理时,对数据进行了滤波。在满足采样定理的情况下,可使数据污染情况改善,使数据恢复本来面目。但是采样间隔时间不适当地选取,太小或太大,都会降低系统的测速精度。而采样间隔时间太小时,会降低数字滤波器对测量噪声的滤波能力,从而在一定程度上降低了雷达使用性能。

3) 对数据合理性检验中采样间隔时间的分析

(1) 采样间隔时间 t_p 太小对判定吻合值的影响。当采样间隔时间 t_p 太小

164

时,使测速随机误差根方差值和速度增量数值相当,在小范围内使数据失去规律性。致使数据不吻合,造成数据合理性检验通不过。

(2) 采样间隔 t_p 太小对预测估计的影响。测速数据中,速度增量的表现值是加速度和随机误差的综合影响。当随机误差和由加速度产生的增量相当时,使加速度估计产生较大的误差,从而引起速度预测误差,影响对测速数据是否合理的判定。

(3) $\alpha-\beta$ 数字滤波器中采样间隔时间 t_p 的选取问题。

$\alpha-\beta$ 数字滤波器的等效传递函数为

$$G(Z) = \frac{\beta(1-Z)Z/T}{Z^2 - (2-\alpha-\beta)Z + (1-\alpha)}$$

这是一种二阶数字滤波器的 Z 变换传递函数。其特征方程为

$$Z^2 - (2-\alpha-\beta)Z + (1-\alpha) = 0$$

其根为传递函数的极点:

$$Z_{1,2} = \left[(2-\alpha-\beta) \pm \sqrt{(\alpha+\beta)^2 - 4\beta} \right]/2$$

传递函数还可用下式表示:

$$G(Z) = \frac{\beta(1-Z)Z/T}{Z^2 - 2Ze^{-\zeta\omega_o T}\cos\omega_d T + e^{-2\zeta\omega_0 T}}$$

式中:ω_0 为系统自然谐振频率;ω_d 为系统阻尼振荡频率;ξ 为系统阻尼系数;T 为采样时间。

将 ξ、ω_0、ω_d 与 α、β 联系起来,得

$$\begin{cases} 1-\alpha = e^{-2\xi\omega_0 T} \text{ 或 } \xi = \ln(1/\sqrt{1-\alpha})/\omega_0 T \\ 2-\alpha-\beta = 2e^{-\xi\omega_0 T}\cos\omega_d T \end{cases}$$

当 $\xi=1$ 时,$\alpha-\beta$ 滤波器工作于临界阻尼状态,则特征方程有二重根:

$$Z = (2-\alpha-\beta)/2 \text{ 或 } Z = e^{-\omega_0 T}$$

及

$$1-\alpha = e^{-2\omega_0 T} \text{ 和 } 2-\alpha-\beta = 2Z$$

根据 $\alpha-\beta$ 滤波器相当于一个低通滤波器的论断,采样周期 $T=t_p$,自然谐振频率 ω_0 视为系统带宽。窄带信号采样定理指出:对窄带信号进行采样时,不需要象对低通信号采样那样,所采频率大于最高频率分量的 2 倍。一般地说,带通信号采样率可降低到带宽(而不是最高频率)的 1/2。弹丸速度信号通过 $\alpha-\beta$ 滤波器,即视为带宽为 ω_0 的带通信号。因此可取

$$\omega_0 t_p = 1/2$$

所以,特征方程的根 $Z = e^{-\omega_0 t_p} = e^{-0.5} = 0.606530659$。

算得 $\alpha=0.632120558$ 和 $\beta=0.154818123$，在如此选定的 α、β 下，按下式选择采样间隔：

$$t_p = 1/(2\omega_0)$$

α-β 滤波器的带宽 $\omega_0=5\sim25\text{Hz}$，相应的采样间隔时间为 $t_p=20\sim100\text{ms}$。超出这个范围的 t_p 不是太小就是太大。运用上述方程，结合对弹丸运动学特点和测速雷达噪声特性的分析，可以选择合理的采样间隔时间 t_p。

4）不合理采样间隔时间和作用距离的关系

在最少测量点数 $N=10$ 和作用距离 $R=2000\text{D}$ 下，实施雷达测速时，对采样间隔时间的选择，往往留有余地。表 7-15 列出了 M 型雷达过去使用的采样间隔时间 t_p 及速度增量等参数。表中雷达测速随机误差按 $\sigma_V=0.001V_0$ 估算。除了 122 榴、152 加榴、155 自行加榴等火炮外，大部分火炮弹丸的速度增量 ΔV 与雷达测速随机误差根方差值相当。由于近程雷达的作用距离（$R=2000\text{D}$）限制了雷达的测量距离，也迫使采样间隔时间 t_p 太小。在这种情况下，数字滤波器对信号噪声滤除能力较弱，计算易发生病态。所以近程测速雷达的作用距离指标 $R=2000\text{D}$ 是不合理的。

表 7-15　近程测速雷达对火炮测速时的参数

序号	炮型	$V_0/(\text{m/s})$	$\dot{V}/(\text{m/s}^2)$	t_y/ms	t_p/ms	$\sigma_y/(\text{m/s})$	$\Delta V/(\text{m/s})$	R/D
1	100G	900	-69.25	120	10	0.90	0.69	1890
2	HD100	870	-65.83	120	10	0.87	0.66	1827
3	HS100	925	-61.00	120	10	0.93	0.61	1943
4	130JA	930	-64.05	150	15	0.93	0.96	2039
5	152JL	655	-34.71	120	40	0.66	1.39	2068
6	155ZX	920	-89.68	140	20	0.92	1.79	1899
7	122LU	515	-37.21	120	40	0.52	1.49	2026
8	85G	992	-94.46	100	10	0.99	0.94	1885
9	57G	960	-180.21	48	8	0.96	1.44	20.21
10	37G	1000	-188.14	35	5	1.00	1.94	2162

5）增大采样间隔时间，走出不合理作用距离的误区

测点模糊数据是由不合理采样间隔时间引起的，克服测点模糊的有效方法就是增大弹丸速度增量（指绝对值）。其具体做法就是增大采样间隔时间 t_p。一般使弹丸速度增量 $|\Delta V|\geq2\sigma_V$，就能使发生测点模糊的概率 $P\leq4.6\%$。合理采样间隔时间按下式计算：

$$t_p = 2\sigma_V/\dot{V}$$

表 7-16 给出了雷达对各种火炮的合理采样间隔时间 t_p、不合理采样间隔

时间 t'_p、采样时间间隔的最大值 t''_p 和相应的距离弹径比 R/D 等参数。

表 7-16　测速雷达对各种火炮的相关参数

序号	火炮型号	初速 V_0/(m/s)	加速度 V/(m/s)	t_y/ms	t'_p/ms	t''_p/ms	t_p/ms	R/D
1	100mm 高炮	900	−71.11	100	13	40	25	2925
2	100mm 舰炮(海单)	870	−78.66	100	11	40	22	2593
3	100mm 舰炮(海双)	925	−61.50	120	15	50	30	3607
4	100mm 滑喷炮(碳甲弹)	1050	−153.52*	150	7	40	15	2993
5	100mm 滑喷炮(希榴弹)	1500	−303.21*	150	5	40	10	3600
6	130mm 加农炮	930	−49.89	120	20	50	40	3434
7	152mm 加榴炮	655	−32.90	120	20	70	40	2068
8	新 155mm 自行加榴炮	900	−46.90*	120	20	60	40	2787
9	122mm 榴弹炮	515	−34.36	90	15	40	30	1520
10	85 加农炮破甲弹	845	−104.61*	120	10	40	20	2982
11	85mm 加农炮杀伤榴弹	793	−42.06*	120	20	40	40	4478
12	57mm 高射炮	960	−197.46	50	5	40	20	2358
13	37mm 高射炮	1000	−178.9	40	5	20	10	3514
14	60mm 迫击炮	138	−8.46	160	35	100	80	2024
15	60mm 迫击炮	65	−7.74	160	40	100	80	953
16	82mm 迫击炮	211	−14.67	120	20	80	40	1235
17	100mm 迫击炮	255	−13.36	150	25	100	50	1530
18	120mm 迫击炮	270	−12.21*	150	25	100	50	1350
19	160mm 迫击炮	344	−25.96*	150	25	100	50	1290
20	7.62mm 步枪	730	−551.47	6	1.5	15	3	3161
21	12.7mm 高机	850	−380.14	12	3	15	6	4417

注:加速度栏中,数据后带"＊"的为理论计算值,无"＊"的为根据实弹测速数据推算值

表中雷达作用距离按下式计算:

$$R = V_0(K_0 + N - 1)t_p$$

式中,$K_0 = t_y/t_p$,$N = 10$。

6) 数据处理的截断误差对采样间隔时间的限制

随着采样间隔时间 t_p 的增大,将引起数据处理中的截断误差增大。因此 t_p 不能超过一定的限度。当规定了总误差指标,必须对截断误差数值加以限制。为了获得采样间隔时间 t_p 最大值,对一阶多项式拟合,平滑点数 $N = 15$,外推步数 $K_0 = 5$,并要求截断误差的数值不大于随机误差,则

167

$$t_{p1max} = (2.5 \times 10^{-5} \times V_0 / \ddot{V})^{1/2}$$

对二阶多项式拟合,平滑点数 $N = 48$,外推步数 $K_0 = 5$,并要求截断误差的数值不大于随机误差的 $1/2$,则

$$t_{p2max} = (1.35 \times 10^{-7} \times V_0 / \ddot{V})^{1/3}$$

取

$$t_p'' = (t_{p1max} + t_{p2max})/2$$

对各型号火炮,t_p'' 数值已列入表 7-15。由表 7-15 可知 $t_p' < t_p < t_p''$,这个结果是合理的。

7) 关于采样间隔时间讨论的结论

(1) 不合理采样间隔时间是测量 10 点速度数据的近程测速雷达(其作用距离为 2000 倍弹丸直径)选择参数局限性造成的。这种情况下,雷达测量噪声根方差值和多数火炮弹丸速度增量的数值相当,数字滤波器对这种情况下的噪声滤波能力较弱,计算易发生病态。

(2) 增大数据采样间隔时间是走出近程测速雷达不合理作用距离误区的有效方法。合理采样间隔时间在数值上等于测速雷达随机误差根方差值的 2 倍除以弹丸的加速度值。但采样间隔时间 t_p 的最大值不能超过限定值 t_p''。

(3) 合理采样间隔时间比不合理采样间隔时间大约大一倍。在合理采样间隔时间下,雷达测速距离需增加 45%。要求雷达作用距离大约为 $R = 3000D$。

由于 MVR-1 雷达在设计时留有较大的裕量,其实际作用距离达到 $R = 5000D$,从而使该雷达具有采用合理采样间隔时间的条件。

8) 关于测量点数、采样间隔时间和作用距离讨论的结束语

(1) 对近程测速雷达,满足火炮初速测量精度要求的最少测量点数 $N = 10$。其测量距离 $R = 2000D$ 是不合理作用距离,相应的采样间隔时间是不合理采样间隔时间。此情况下,雷达性能不能较好地发挥。如果选取最少测量点数 $N = 7$,如 DR-810 雷达、M-90 雷达,则作用距离 $R = 2000D$ 基本满足合理采样间隔时间的要求,但无裕量,且初速测量误差 $\sigma_{V_0}/V_0 = 0.12\%$,大于 $\sigma_{V_0}/V_0 \leq 0.1\%$ 的要求。因此,对于 DR-810 雷达和 M-90 雷达,$R = 2000D$ 也不是合理的作用距离。

(2) 在合理采样间隔时间下,一阶多项式拟合的最少测量点数 $N = 10$,相应的作用距离 $R/D = 3000$。

(3) 在合理采样间隔时间下,一阶多项式拟合的最佳平滑点数 $N = 15$,相应的作用距离 $R = 4000D$;二阶多项式拟合的最佳平滑点数 $N = 48$,相应的作用距离 $R = 10000D$。

168

（4）对新型测速雷达的全数字化测速终端，由于在进行信号采集和信号处理时，已选好信号采样点数和信号采样周期，数据采样间隔时间也随之确定。已确定的采样间隔时间对某些火炮可能是不合理的，为此，在设计时，增加了隔点处理功能。

欲使测速雷达的性能得到较好的发挥，要求其作用距离至少应达到 3000 倍弹丸直径；而要想使测速雷达性能发挥得更为理想，则要求雷达作用距离达到10000 倍弹丸直径。

本节只是从系统总体和数据处理角度提出对测速雷达作用距离的要求，并未涉及火炮弹丸的特种性能对雷达作用距离的影响，如火箭弹、底排弹、泄光弹等对雷达电磁波的吸收和衰减作用，会降低雷达作用距离。

说明：

（1）t_y 为首点测量时间（即时延），t_p' 为不合理采样间隔时间，t_p 为合理采样间隔时间，R/D 为距离和弹径之比。

（2）合理采样间隔时间计算公式：$t_p = 2\sigma_V/\dot{V}$，其中 $\sigma_V = 0.001V_0$。

（3）加速度栏中，数据后带"＊"的为理论计算值。

（4）加速度栏中，数据后无"＊"的为根据实弹测速数据推算值。

（5）有些型号的火炮，如新 155mm 自行加榴炮、85mm 高炮、120mm 迫击炮、160mm 迫击炮等，我们未进行过实弹测速，表中所列数据有待验证。

（6）有些火炮有多种装药，或有几个弹种，其弹丸加速度是有差别的，因此所用参数也有差别，实践中应当注意。

（7）t_p'' 是采样间隔时间的最大限。

4. 火炮测速雷达短靶道测速数据失调现象解析

1）问题的由来

火炮测速试验中，由于弹道试验站靶道太短，迫使雷达采用了太小的采样间隔时间；即使在一般靶场和野战炮兵测速试验中，也时常采用不合理的采样间隔时间，这会引起雷达测速数据失调现象，产生"测点模糊数据"，从而使初速计算结果有较大的误差。我们分析了引起雷达测速数据失调现象的原因，提出改进数据处理方法，或增加靶道长度，并采用合理的采样间隔时间，就能消除雷达测速数据失调现象。

早期短靶道试验中，测速设备采用区截装置测速仪。靶道长度一般为 100～200m。由于测速雷达表现了更为优良的测速性能，如测速方法简单、测速精度高、数据输出快、对天候的依赖性小等，而且测速雷达战术指标规定的作用距离是弹丸直径的 2000 倍，与弹道站的靶道长度基本吻合，因此各弹道试验站都选用了测速雷达。测速雷达的应用，确实使短靶道试验方法得到了很大的改进。但由于弹道试验站靶道短，限制了雷达的测量距离，不能更好地发挥测速雷达的使用性能。统计表明，在短靶道测速试验中，大约有 30% 的数据因采用了不合理的采样间隔时间，出现了"测点模糊数据"和误差较大的计算结果。如果用这样的数据评定弹药的弹道性能，将会影响结论的准确性。

2）雷达短靶道测速数据失调现象

测速雷达在短靶道测速的问题之一是测速距离短，从而带来雷达测速时间短、采样间隔时间短的问题。这一问题造成雷达对一些火炮测速数据中，速度随时间变化的规律失调，使初速计算结果有较大的误差。我们称这种现象为"雷达短靶道测速数据失调现象"。

例 1 在某弹道试验站，使用 H 型测速雷达对一批 152 加农榴弹炮弹药进行了雷达测速试验。由于该弹道站靶道长度仅 200m，试验结果出现了"雷达短靶道测速数据失调现象"。现以其中一发弹为例加以说明。该发弹测速时延 $t_y = 140ms$，采样间隔时间 $t_p = 15ms$，最远点测量距离 $R_m = 187.5m$，测速数据见表 7-17 第 2 栏。表中 V_i 为雷达测量数据。其随时间 t 变化的规律如图 7-10 所示。由图可知，V_2、V_3 的数值比 V_1 的数值还大，V_7 的数值比 V_6 的数值还大，我们称 V_2、V_3、V_7 这样的数据为"测点模糊数据"。雷达数字滤波器对测速数据进行了滤波（$\hat{V}_i$ 是滤波器输出值），滤波结果见表 7-16 第 3 栏。虽然把 V_7 修正为合理数据，却不能改变 $\hat{V}_2$、$\hat{V}_3$ 的趋势，它们仍然是"测点模糊数据"（图 7-11）。由此推算出的初速 V_0 也会有一定的偏差。

表 7-17　测速雷达对 152mm 加农榴弹炮测速数据

i	1	2	3	4	5	6	7	8	9	10	V_0
V_i	648.07	648.27	648.38	647.87	646.66	645.64	646.13	645.69	644.36	644.07	—
$\hat{V}_i$	648.11	648.26	648.41	648.13	647.22	646.15	645.99	645.67	644.72	644.13	653.53
$\tilde{V}_i$	649.80	649.24	648.68	648.48	647.91	647.14	646.47	645.84	645.12	644.40	655.56

上例所揭示的雷达在短靶道对 152mm 加榴炮的测速现象，并不是个别弹的现象，而是该批弹普遍存在的一种现象。该批弹药共 33 发，除 1 发弹的数据未通过数据合理性检验外，只有 1 发弹没有"测点模糊数据"，其他 31 发弹共有 78 个"测点模糊数据"，约占总数据量的 27%。其他一些炮种也存在类似的现象。由于存在这种"雷达短靶道测速数据失调现象"，使该批弹药的初速测量结果

170

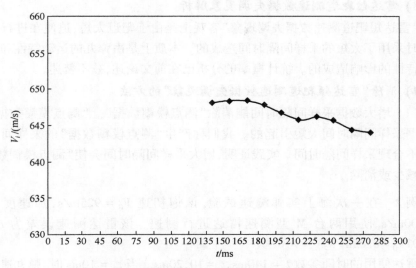

图 7-10　152 加榴炮速度–时间关系曲线(原始测量数据)

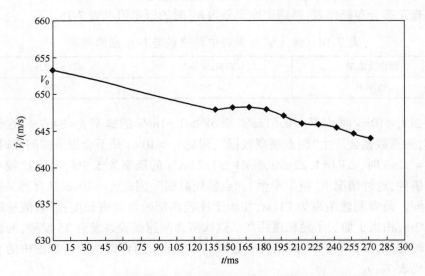

图 7-11　152 加榴炮速度–时间关系曲线("测点模糊数据"消除前)

有 $-5.36 \sim +1.10 \text{m/s}$ 的初速误差,初速平均误差为 -1.62m/s。这样大的初速误差在最大射程(射角 $45°$)时,可能带来 46m 的射程误差,从而会较严重地影响火炮对目标的射击效果。

3) 雷达短靶道测速数据失调现象解析

"雷达短靶道测速数据失调现象"客观上是由于靶道太短,迫使在进行雷达测速时采用了太短的采样间隔时间造成的。本质上是由弹丸的运动特性和雷达噪声特性的影响造成的。统计概率的分析已在前文论述,兹不赘述。

4) 消除"雷达短靶道测速数据失调现象"的方法

(1) 增大数据采样间隔时间能消除"测点模糊数据"。"测点模糊数据"是由数据采样间隔时间太短引起的。我们称产生"测点模糊数据"的采样间隔时间为不合理采样间隔时间。实践证明,增大采样间隔时间会使"测点模糊数据"得到减少或消除。

例 2 在一次海上实弹测速试验,该炮初速 $V_0 = 925 \text{m/s}$,加速度 $\dot{V} = -61.00 \text{m/s}$。使用两台 M 型测速雷达进行测速。该雷达测速误差为 $\sigma_V = 0.0007 V_0 = 0.65 \text{m/s}$。

雷达使用的时间参数 $t_y = 140 \text{ms}$,$t_p = 10, 20 \text{ms}$。当 $t_p = 10 \text{ms}$ 时,弹丸速度增量 $\Delta V = -0.61 \text{m/s}$;当 $t_p = 20 \text{ms}$ 时,弹丸速度增量 $\Delta V = -1.22 \text{m/s}$。

查正态分布概率表,得到速度误差为 δV 时的概率值见表 7-18。

表 7-18　海上试验实例中测速误差和对应的概率

测速误差 δV	$|\delta V| > 0.61 \text{m/s}$	$|\delta V| > 1.22 \text{m/s}$
概率 P	34.7%	5.7%

当 $t_p = 10 \text{ms}$ 时,$|\Delta V| = 0.61 \text{m/s}$,而 $|\delta V| > 0.61 \text{m/s}$ 的概率 $p = 34.7\%$,这种情况下,测速数据会产生"测点模糊数据",因此 $t_p = 10 \text{ms}$ 是不合理采样间隔时间;当 $t_p = 20 \text{ms}$ 时,$|\Delta V| = 1.22 \text{m/s}$,而 $|\delta V| > 1.22 \text{m/s}$ 的概率为 5.7%,是个比较小的概率事件,这种情况下,很少产生"测点模糊数据",因此 $t_p = 20 \text{ms}$ 是合理采样间隔时间。前者测速距离为 211m,相当于比较典型的短靶道长度;后者测速距离为 293m,相当于加长了短靶道距离。这次实弹测速试验共发射 25 发弹,两台雷达同时测量,一台取 $t_p = 10 \text{ms}$,另一台取 $t_p = 20 \text{ms}$。两台雷达测速数据中的有关情况见表 7-19。

表 7-19　海上试验实例中两台雷达测速数据统计

序号	项　　目	1#雷达 $t_p = 20 \text{ms}$	2#雷达 $t_p = 10 \text{ms}$
1	数据录取率	100%	80%
2	野值率	17.4%	32.8%
3	测点模糊数据	1个	26个

$2^\#$雷达由于$t_p = 10\text{ms}$,是不合理采样间隔时间,有 26 个"测点模糊数据",数据处理结果有两发弹的数据误差异常、三发弹数据无吻合值,无法处理出结果。而$1^\#$雷达$t_p = 20\text{ms}$,为合理采样间隔时间,其数据中只有一个"测点模糊数据",野值率也较小,因此数据录取率和测速精度都较高。

由此可知:"测点模糊数据"是由不合理采样间隔时间引起的,减少或消除"测点模糊数据"的有效方法就是增大弹丸在采样时间内的速度增量(指绝对值)。其具体做法就是增大采样间隔时间t_p。一般使弹丸速度增量$|\Delta V| \geqslant 2\sigma_V$,就能使发生"测点模糊数据"的概率下降到$p \leqslant 4.6\%$。合理采样间隔时间按下式计算:

$$t_p = 2\sigma_V / |\dot{V}|$$

表 7-16 给出了雷达对各种火炮的不合理采样间隔时间t_p'、合理采样间隔时间t_p和相应的测速距离R。随着采样间隔时间t_p的增大,将引起数据处理中的截断误差增大,因此t_p不能超过一定的限度。当考虑截断误差的影响时,给出了合理采样间隔时间的上限t_p''。对各型号火炮,t_p''数值已列入表 7-15。

由表 7-15 可知,$t_p' < t_p < t_p''$。

(2)增加靶道长度。增大采样间隔时间,就是要增大雷达测速的距离R。对于某些弹道站来说,就是要增加靶道长度。某战区弹道试验站原靶道长度仅 130m。该弹道站在 1994 年将靶道长度扩建到 300m,从而使雷达测速试验能取得较好的试验效果。

增加靶道长度要考虑各种因素的影响,主要有:①首点测量时间t_y,应选在在后效期结束后,火炮发射时的喷焰及其流场对雷达电磁波影响基本消失之时,相应的距$R_y = V_0 t_y$;②雷达测速点数应能保证外推初速时,达到要求的精度,如对初速精度为 0.1%,这时的最少测量点数$N = 10$;③采样间隔时间满足合理采样间隔时间的要求,即$t_p' < t_p < t_p''$。

综合以上各项,雷达测量的距离也就是靶道长度为

$$R = V_0 (K_0 + N - 1) t_p$$

式中:外推步数$K_0 = t_y / t_p$;平滑点数$N = 10$。

合理采样间隔时间t_p的数值可参考表 7-15 中的数据。

(3)改进数据处理方法。改进数据处理方法,也可减少"测点模糊数据"的影响。具体作法是采用改变数据合理性检验的阈值,进行多次检验滤波处理。

作为改进的数据处理方法,减少"测点模糊数据"的实例,仍用例 1 的测速数据,见例 3。

例 3 延迟时间$t_y = 140\text{ms}$,测点间隔时间$t_p = 15\text{ms}$,最大测量距离

$R_m = 187.5\text{m}$,测速数据见表 7-15 第 2 栏。其随时间变化的规律如图 7-11 所示。$\hat{V}_i$ 是首次滤波输出值,见表 7-15 第 3 栏,其随时间变化的规律见图 7-11;$\tilde{V}_i$ 是末次滤波输出值,见表 7-15 第 4 栏。经过多次滤波后,"测点模糊数据"已被消除(图 7-12)。

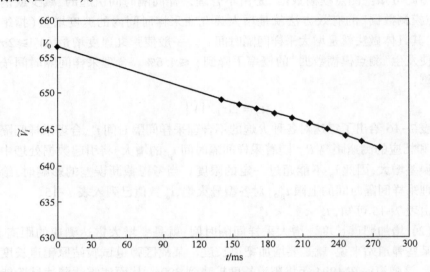

图 7-12 152mm 加榴炮速度–时间曲线("测点模糊数据"消除后)

5) 讨论雷达短靶道测速数据失调现象结束语

本节提出的两种消除"雷达短靶道测速数据失调现象"的方法都是有效的。增加靶道长度需要一定的投资,改进数据处理方法,对消除"测点模糊数据"很有效。此法只需改进软件,投资较少。

炮兵实弹测速和各种靶场测速,如果使用了不合理采样间隔时间,也会产生"测点模糊数据",从而产生测速数据失调现象。为此我们建议有关方面,采用本章表 7-15 给出的合理采样间隔时间 t_P。

第 8 章　外测设备随机误差计算方法

8.1　计算随机误差方法引言

外测设备的测量精度是设备的主要性能指标。测量精度是由随机误差和系统误差构成的。在外测设备研制和试验中,对系统精度的测试分析表明,其随机误差和系统误差是都不能忽视的。由于一些设备的系统误差可以校准,而随机误差成了外测设备的主要误差因素。因此,分析计算随机误差,寻求压缩随机误差的方法,是一项很重要的工作。此外,掌握所用设备的精度性能,对于衡量满足外测要求和试验方法都有重要的影响。

众所周知,统计估值方法是计算随机误差的基本手段。对于不随时间变化的观测值,可采用 Basel 方法计算随机误差;对于随时间变化的量,如火炮弹丸出炮口后的飞行速度,其观测值的随机误差,则需用变量差分法进行计算。变量差分法既可用于计算不随时间变化的观测量的随机误差,也可用于计算随时间变化的观测量的随机误差。变量差分法是分析计算测速雷达随机误差的方便而有效的方法。本章以火炮测速雷达为例,阐述对外测设备的测量参数运用变量差分方法计算其随机误差的原理、方法及实际操作程式。

8.2　变量差分法计算随机误差的原理

1. 变量差分方法

当观测飞行目标时,目标的飞行弹道上各时刻对应着大量的观测数据视为观测数据的总体,雷达测量的 N 个观测数据视为总体中的有限子样。设测量设备的观测模型为

$$V_i = P_i + \varepsilon_i \tag{8-1}$$

式中:V_i 为设备的观测值;$i = 1, 2, \cdots, N$ 为测点序号;P_i 为 q 阶多项式;ε_i 为观测

噪声,且服从正从正态分布 $N(0, \sigma_v^2)$;系统误差包括在多项式 P_i 之中。

当用变量差分法计算观测数据的随机误差时,可以用逐次差分的方法消除观测数据中的系统误差成分,从而分离出观测数据的随机误差成分,并估计其根方差。q 阶多项式具有这样的特点:$q+1$ 阶差分为零。因此,对 N 个观测值,作各阶向前差分,有

$$
\begin{array}{ccccccc}
V_1 & V_2 & V_3 & V_4 & V_5 & \cdots & V_N \\
\Delta V_1 & \Delta V_2 & \Delta V_3 & \Delta V_4 & \cdots & \Delta V_{N-1} & \\
& \Delta^2 V_1 & \Delta^2 V_2 & \Delta^2 V_3 & \cdots & \Delta^2 V_{N-2} & \\
& & \Delta^3 V_1 & \Delta^3 V_2 & \cdots & \Delta^3 V_{N-3} & \\
& & \cdots & \cdots & \cdots & &
\end{array}
\tag{8-2}
$$

式中:各阶差分为

$$
\begin{cases}
\Delta V_i = V_i - V_{i+1} \\
\Delta^k V_i = \Delta^{k-1} V_i - \Delta^{k-1} V_{i+1}
\end{cases}
$$

当不考虑随机误差项时,目标 V_i 的观测模型为

$$
V_{i+1} = V_i + \dot{V}_i T_p + \frac{1}{2} \ddot{V}_i T_p^2 + \frac{1}{6} \dddot{V}_i T_p^3 + \cdots
$$

式中:T_p 为 V_i 的测点间隔时间(假设为等间隔时间);$\dot{V}_i$、$\ddot{V}_i$、$\dddot{V}_i$ 分别为 V_i 的各阶变化率。

当为一阶多项式时,$\dot{V}_i$ 常数,$\ddot{V}_i = \dddot{V}_i = 0$,则一阶差分 $\Delta V_i = - \dot{V}_i T_p$,二阶差分 $\Delta^2 V_i = 0$。

当为二阶多项式时,$\ddot{V}_i =$ 常数。$\dddot{V}_i = 0$,则一阶差分 $\Delta V_i = -\dot{V}_i T_p - \frac{1}{2} \ddot{V}_i T_p^2$,二阶差分 $\Delta^2 V_i = - \ddot{V}_i T_p^2$,三阶差分 $\Delta^3 V_i = 0 \cdots\cdots$

这时,关于 V_i 的 $p = q+1$ 阶差分中非随机项 P_i 的影响已经消失。事实上,此时的差分值并不为 0,这是由测量随机误差 ε_i 引起的。可以推出,V_i 的 p 阶差分为

$$
\Delta^p V_i = \sum_{v=0}^{p} (-1)^v C_p^v V_{i+p-v}
\tag{8-3}
$$

其中

$$
C_p^v = \frac{p!}{v!(p-v)}, i = 1, 2, \cdots, N
$$

当差分阶数 $p \geqslant q+1$ 时,

176

$$\Delta^p V_i = \Delta^p \varepsilon_i = \sum_{v=0}^{p} (-1)^v C_p^v V_{i+p-v} \qquad (8-4)$$

2. 变量差分的性质

由于 $\Delta^p V_i$(即 $\Delta^p \varepsilon_i$)是 ε_i 的线性组合,$\Delta^p V_i$ 仍是正态随机变量。它具有以下概率特性:

(1) p 阶差分的数学期望为零,即 $E[\Delta^p V_i]=0$,这说明 $\Delta^p V_i$ 必然围绕零取值,时而正,时而负,均值为零。

(2) $\Delta^p V_i$ 的方差为 $D[\Delta^p V_i]=C_{2p}^p \sigma_V^2$,当 $p=2$ 时,$D[\Delta^2 V_i]=6\sigma_V^2$。

$$(8-5)$$

这个性质表明,p 阶差分是围绕零分布的一种散布,如果 σ_V 已知,当 V_i 为正态分布随机变量时,由测速随机误差引起的 p 阶差分的摄动,介于 $\pm 3\sqrt{C_{2p}^p}\,\sigma_V$ 之间。

(3) $\Delta^p V_i$ 服从正态分布 $N(0, C_{2p}^p \sigma_V^2)$。

(4) p 阶差分的各分量 $\Delta^p V_i$ 是互相独立的随机变量。

对于性质(4)可以这样来认识:由于是互相独立的变量,线性变换后为 $\Delta^p v_1, \Delta^p v_2, \cdots, \Delta^p v_N$。对于正态随机变量,独立和不相关是等价的。因而只要 $\Delta^p V_i$ 不相关,即表明 $\Delta^p N_i$ 互相独立。根据协方差定义:

$$\text{COV}(\Delta^p V_i, \Delta^p V_j) = E(\Delta^p V_i - E\Delta^p V_i)(\Delta^p V_i - E\Delta^p V_j), (i \neq j)$$

由性质(1):

$$E(\Delta^p V_i) = E(\Delta^p V_j) = 0$$

故

$$\text{COV}(\Delta^p V_i, \Delta^p V_j) = E(\Delta^p V_i \Delta_j^V) = E(\Delta^p V_i)E(\Delta^p V_j) = 0$$

可见,$\Delta^p V_i$ 与 $\Delta^p V_j$ 不相关,也即互相独立。这就证明了性质(4)。在置信区间估计中,χ^2-分布变量要求正态和互相独立的条件,因而这个性质是有用的。

3. 计算随机误差的基本计算公式

可以证明测速数据 V_i 的 p 阶差分 $\Delta^p V_i$ 平方之和为

$$E\left(\sum_{i=1}^{N-p} (\Delta^p V_i)^2 \right) = (N-p) C_{2p}^p \sigma_v^2 \qquad (8-6)$$

177

从这个结果可知

$$S_p^2 = \frac{1}{(N-p)C_{2p}^p} \sum_{i=1}^{N-p} (\Delta^p V_i)^2 \qquad (8-7)$$

即是观测数据的随机误差的方差 σ_v^2 的无偏估计,而根方差 σ_v 可用下式估计:

$$S_p = \left[\frac{1}{(N-p)C_{2p}^p} \sum_{i=1}^{N-p} (\Delta^p V_i)^2 \right]^{1/2} \qquad (8-8)$$

当 $p=2$ 时,$C_{2p}^2 = C_4^2 = 6$,则

$$S_V = S_2 = \left[\frac{1}{6(N-p)} \sum_{i=1}^{N-p} (\Delta^2 V_i)^2 \right]^{1/2} \qquad (8-9)$$

式(8-7)~式(8-9)就是用变量差分法计算测量数据随机误差的基本公式。

8.3 变量差分法差分阶数的选取

1. 比较不同阶次的 S_p^2 判断多项式阶数

差分阶数的选取,实质上是多项式阶数的统计识别问题。在式(8-8)中,当 $p \geqslant q+1$ 时,$S_p^2, S_{p+1}^2, \cdots$ 常常近似于 σ_V^2,于是

$$S_p^2 / S_{p+1}^2 \approx 1$$

在实际应用中,可作出如下序列:

$$S_1^2 / S_2^2, \cdots, S_p^2 / S_{p+1}^2, \cdots$$

如果从某一个 S_p^2 起,发现其值变化不大,便可认为 V_i 的非随机部分已经消失。这时便可认为多项式为 $p-1$ 阶的。

2. 用 F 检验方法判断多项式阶数

下面推荐一种用统计假设检验来判断多项式阶数的方法。

取 V_i 的两个差分序列:

$\{\Delta^p V_r\}$:$r = i, i+(2p+3), i+2(2p+3), \cdots, i+(j-1)(2p+3)$

$\{\Delta^{p+1} V_s\}$:$s = i+p+1, i+p+1+(2p+3), \cdots, i+p+1+(j-1)(2p+3)$

在上述两个序列中,i 可以取 $1 \sim 2p+3$ 中任何整数值。

$\{\Delta^p V_r\}$ 和 $\{\Delta^{p+1} V_s\}$ 的选取主要是为了不使用公共的 V_i,因此 $\Delta^p V_r$ 和 $\Delta^{p+1} V_s$ 是互相独立的。为此,作统计量:

178

$$F = \frac{j\sum_{r \in I_r}(\Delta^p V_r)^2/D[\Delta^p V_r]}{j\sum_{s \in I_s}(\Delta^{p+1}V_s)^2/D[\Delta^{p+1}V_s]}$$

当 $p \geq q+1$ 时,可得

$$F = \frac{2(2p+1)}{p+1} \cdot \frac{\sum_{r \in I_r}(\Delta^p V_r)^2}{\sum_{s \in I_s}(\Delta^{p+1}V_s)^2} \qquad (8-10)$$

式中,I_r、I_s 分别为 r、s 的集合。

F 为 F-分布的随机变量,其自由度为 $(j-1,j-1)$。F 的概率密度为

$$f(F) = \frac{\Gamma\left(\frac{\mu+\nu}{2}\right)}{\Gamma\left(\frac{\mu}{2}\right)\Gamma\left(\frac{\nu}{2}\right)}\left(\frac{\nu}{\mu}\right)^{\nu/2}\frac{F \cdot \frac{\nu-2}{2}}{\left(1+\frac{\nu}{\mu}F\right)^{\frac{\mu+\nu}{2}}}, F>0 \qquad (8-11)$$

其中,$\nu=j-1$,$\mu=j-1$。

因此,可建立如下假设检验准则:

设有原假设 H_0 对 V_i 进行 p 阶差分后,非随机项消失。那么在 H_0 为真的情况下,令

$$P\{F > F_\alpha \mid H_0\} = \alpha \qquad (8-12)$$

取 $\alpha=1\% \sim 5\%$,对应的 F_α 可查表得到。如果所算得的 $F>F_\alpha$,则拒绝假设 H_0;如果 $F \leq F_\alpha$,则采纳假设 H_0,即认为 V_i 的多项式阶数 $q=p-1$ 阶。当拒绝假设 H_0 时,即以 $p+1$ 阶换 p 阶,以更高的差分阶数进行检验,直到作出结论为止。

以上两种方法对判断多项式阶数都有效。事实证明,各类火炮弹丸在中近程雷达测速范围内,其 V-t 曲线变化规律,都符合一阶多项式。因此,在运用变量差分法计算测速雷达随机误差时,宜采用二阶差分公式:

$$S_V = \left[\frac{1}{6(N-2)}\sum_{i=1}^{N-2}(\Delta^2 V_i)^2\right]^{1/2} \qquad (8-13)$$

8.4　随机误差变量差分算法的统计分析

1. 观测数据精度的误差和样本容量的关系

由于观测数据的 p 阶差分 $\Delta^p V_i$ 服从正态分布 $N(0,\sigma^2_{\Delta^p V})$,$\sigma^2_{\Delta^p V}=C^p_{2p}\sigma^2_V$,其子样方差为 $S^2_{\Delta^p V}$,而 $nS^2_{\Delta^p V}/\sigma^2_{\Delta^p V}$ 为 $n-1$ 自由度的 χ^2-分布变量。

令 $X = \Delta^p V$, 其根方差的概率密度函数为

$$\frac{2nx}{\sigma_x^2} k_{n-1}\left(\frac{nx^2}{\sigma_x^2}\right)$$

式中, $k_{n-1}\left(\dfrac{nx^2}{\sigma_x^2}\right)$ 为 $n-1$ 自由度 χ^2-分布变量的概率密度。

S_x 的数学期望为

$$E[S_x] = \int_0^\infty \frac{2nx}{\sigma_x^2} k\left(\frac{nx^2}{\sigma_x^2}\right) \mathrm{d}x$$

$$= \frac{n^{\frac{n-1}{2}}}{2^{\frac{n-3}{2}} \Gamma\left(\dfrac{n-1}{2}\right) \sigma_x^{n-1}} \int_0^\infty x^{n-1} \mathrm{e}^{-\frac{n}{2\sigma_x^2}x^2} \mathrm{d}x$$

令

$$\sqrt{\frac{nx^2}{2\sigma_x^2}} = \sqrt{t}$$

则

$$x = \left(\frac{2\sigma_x^2}{n} t\right)^{1/2}$$

于是

$$E[S_x] = \sqrt{\frac{2}{n}} \frac{\sigma_x}{\Gamma\left(\dfrac{n-1}{2}\right)} \int_0^\infty t^{\frac{n}{2}-1} \mathrm{d}t = \sqrt{\frac{2}{n}} \frac{\Gamma\left(\dfrac{n}{2}\right)}{\Gamma\left(\dfrac{n-1}{2}\right)} \sigma_x$$

由于

$$E[S_x^2] = \frac{n-1}{n} \sigma_x^2$$

因此 S_x 的方差为

$$D[S_x] = E[S_x^2] - (E[S_x])^2 = \left[\frac{n-1}{n} - \frac{\Gamma^2\left(\dfrac{n}{2}\right)}{\Gamma^2\left(\dfrac{n-1}{2}\right)} \cdot \frac{2}{n}\right] \sigma_x^2 \quad (8\text{--}14)$$

根据观测数据 V_i 的 p 阶差分性质(2),和 $\sigma_{\Delta^p V}^2 = C_{2p}^p \sigma_v^2$ 和 $S_{\Delta^p N}^2 = C_{2p}^p S_V^2$ 且 $n = N - p$, N 为采样点数,所以

$$D[S_V] = \left[\frac{N-p-1}{N-p} - \frac{\Gamma^2\left(\frac{N-p}{2}\right)}{\Gamma^2\left(\frac{N-p-1}{2}\right)} \cdot \frac{2}{N-p} \right] \sigma_V^2 \qquad (8-15)$$

式中, Γ 函数可由下式给出:

$$\Gamma\left(\frac{N-p}{2}\right) = \left(\frac{N-p-2}{2}\right)! \qquad (8-16)$$

$$\Gamma\left(\frac{N-p-1}{2}\right) = (N-p-3)!! \ \sqrt{\pi} 2^{-\frac{N-p-2}{2}} \qquad (8-17)$$

这里,要求 N 为偶数,且要求 $N>p+3$ 。

将式(8-16)、式(8-17)代入式(8-15)得

$$D[S_V] = \left\{ \frac{N-p-1}{N-p} - \left[\frac{\left(\frac{N-p-2}{2}\right)!}{(N-p-3)!!} \right]^2 \cdot \frac{2^{N-p-1}}{(N-p)p} \right\} \sigma_V^2 \quad (8-18)$$

则 S_V 的根方差为

$$D_{S_V} = \left\{ \frac{N-p-1}{N-p} - \left[\frac{\left(\frac{N-p-2}{2}\right)!}{(N-p-3)!!} \right]^2 \cdot \frac{2^{N-p-1}}{(N-p)p} \right\}^{1/2} \sigma_V \quad (8-19)$$

当差分阶数 $p=2$ 时,则

$$\sigma_{S_V} = \left\{ \frac{N-3}{N-2} - \left[\frac{\left(\frac{N-4}{2}\right)!}{(N-5)!!} \right]^2 \cdot \frac{2^{N-3}}{(N-2)p} \right\}^{1/2} \sigma_V \quad (8-20)$$

式中,阶乘按下式计算:

$$\left(\frac{N-4}{2}\right)! = 1 \cdot 2 \cdot \dots \cdot \frac{N-4}{2}$$

$$(N-5)!! = 1 \cdot 3 \cdot 5 \cdot \dots \cdot (N-5)$$

表 8-1 给出了 σ_{S_V} 和 N 的数值。

表 8-1 σ_{S_V} 和 N 的数值表

N	10	20	30	40	50	60	70	80	90	100
σ_{S_V}	$0.240\sigma_V$	$0.165\sigma_V$	$0.133\sigma_V$	$0.114\sigma_V$	$0.102\sigma_V$	$0.093\sigma_V$	$0.086\sigma_V$	$0.080\sigma_V$	$0.075\sigma_V$	$0.071\sigma_V$

由 σ_{S_V}-N 数值表和图 8-1 可知:当 $N=50$ 时, S_V 的误差仅为数 10%。继续增大样本量 N,已没有明显的效益。由此可知,当取样本量 $N=50$ 时,由变量差分法计算的测量随机误差,已经相当精确。因此,在实际应用中,一般都取样本

量 $N = 50$。

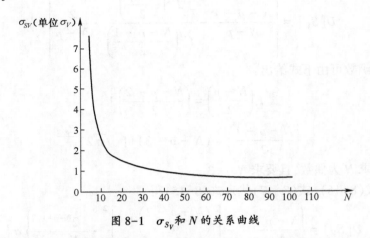

图 8-1 σ_{S_V} 和 N 的关系曲线

用变量差分法估计的测量随机误差,要用多少个数据(样本量)才有效?计算结果的可靠性有多大?其误差范围有多大?这些问题归结为:估计正态总体方差所要求的样本量、置信概率和置信界的问题。

根据有关论述可知:测速数据的 p 阶差分为正态随机变量。性质(3)指出,$\Delta^p V_i$ 服从正态分布 $N(0, C_{2p}^p \sigma_V^2)$。根据方差的定理知,速度 V_i 的二阶差分 $\Delta^2 V_i$ 方差为

$$\sigma_{\Delta^2 V}^2 = E[(\Delta^2 V)^2] - [E(\Delta^2 V)]^2 \tag{8-21}$$

式中,$\Delta^2 V_i$ 的数学期望 $E[\Delta^2 V] = 0$。

所以

$$\sigma_{\Delta^2 V}^2 = E[(\Delta^2 V)^2] \tag{8-22}$$

这里,$E[(\Delta^2 V)^2]$ 表示 $(\Delta^2 V)^2$ 的数学期望。$E[(\Delta^2 V)^2]$ 的统计估计为

$$S_{\Delta^2 V}^2 = \frac{1}{N-2} \sum_{i=1}^{N-2} (\Delta^2 V_i)^2 \tag{8-23}$$

作统计量 $(N-2)S_{\Delta^2 V}^2 / \sigma_{\Delta^2 V}^2$,它是具有$(N-3)$个自由度的$\chi^2$-分布变量。于是

$$P\{(N-2)S_{\Delta^2 V}^2 / \sigma_{\Delta^2 V}^2 > \chi_{1-\alpha}^2(N-3)\} = 1 - \alpha$$

即

$$P\{\sigma_{\Delta^2 V}^2 < (N-2)S_{\Delta^2 V}^2 / \chi_{1-\alpha}^2(N-3)\} = 1 - \alpha \tag{8-24}$$

式中:α 为置信水平;$1-\alpha$ 为置信概率;$\chi_{1-\alpha}^2(N-3)$ 为置信概率是 $1-\alpha$ 自由度是 $(N-3)$ 的 χ^2-分布变量。

称

182

$$C = \left[\sum_{i=1}^{N-2} (\Delta^2 V)^2 \bigg/ \chi_{1-\alpha}^2 (N-3) \right]^{1/2} \text{为} \sigma_{\Delta^2 V} \text{的置信上界；}$$

$$C = \left\{ \sum_{i=1}^{N-2} (\Delta^2 V)^2 \bigg/ \left[6\chi_{1-\alpha}^2 (N-3) \right] \right\}^{1/2} \text{为} \sigma_V \text{的置信上界。}$$

易知

$$N = 2 + \frac{C^2}{S_V^2} \chi_{1-a}^2 (N-3) \qquad (8\text{-}25)$$

如果能确定一个适当的比值 C/S_V，给定置信水平 α，就能获得样本量 N 的数值。置信概率为期 95%，不同样本量 N 下的置信上界与统计方差的比值见表8-2。

表 8-2 $1-\alpha = 95\%$ 时，N、C/S_V 数值表

N	10	20	30	40	50	60	70	80
C/S_V	1.921	1.441	1.317	1.256	1.220	1.200	1.180	1.160

$C/S_V = 1.22$ 是比较合适的值，因此取样本量 $N = 50$。

当 $C/S_V = 1.22$ 时，样本量 N 和上界方差比 C/S_V 的数值见表 8-3。

表 8-3 $C/S_V = 1.22$ 时，N、$1-\alpha$ 数值表

N	10	20	30	40	50	60	70	80
$1-\alpha$	0.617	0.784	0.870	0.920	0.950	0.966	0.978	0.984

由表 8-3 数值可知，虽然各样本量 N 下，比值 $C/S_V = 1.22$，但置信概率各不相同。当要求置信概率 $1-\alpha = 95\%$ 时，仍应取样本量 $N = 50$。

推断：当进行雷达测速误差测试时，要求对测试结果的置信概率为 95%，且所得测试结果的误差不超过 22%，则需获得用于计算测速随机误差样本量 $N = 50$。

2. 测速随机误差变量差分算法之例

某次舰炮弹丸速度测试中，获得 $N = 88$ 一组速度数据。对这组数据计算随机误差并进行统计分析。

（1）测速数据及各阶差分值，见表8-4。

（2）判定多项式阶数，计算测速随机误差。

由

$$S_p^2 = \frac{1}{(N-p)C_{2p}^p} \sum_{i=1}^{N-p} (\Delta^p V_i)^2$$

算得

$$\begin{cases} S_0^2 = \dfrac{1}{2 \times 87} \sum_{i=1}^{87} (\Delta V_i)^2 = 0.6459 \\[3mm] S_1^2 = \dfrac{1}{6 \times 86} \sum_{i=1}^{86} (\Delta^2 V_i)^2 = 0.007606 \\[3mm] S_2^2 = \dfrac{1}{20 \times 85} \sum_{i=1}^{85} (\Delta^3 V_i)^2 = 0.007321 \end{cases}$$

显然

$$S_1^2/S_2^2 = 1.04 \approx 1$$

因此，V_i-t 符合一阶多项式规律。则测速随机误差为

$$\begin{cases} S_V^2 = S_1^2 = 0.007606 \\ S_V = 0.08721 \text{m/s} \end{cases}$$

表 8-4　测速数据及各阶差分值

i	1	2	3	4	5	6	7	8	9	10	11
V_i	862.15	860.89	859.75	858.33	857.10	855.53	854.45	853.02	851.74	850.49	849.28
ΔV_i	1.26	1.14	1.42	1.23	1.57	1.08	1.41	1.28	1.25	1.21	0.71
$\Delta^2 V_i$	0.12	-0.28	0.19	-0.34	0.49	-0.33	0.13	0.03	0.04	0.50	-0.74
$\Delta^3 V_i$	0.40	-0.47	0.53	-0.83	0.82	-0.46	0.10	-0.01	-0.46	1.24	-0.90
i	12	13	14	15	16	17	18	19	20	21	22
V_i	848.57	847.12	845.83	844.55	843.33	842.11	840.92	839.73	838.57	837.39	836.23
ΔV_i	1.45	1.29	1.28	1.22	1.22	1.19	1.19	1.16	1.18	1.16	1.20
$\Delta^2 V_i$	0.16	0.01	0.06	0.00	0.03	0.00	0.03	-0.02	0.02	-0.04	-0.01
$\Delta^3 V_1$	0.15	-0.05	0.06	-0.03	0.03	-0.03	0.05	-0.04	0.06	-0.03	-0.10
i	23	24	25	26	27	28	29	30	31	32	33
V_i	835.03	833.82	832.70	831.52	830.33	829.16	828.00	826.82	825.68	824.54	823.33
ΔV_i	1.21	1.12	1.18	1.19	1.17	1.16	1.18	1.14	1.14	1.21	1.15
$\Delta^2 V_i$	0.09	-0.06	-0.01	0.02	0.01	-0.02	0.04	0.00	-0.07	.06	-0.06
$\Delta^3 V_i$	0.15	-0.05	-0.03	0.01	0.03	-0.06	0.04	0.07	-0.13	0.12	-0.09
i	34	35	36	37	38	39	40	41	42	43	44
V_i	822.18	820.97	819.79	818.70	817.67	816.59	815.43	814.32	813.21	812.05	811.05
ΔV_i	1.21	1.18	1.09	1.03	1.08	1.16	1.11	1.11	1.16	1.00	1.09

i	34	35	36	37	38	39	40	41	42	43	44
$\Delta^2 V_i$	0.03	0.09	0.06	-0.05	-0.08	0.05	0.00	-0.05	0.16	-0.09	-0.11
$\Delta^3 V_i$	-0.06	0.03	0.11	0.03	-0.13	0.05	0.05	-0.21	0.25	0.02	-0.28
i	45	46	47	48	49	50	51	52	53	54	55
V_i	809.96	808.76	807.73	806.47	805.37	804.15	803.43	802.23	801.03	799.95	798.81
ΔV_i	1.20	1.03	1.26	1.10	1.22	0.72	1.20	1.20	1.08	1.14	1.12
$\Delta^2 V_i$	0.17	-0.23	0.16	-0.12	0.50	-0.48	0.00	0.12	-0.06	0.02	-0.04
$\Delta^3 V_i$	0.40	-0.39	0.28	-0.62	0.98	-0.48	-0.12	0.18	-0.08	0.06	-0.16
i	56	57	58	59	60	61	62	63	64	65	66
V_i	797.69	796.53	794.32	793.23	792.16	791.04	790.39	789.27	788.15	787.22	786.02
ΔV_i	1.16	1.04	1.17	1.0	1.07	1.12	0.65	1.12	1.12	0.93	1.20
$\Delta^2 V_i$	0.12	-0.13	0.08	0.02	-0.05	0.47	-0.47	0.00	0.19	-0.27	0.12
$\Delta^3 V_i$	0.25	-0.21	0.06	0.07	-0.52	0.94	-0.47	-0.19	0.46	-0.39	0.26
i	67	68	69	70	71	72	73	74	75	76	77
V_i	786.02	784.94	783.72	782.77	781.59	780.65	779.76	778.58	777.37	776.71	775.56
ΔV_i	1.08	1.22	0.95	1.18	0.94	0.89	1.18	1.21	0.66	1.15	1.13
$\Delta^2 V_i$	-0.14	0.27	-0.23	0.24	0.05	-0.29	-0.03	0.55	-0.49	0.02	0.05
$\Delta^3 V_i$	-0.41	0.50	-0.47	0.19	0.34	-0.26	-0.58	1.04	-0.51	-0.03	0.04
i	78	79	80	81	82	83	84	85	86	87	88
V_i	774.47	773.36	772.30	771.38	770.54	769.28	768.14	767.10	766.27	765.26	764.13
ΔV_i	1.07	1.06	0.92	0.84	1.26	1.14	1.04	0.83	1.01	1.13	
$\Delta^2 V_i$	0.01	0.14	0.08	-0.42	0.12	0.10	0.21	-0.18	-0.12		
$\Delta^3 V_i$	-0.13	0.06	0.50	-0.54	0.02	-0.11	0.39	0.06			

（3）统计分析。

设置信概率为 95%，计算不同样本量 N 下的置信上界 C。

对于一阶多项式：

$$C = \left[\frac{\sum_{i=1}^{n-2} (\Delta^2 V_i)^2}{6 \chi_{0.95}^2 (N-3)} \right]^{1/2} \tag{8-26}$$

计算结果列入表 8-5。

表 8-5　测速随机误差统计分析数值表

N	10	20	30	40	50	60	70	80	90
S_V^2	0.01274	0.01334	0.00867	0.00654	0.00581	0.00633	0.00702	0.00771	0.00761
$\chi_{0.95}^2(N-3)$	2.167	8.672	16.151	24.100	32.300	40.600	49.200	57.800	64.700
C	0.2168	0.1664	0.1226	0.1016	0.09295	0.09509	0.09848	0.10198	0.10055
C/S_V	1.92	1.44	1.32	1.26	1.22	1.20	1.18	1.16	1.15

推断：当对测速雷达进行随机误差测试时，获得样本量 88。要求置信概率为 95%。从表 8-5 数值可知：样本量 $N>50$ 以后，置信界与统计方差之比 C/S 变化不大。因此取 $N=50$ 作为计算随机误差的样本量是合适的。这样得到雷达对单 100 舰炮弹丸的测速随机误差为

$$S_V = 0.0760\text{m/s}(N = 50)$$

与 $N=88$ 的随机误差相比（$S_V=0.0872\text{m/s}$），其相对误差为

$$\mid \Delta S_V/S_V \mid = 12.8\%$$

3. 小样本量下计算测速随机误差的方法

有的测速雷达只测量 10 点速度值，如果用这种小样本量计算随机误差，其计算结果是置信上界过大，或者是置信概率较小。

对小样本量下计算测速随机误差的解决办法，是将一次试验测量的多发弹速度数据合并起来作为一个较大的样本使用。从而也能获得相当于一个较大样本量的效果。

设对一发弹测速数据的样本量 $N=10$，共有 m 发弹的测速数据。则

$$S_V^2 = \frac{1}{m}\sum_{j=1}^{m} S_{V_j}^2, j = 1, 2, \cdots, m \tag{8-27}$$

式中

$$S_{V_j}^2 = \frac{1}{48}\sum_{i=1}^{8} (\Delta^2 V_{ji})^2 \tag{8-28}$$

这里，$S_{V_j}^2$ 是一批弹中第 j 发弹测速数据算得的方差值。

上述作法之所以可行，有两个根据：

（1）虽然速度是火炮弹丸运动参数，而速度的二阶差分却是由速度中分离出的雷达测速随机误差。其数值大小和分布规律完全来源于雷达本身的属性和环境条件对雷达的影响。因此，把一次实弹测速条件下获得的测速数据的二阶差分看成来自同一母体的若干子样是有物理根据的。

（2）对一次试验数据（指二阶差分值）。进行同分布检验，可以证明它们属于同一母体。采用"齐一性假设检验"方法，对多次测速数据进行了同分布检验，其结果同根据（1）的物理分析完全一致。

应该指出，运用 5 发测 10 点的雷达数据计算测速随机误差，其效果和一发测 50 点的数据并不完全相同。现作如下分析：

对一发弹：

$$E\left[\sum_{i=1}^{N-p}(\Delta^2 V_i)^2\right] = (N-p)C_{2p}^p\sigma_V^2$$

对多发弹：

$$E\left[\sum_{i=1}^{N-p}(\Delta^p V_{1i})^2 + \sum_{i=1}^{N-p}(\Delta^p V_{2i})^2 + \cdots + \sum_{i=1}^{N-p}(\Delta^2 V_{mi})^2\right] =$$
$$(N-p)C_{2p}^p(\sigma_{V_1}^2 + \sigma_{V_2}^2 + \cdots + \sigma_{V_m}^2)$$

在同一次试验中，测速条件相同，应有 $\sigma_{V_1}^2 = \sigma_{V_2}^2 = \cdots = \sigma_{V_m}^2 = \sigma_V^2$，所以

$$E\left[\sum_{i=1}^{m(N-p)}(\Delta^2 V_i)^2\right] = m(N-p)C_{2p}^p\sigma_V^2$$

故有

$$S_V^2 = \frac{1}{m(N-p)C_{2p}^p}\sum_{i=1}^{m(N-p)}(\Delta^2 V_i)^2 \tag{8-28}$$

此式与基本式（8-7）是完全一致的。

设 $p=2$，则

$$S_V^2 = \frac{1}{6m(N-2)}\sum_{i=1}^{m(N-2)}(\Delta^2 V_i)^2 \tag{8-29}$$

当发数 $m=1$，测量点数 $N=50$ 时：

$$S_V^2 = \frac{1}{288}\sum_{i=1}^{48}(\Delta^2 V_i)^2 \tag{8-30}$$

而当 $m=5$，$N=10$ 时：

$$S_V^2 = \frac{1}{240}\sum_{i=1}^{40}(\Delta^2 V_i)^2 \tag{8-31}$$

只有当 $m=6$，$N=10$ 时，才有

$$S_V^2 = \frac{1}{288}\sum_{i=1}^{48}(\Delta^2 V_i)^2$$

这说明，在小样本量情况下，虽然每发弹的 V-t 规律大致相同，但不能多发连起来作差分计算，只能一发一发地作差分计算。一发弹有 50 个数据时，就有 48 个差分值；而一发弹 10 个数据时，只有 8 个差分值。所以用变量差分法计算

随机误差时,6 发 10 点的数据才能相当于 1 发 50 点的数据。从测速精度分析的角度看,中程测速雷达测量一发弹数据的效果,相当于近程测速雷达测量多发弹数据的效果。而且计算起来,中程测速雷达更简便一些。但用多发弹的数据来计算测速随机误差,也不失为一种有效实用的方法。

第9章 测速雷达精度自校准方法

9.1 测速雷达精度校准方法概述

测速雷达的测速精度是一项重要的战术指标。如何对测速雷达进行精度鉴定？通常采用比较法，即用高精度测速设备作比较标准，来鉴定测速雷达的精度。本书将推介一种具有创新意义的测速雷达自校准技术——测速雷达测速精度的速度差分自校准方法。

1. 鉴定火炮初速偏差量和测速雷达测速精度的比较法

火炮测速雷达在炮兵战术应用中，需要测量一批弹药的初速，确定该批弹药的初速偏差量，按战术要求修正初速偏差量，从而使火炮射击能够首发命中目标，首群覆盖目标。如果测速雷达测速误差较大，则需要在射击准备时，多打一定数量的弹药，确保获得该批弹药的精确的初速偏差量，以保证在战术应用上不出偏差。这种鉴定火炮初度偏差量的试验程式，兵器试验中心（靶场）、炮兵弹道试验站、兵工研制生产单位是非常熟悉的。这实际上就是鉴定火炮弹药初速偏差量的比较法。测速雷达是比较标准，火炮弹药初速是被鉴定的参数。

在没有高精度的测速雷达作比较标准时，为了鉴定测速雷达的测速精度，采用4台相同精度等级的雷达组合成一套系统作比较标准，虽然其精度只比鉴定对象高2倍，但是适当地增加试验次数，可以达到鉴定试验的目的。这种方案成功地鉴定了测速雷达的测速精度。

这种比较法鉴定的雷达初速测量精度，包含了随机误差和系统误差。

2. 火炮测速雷达测速精度的自校准方法

测速雷达自校准技术，就是不需要高精度测速雷达作比较标准，而是采用卡尔曼滤波方法解算测速雷达系统误差的方法。其实施方法是采用两台雷达（包括被鉴定的雷达）同时测量一个目标，两台雷达采用相同的时间参数（指开始测量时间和数据采样间隔时间）。根据它们在同一时刻对同一目标测量的速度应相等的道理,应用求差法建立数学模型,用卡尔曼滤波方法求解两台雷达的系统误差。由于两台雷达的系统误差都能得到,因此称此法为共同校准或自校准方法。这一方法的特点是不需要高精度比较标准;两台雷达可以都是被鉴定的设备;此方法不但能用于靶场,对任务比较单纯的弹道试验站甚至炮兵部队,都是适用的。此法实施方法简单,节约人力物力,当鉴定试验中,有多台雷达时,只需在数据处理时,对每两台雷达进行数据处理即可。

作为完整的系统的精度测试方法,还需要配套有精确计算测速雷达的随机误差的方法。我们采用了变量差分方法计算测速雷达的随机误差。

本章将具体介绍"卡尔曼滤波方法解算测速雷达的系统误差"和"运用变量差分方法计算测速雷达的随机误差"这样一套完整的测试、计算测速雷达精度的方法。

3. 雷达测速精度的速度差分自校准方法

作者在研究外测系统测量数据的相关性时,发现测速雷达的测速数据具有很强的相关性,数理统计分析认为其为线性相关性质。对线性相关性数据运用差分处理技术,可以消除相关性误差,其中主要是系统误差。我们运用这个原理,创新研究出雷达测速精度的速度差分自校准方法。这种自校准方法与其他精度校准方法相比,不但方法简单,而且概念清晰,效果显著。如果在研制生产雷达时对雷达软件稍加改动,即可实时输出包括雷达测速精度在内的测量数据,而且只要打炮就可进行自校,不必组织专门的鉴定试验。

9.2 运用卡尔曼滤波方法解算测速 雷达的系统误差的自校准方法

1. 卡尔曼滤波的数学模型

卡尔曼滤波方法的线性递推数学模型,在有关文献中已详细论述,这里只作简单回顾。

线性滤波的动力学模型为

$$X_{k+1} = \Phi_{k+1,k}X_k + W_k \tag{9-1}$$

式中:X_k 为 t_k 时刻 n 维状态变量;$\Phi_{k+1,k}$ 为 $n \times n$ 阶状态转移矩阵;W_k 是作用于

190

观测对象的随机干扰序列；下标 k 表示对应于 t_k 的离散时刻。

观测模型为如下线型方程：

$$Z_k = H_k X_k + V_k \qquad (9-2)$$

式中：Z_k 为 t_k 时刻的 m 维观测矢量；H_k 为 $m \times n$ 维观测矢量；V_k 为 t_k 时刻的 m 维观测噪声矢量。

在此假定 $\{W_k\}$、$\{V_k\}$ 是均值为零的白噪声序列，$\{W_k\}$、$\{V_k\}$ 相互独立，即

$$\begin{cases} E[W_k] = 0, (\text{对一切 } k) \\ E[W_k W_j^{\mathrm{T}}] = Q_k \delta_{kj}; \\ E[V_k] = 0, (\text{对一切 } k) \\ E[V_k V_j^{\mathrm{T}}] = R_k \delta_{kj}; \\ E[W_k V_j^{\mathrm{T}}] = 0, (\text{对任意 } k, j). \end{cases} \qquad (9-3)$$

式中

$$\delta_{k,j} = \begin{cases} 1, \text{当 } k = j \text{ 时} \\ 0, \text{当 } k \neq j \text{ 时} \end{cases}$$

W_j^{T}、V_j^{T} 表示 W_j、V_j 的转置矩阵(以后类同，不再说明)；Q_k 为 $n \times n$ 阶非负定矩阵；R_k 为 $m \times m$ 阶正定矩阵；并假设初始状态矢量 X_0 与 $\{W_k\}$、$\{V_k\}$ 互相独立。

在上述假定下，基于观测矢量 Z_1、Z_2、$\cdots$、Z_{k+1} 的状态 X_{k+1} 的无偏最小方差估计 $\hat{X}_{k+1/k+1}$ 可由下列递推方程给出：

状态预测：

$$\hat{X}_{k+1/k} = \Phi_{k+1,k} \hat{X}_{k/k} \qquad (9-4)$$

预测估计误差的协方差矩阵：

$$P_{k+1/k} = \Phi_{k+1/k} P_{k/k} \Phi_{k+1/k}^{\mathrm{T}} + Q_k \qquad (9-5)$$

增益矩阵(或称为修正系数矩阵)：

$$K_{k+1} = P_{k+1/k} H_{k+1}^{\mathrm{T}} [H_{k+1} P_{k+1/k} H_{k+1/k}^{\mathrm{T}} + R_{k+1}]^{-1} \qquad (9-6)$$

这里的上标"-1"表示逆矩阵(以下同)。

状态估计：

$$\hat{X}_{k+1/k+1} = \hat{X}_{k+1/k} + K_{k+1} [Z_{k+1} - H_{k+1} \hat{X}_{k+1/k}] \qquad (9-7)$$

状态估计的协方差矩阵：

$$P_{k+1/k+1} = [I - K_{k+1} H_{k+1}] P_{k+1/k} \qquad (9-8)$$

式 (13-4)~式(13-8)是卡尔曼滤波的基本公式。

2. 观测模型的建立

1) 测速误差模型

一般认为测速雷达误差模型为

$$\Delta \dot{R} = a_1 + a_2 \dot{R} + a_3 \ddot{R} + a_4 \sec E + a_5 \dot{R} t + \varepsilon \tag{9-9}$$

式中: a_1 为常值误差; a_2 为线性误差系数; a_3 为时间误差系数; a_4 为电波折射误差系数; a_5 为频率漂移误差系数; ε 为随机误差; E 为天线仰角。

由于雷达对火炮弹丸测量时间很短,时间项可以忽略;又由于雷达和目标同处于大气的地面层,可以认为测量段处于均匀介质中,电波折射误差也可忽略;还由于测量段内目标速度变化不大,线性项可视为常数;在此意义下,频率漂移引起的误差也可视为常数。因此,测速误差模型可简化为

$$\Delta \dot{R} = A + \varepsilon \tag{9-10}$$

这里,A 是多项系统误差的综合影响,近似为常数。随机误差 ε 可用变量差分方法计算。

2) 雷达测速系统误差的观测模型

测速雷达速度转换公式为

$$V_{ji} = \mu_{ji} \dot{R}_{ji} \tag{9-11}$$

式中: V_{ji} 为目标运动速度; $\dot{R}_{ji}$ 为目标相对雷达的径向速度; μ_{ji} 为速度转换系数,按下式计算:

$$\mu_{ji} = \frac{R_{ji}}{U_{ji} + B_{ji}} \tag{9-12}$$

式中: j 为雷达号($j=1,2$); i 为测点号($i=1,2,\cdots,n$)。

参数 V_{ji}、$\dot{R}_{ji}$、U_{ji}、A_{0j}、B_{0i} 的几何关系如图9-1所示。

目标切向速度的测量误差为

$$\Delta V_{ji} = \mu_{ji} \Delta \dot{R}_{ji} = \mu_{ji} A_j + \mu_{ji} \varepsilon_{ji} \tag{9-13}$$

两台雷达的速度测量值分别为

$$\begin{cases} V_{1i} = \widetilde{V}_{1i} + \mu_{1i} A_1 + \mu_{1i} \varepsilon_{1i} \\ V_{2i} = \widetilde{V}_{2i} + \mu_{2i} A_2 + \mu_{2i} \varepsilon_{2i} \end{cases}$$

式中, $\widetilde{V}_{ji}$ 为目标速度的真值。

当两台雷达在同一时刻测量同一目标时,其切向速度的真值应相等,即

192

$$\widetilde{V}_{1j} = \widetilde{V}_{2i}$$

因此,两雷达测量的速度之差为

$$\Delta V_i = \mu_{1i}A_1 - \mu_{2i}A_2 + \varepsilon_i \qquad (9\text{-}14)$$

式中

$$\varepsilon_i = \mu_{1i}\varepsilon_{1i} - \mu_{2i}\varepsilon_{2i}$$

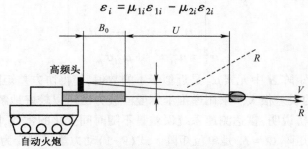

图 9-1　测速雷达参数几何关系

当有许多测量值时,即有

$$
\begin{cases}
\Delta V_1 = \mu_{11}A_1 - \mu_{21}A_2 + \varepsilon_1 \\
\Delta V_2 = \mu_{12}A_1 - \mu_{22}A_2 + \varepsilon_2 \\
\cdots \cdots \cdots \cdots \\
\Delta V_n = \mu_{1n}A_1 - \mu_{2n}A_2 + \varepsilon_n
\end{cases}
$$

记

$$Z = \begin{bmatrix} \Delta V_1 \\ \Delta V_2 \\ \vdots \\ \Delta V_n \end{bmatrix}, X = \begin{bmatrix} A_1 \\ A_2 \end{bmatrix}, H = \begin{bmatrix} \mu_{11}, & -\mu_{21} \\ \mu_{12}, & -\mu_{22} \\ \vdots & \vdots \\ \mu_{1n}, & -\mu_{2n} \end{bmatrix}, E = \begin{bmatrix} \varepsilon_1 \\ \varepsilon_2 \\ \vdots \\ \varepsilon_n \end{bmatrix} \qquad (9\text{-}15)$$

则测速误差的矩阵形式为

$$Z = HA + E \qquad (9\text{-}16)$$

这就是用求差法获得的测速系统误差的观测模型。

这里,观测量是两台雷达测量速度之差 Z,要求解算的系统误差为 X。由于 $j=1$、2,只有两个参数 A_1、A_2 需要求解,而 $i=1,2,\cdots,n$,式(9-16)共有 n 个方程,可利用多余信息削弱随机误差的影响,从而获得精度较好的系统误差解。

3. 动力学模型和卡尔曼滤波解法

1) 动力学模型
若对上式采用古典最小二乘法解测速系统误差,有

193

$$\hat{X} = PH^{\mathrm{T}}R^{-1}Z \tag{9-17}$$

式中,协方差矩阵 $P = (H^{\mathrm{T}}R^{-1}H)^{-1}$

$$R^{-1} = \begin{bmatrix} \sigma_1^{-2} & 0 & \cdots & 0 \\ 0 & \sigma_2^{-2} & \cdots & 0 \\ \vdots & \vdots & & \vdots \\ 0 & 0 & \cdots & \sigma_n^{-2} \end{bmatrix}$$

$$\sigma_i^2 = \mu_{1i}^2 \sigma_{R_1}^2 + \mu_{2i}^2 \sigma_{R_2}^2$$

由于系数矩阵 H 中元素 μ_{ji} 是近似于 1 的数值,使得协方差矩阵求逆十分困难,且造成解的误差很大。采用递推卡尔曼滤波方法可以较好地解决上述问题。

前面的分析说明,雷达测速系统误差是不随时间变化的常数,因此动力学模型中状态转移矩阵 $\Phi = I$,是单位矩阵。式(9-1)动力学模型变为

$$X_{k+1} = X_k + W_k \tag{9-18}$$

2) 递推卡尔曼滤波算法

当给定一组初始解对观测模型和动力学模型进行解算时,则预测估计的协方差为

$$P_{k+1} = P_{k+1k/k} + Q_k \tag{9-19}$$

增益矩阵为

$$K_{k+1} = P_{k+1/k}H_{k+1}^{\mathrm{T}}[H_{k+1}P_{k+1/k}H_{k+1T}^{\mathrm{T}} + R_{k+1}] \tag{9-20}$$

这里

$$H_k = [\mu_{1k}, -\mu_{2k}], R_k = \sigma_k^2 = \mu_{1k}^2 \sigma_{R_1}^2 + \mu_{2k}^2 \sigma_{R_2}^2$$

而

$[H_{k+1}P_{k+1/k}H_{k+1}^{\mathrm{T}} + R_{k+1}]^{-1}$ 是一个数的倒数,并不需"求逆"。

这样卡尔曼滤波递推运算方程如下:

$$\begin{cases} \hat{X}_{k/k} = \hat{X}_{k/k-1} + K_k(Z_k - H_k\hat{X}_{k/k-1}) \\ P_k = (I - K_kH_k)P_{k/k-1} \\ K_k = P_{k/k-1}H_k^{\mathrm{T}}(\sigma_k^2 + H_kP_{k/k-1}H_k^{\mathrm{T}})^{-1} \end{cases} \tag{9-21}$$

式中

$$\begin{cases} Z_k = \Delta V_k \\ H_k = (\mu_{1k}, -\mu_{2k}) \\ \hat{X}_k = \begin{bmatrix} \hat{A}_{1k} \\ \hat{A}_{2k} \end{bmatrix} \end{cases}$$

递推算法的突出优点是避免了复杂的矩阵求逆运算。因此，只要给出 $\hat{A}$、P 的初始估计，递推运算就能方便地进行。

3) 测速系统误差初始估计的计算

(1) 初始估计的代数解法。

$$\begin{cases} \Delta V_{i-1} = \mu_{1,j-1}A_1 - \mu_{2,i-1}A_2 \\ \Delta V_i = \mu_{1i}A_1 - \mu_{2i}A_2 \end{cases}$$

采用行列式解法，可得测速系统误差之初始估计：

$$\begin{cases} A_1 = \Delta_1 / \Delta \\ A_2 = \Delta_2 / \Delta \end{cases} \tag{9-22}$$

式中：

$$\Delta = \begin{vmatrix} \mu_{1,i-1}, & -\mu_{2,i-1} \\ \mu_{1i}, & -\mu_{2i} \end{vmatrix}, \Delta_1 = \begin{vmatrix} \Delta V_{i-1}, & -\mu_{2,i-1} \\ \Delta V_i, & -\mu_{2i} \end{vmatrix}, \Delta_2 = \begin{vmatrix} \mu_{1,i-1}, \Delta V_{i-1} \\ \mu_{1i}, & \Delta V_i \end{vmatrix}$$

行列式解法受测速随机误差的影响较大。为了消除随机误差的影响，必须解多组方程，以解的平均值作为系统的初始解。这仍是一件比较麻烦的工作。

(2) 初始估计的最小二乘解法。

取开始测量的一个或几个数据，用古典最小二乘法解初始估计。只要设法通过求逆关，即可获得初始估计。在我们的问题中：

$$Z_1 = \Delta V_1, \quad H_1 = (\mu_{11}, -\mu_{21})$$

观测矢量 $Z_1 = \Delta V_1$ 的维数为 1，小于状态矢量 X_1 的维数 2，协方差矩阵 $(H_1^T R_1^{-1} H_1)$ 的维数是 2×2，其逆不存在。为此，取

$$P_1^{-1} = \varepsilon I + H_1^T R_1^{-1} H_1 \tag{9-23}$$

式中：I 为 2×2 的单位矩阵；ε 为一个很小的数，其秩为 2，可求逆。那么，协方差矩阵为

$$P_1 = (\varepsilon I + H_1^T R_1^{-1} H_1)^{-1} \tag{9-24}$$

则测速系统误差的解为

$$\hat{X}_1 = P_1 H_1^T R_1^{-1} Z_1 \tag{9-25}$$

式中

$$R_1 = \mu_{11}^2 \sigma_{\dot{R}_1}^2 + \mu_{21}^2 \sigma_{\dot{R}_2}^2$$

$\hat{X}_1$、P_1 可作为递推卡尔曼滤波运算的初始解。

4) 测速雷达精度测试中的数据检验

在测速雷达的精度测试方法中建立的误差模型、观测模型、动力学模型，以及关于噪声分布的假设，已为大量的实际测试结果证明是正确的。多数情况下

卡尔曼滤波处于最佳状态,且不发生滤波发散现象。但由观测噪声和作用于目标的干扰的随机性影响,能使局部或某一时刻的滤波偏离最佳状态,从而影响滤波的最终结果。因此,识别少数误差较大的数据,并将其剔除,是一项重要的工作。为了解决这个问题,可以构造一个统计量,建立一个阈值。在检验中剔除超过阈值的数据,从而消除少数较大的干扰的影响。

设

$$B_k = V_{k+1}^{\mathrm{T}} V_k^{-1} V_{k+1} \tag{9-25}$$

是预测一步与新息变量有关的统计量。

其中,新息变量为

$$V_{k+1} = Z_{k+1} - H_{k+1} \hat{X}_{k+1/k} \tag{9-26}$$

新息变量的协方差为

$$V_k = \sigma_{k+1}^2 + H_{k+1} P_{k+1/k} H_{k+1}^{\mathrm{T}} \tag{9-27}$$

$$B_k = V_{k+1}^2 / V_k \tag{9-28}$$

因此,新息变量服从正态分布,即 $V_k \sim N(0, R_k)$,而 $B_k \sim \chi_1^2$ 是自由度为 1 的 χ^2 – 变量。由此可以建立以下的关系式:

$$P\{B_k > \lambda\} = \int_1^\infty k_m(\chi^2) \, \mathrm{d}c \tag{9-29}$$

其中, $k_m(\chi^2)$ 为具有 m 个自由度的 χ^2–分布密度函数,即

$$k_m(\chi^2) = \frac{1}{2^{m/2} \Gamma(m/2)} (\chi^2)^{\frac{m}{2}-1} \mathrm{e}^{-\frac{\chi^2}{2}}, \chi^2 \geqslant 0 \tag{9-30}$$

令 $\lambda = \lambda_\alpha^2$,此处 λ_α^2 对应于 $P\{B_k > \lambda_\alpha^2\} = \alpha$,当 α 取定之下($\alpha = 1\%, 2\%, 5\%$),由查表方法可获得 λ_α^2 的值,见表 9–1。

表 9–1 λ_α^2 的值

α	1%	2%	5%
λ_α^2	6.635	5.410	3.841

于是在标准的卡尔曼滤波之下, $\{B_k > \lambda_\alpha^2\}$ 是一个小概率事件。因此,如果在 t_k 时刻算得 $B_k > \lambda_\alpha^2$,就认为该时刻的观测值 Z_{k+1} 是异常的,应予剔除。这时,仍应以上一时刻的协方差 P_k 、状态估计 $\hat{X}$ 作为预测值 $P_{k+1/k}$ 、$\hat{X}_{k+1/k}$,以新的观测值计算 Z_{k+1} 、H_{k+1} 、V_{k+1} 、V_k 、B_k ,进行新一轮检验。

4. 测速雷达测速精度共同校准方案

测速雷达精度测试方案如图 9–2 所示。

196

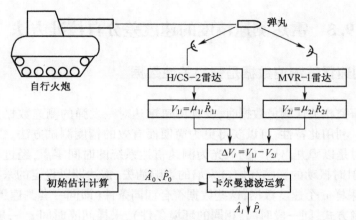

图 9-2　测速雷达精度测试方案

参试火炮：地炮、高炮、坦克和自行火炮任选一种。

参试雷达：H2、M1 测速雷达各一台，或其他两台同型和不同型的雷达。

参数选择：两台雷达取相同的时间参数 t_y、t_p。

站址参数：A_1 与 A_2，B_1 与 B_2 不应相同。

数据采集和处理：实弹测速应进行多发，建议取 5~10 发，更多不限。对应的速度值应有 50~100 组，或更多。以采用高级语言设计好的程序进行事后处理。

表 9-2 给出两种雷达多次精度测试结果。

表 9-2　测速雷达精度测试结果

序号	型号	机号	炮型	试验日期	发数	点数	$\sigma_{v_{0r}}$	ΔV	σ_{v_0}	$\sigma_{\dot{v}_0}$	$\sigma_{v_0}/\sigma_{\dot{v}_0}$
1	M1	8722#	Д30	89.4.4	11	110	0.0429	-0.0370	0.05665	0.0429	1.32
2	M1	8733#	Д30	89.4.4	11	110	0.0405	-0.1369	0.1428	0.0405	3.53
3	M1	10519#	122L	89.5.4	14	140	0.0697	0.0723	0.1004	0.0697	1.44
4	M1	8743#	122L	89.5.4	14	140	0.0304	0.0722	0.07834	0.0304	2.58
5	M1	8910	60P	89.8.25	5	100	0.0726	0.0177	0.07473	0.0726	1.03
6	M1	8902	60P	89.8.25	5	100	0.0573	-0.0115	0.05844	0.0573	1.02
7	H2	0001#	82P	95.10.19	11	110	0.1185	-0.1291	0.1752	0.1185	1.48
8	M1	9501#	82P	95.10.19	11	110	0.0748	-0.1890	0.2033	0.0748	2.72
9	H2	0001#	82P	96.4.23	16	160	0.0474	0.0405	0.06235	0.0474	1.32
10	M1	9501#	82P	96.4.23	16	160	0.0271	-0.2493	0.2508	0.0271	9.25
11	H2	0001#	82P	96.4.23	27	270	0.0477	0.0463	0.06648	0.0477	1.39
12	M1	9501#	82P	96.4.23	27	270	0.0323	-0.0123	0.03456	0.0323	1.07

9.3　雷达测速精度的速度差分自校准方法

1. 火炮测速雷达测速数据是强相关性数据

我们研究相关性测量数据时,发现测速雷达对一发弹的测速数据是邻近相关性数据。利用此特性,可以获得更为简便而有效的精度测试方法。这是因为雷达测速时是以弹丸出炮口的火光为测速雷达系统的时间零点,经过一段时间 t_y,火炮发射时振动的影响和炮口火焰的影响消失,雷达即以设定的采样间隔时间 t_p 连续采样 n 个速度数据,这些数据符合四同条件(即同一套测速雷达、相同的操作控制方式、同一段时间、相同的环境条件),采样间隔时间 t_p 一般是 10ms 到几十毫秒,因而是邻近相关性数据。邻近相关性数据是强相关性数据,对于邻近相关性数据实施差分处理,可消除相关性测量误差。获得消除了系统误差的测量数据,从而获得测速雷达的精度较高的测速数据。

2. 火炮弹丸运动学特性符合线性相关规律

火炮弹丸运动方程为

$$V_i = V_{i-1} + \dot{V}_{i-1} \cdot t_p + \frac{1}{2}\ddot{V}_{i-1}t_p{}^2 + \varepsilon_V, i = 1,2,\cdots,n$$

式中: V_i、V_{i-1} 为弹丸飞行速度; $\dot{V}_{i-1}$ 为弹丸飞行的加速度; $\ddot{V}_{i-1}$ 为弹丸飞行的加速度改变率; ε_V 为测速随机误差。

如果在弹丸运动的不太长的时间内(如 1s),弹丸加速度改变率甚小,即 $\ddot{V}_{i-1} = 0$,则弹丸运动方程为

$$V_i = V_{i-1} + \dot{V}_{i-1} \cdot t_p + \varepsilon_V$$

根据概率论中两个随机变量相关性的定理, V_i 与 V_{i-1} 的相关矩为

$$K_{V_iV_{i-1}} = M\big[\,(V_i - m_{V_1})(V_{i-1} - m_{V_{i-1}})\,\big]$$

这里, m_{V_i} 和 $m_{V_{i-1}}$ 是随机变量 V_i 与 V_{i-1} 的数学期望,则相关矩为

$$\begin{cases} K_{V_iV_{i-1}} = M\big[\,(V_{i-1} + \dot{V}_{i-1} \cdot t_p - m_{V_{i-1}} - \dot{V}_{i-1} \cdot t_p)(V_{i-1} - m_{V_{i-1}})\,\big] \\ K_{V_iV_{i-1}} = M\big[\,(V_{i-1} - m_{V_{i-1}})(V_{i-1} - m_{V_{i-1}})\,\big] = M\big[\,(V_{i-1} - m_{V_{i-1}})^2\,\big] \end{cases}$$

因此测速数据的相关矩就是测速数据的方差为

$$K_{V_iV_{i-1}} = D[\,V\,] = \sigma_v^2$$

概率统计学认为

$$\sigma_{V_i} = \sigma_{V_{i-1}} = \sigma_V$$

根据相关系数的定义,测速数据的相关系数为

$$\gamma_{V_i V_{i-1}} = \frac{K_{V_i V_{i-1}}}{\sigma_{V_i} \sigma_{V_{i-1}}} = \frac{\sigma_V^2}{\sigma_V \sigma_V} = 1$$

测速数据相关系数 $\gamma_{V_i V_{i-1}} = 1$,表明测速数据具有强相关性,即线性相关。

3. 火炮测速雷达测速精度的速度差分自校准方法

1) 用速度差分方法计算速度

设 v_i 为雷达测速数据($i = 1, 2, \cdots, n$),我们要估计的是消除了速度误差的 $\hat{V}_i$,需做如下计算:

$$
\begin{cases}
\hat{V}_1 = \hat{V}_0 + \Delta V_1,\ 其中\ \Delta V_1 = V_1 - V_0,\ V_0 \text{、} V_1\ 是实测数据。\\
\hat{V}_2 = \hat{V}_1 + \Delta V_2,\ 其中\ \Delta V_2 = V_2 - V_1,\ V_1 \text{、} V_2\ 是实测数据。\\
\qquad\qquad \cdots\cdots \qquad\qquad\qquad\qquad \cdots\cdots \\
\hat{V}_i = \hat{V}_{i-1} + \Delta V_i\ 其中\ \Delta V_i = V_i - V_{i-1},\ V_{i-1} \text{、} V_i\ 是实测数据。\\
\qquad\qquad \cdots\cdots \qquad\qquad\qquad\qquad \cdots\cdots \\
\hat{V}_n = \hat{V}_{n-1} + \Delta V_n\ 其中\ \Delta V_n = V_n - V_{n-1},\ V_{n-1} \text{、} V_n\ 是实测数据。
\end{cases}
$$

2) 首参数 $\hat{V}_0$ 计算方法

虽然 V_{i-1}、V_i 是实测数据。但它们属于强相关性测量数据,从理论上讲,$\Delta V_i = V_i - V_{i-1}$,消除了相关性误差。但是由于首参数 $\hat{V}_0$ 不够精确,会给后续计算带来一定误差。

例如,首参数 $\hat{V}_1 = \hat{V}_0 + \Delta V_1$,其误差方差为 $\sigma_{\hat{V}_1}^2 = \sigma_{\hat{V}_0}^2 + \sigma_{\Delta V_1}^2$。

雷达测速数据是相关性数据,其差 ΔV_1 的方差 $\sigma_{\Delta V_1} = 0$,如果首参数 $\hat{V}_0$ 精确,$\sigma_{\hat{V}_0} = 0$,则 $\hat{V}_1$ 的方差 $\sigma_{\hat{V}_1} = 0$。

以下的估计 $\hat{V}_i = \hat{V}_{i-1} + \Delta V_i$ 自然都会是精确的了。

由于首参数所含随机误差是由雷达测量数据带来的,在作速度增量计算时,此项误差会一直传递下去。因此增量算法的随机误差与雷达测速随机误差是相同的。

虽然我们要求首参数 V_0 要有精确的数值,但是精确的首参数 $\hat{V}_0$ 是很难获

199

得的,我们可以采取以下方法获得尽可能精确的首参数数据。

(1) 用外推的方法获得首参数:

$$\hat{V}_0 = 2V_1 - V_2$$

这个估计包含了一个差分 $V_1 - V_2$,这会消除一部分系统误差的影响,但会有一定的残余误差。

(2) 另一个方法是用 3 个数据进行端点平滑,获得首参数:

$$\hat{V}_0 = (5V_0 + 2V_1 - V_2)/6$$

这个估计的精度会比前一个方法的精度高一些,但计算结果接近实际的测速数据,没有消除系统误差,使算得的系统误差失实,所以不宜采用此法。

(3) 用全部测量数据进行端点平滑,获得首参数:

$$\hat{V}_0 = \sum_{i=0}^{n-1} w_i V_i$$

其中数据平滑的权系列:

$$w_i = 1/n + 6[(n-1)/2 - i]/n/(n-1)$$

虽然此法会减少随机误差的影响,但对系统误差不发生影响,因此也不宜采用此法。

(4) 在做完速度差分运算后,利用所得速度 $\hat{V}_i$ 计算首参数 $\hat{V}_0$。这个参数消除了系统误差,又是多点平滑数据,减少了随机误差的影响,因此是个较好的选择。

上述四种计算首参数的方法,我们推荐先用第一种方法再用第四种方法。

3) 速度差分法的效果检验

(1) 利用速度差分法计算结果已经获得的 $\hat{V}_i$ 计算雷达测速系统误差:

$$\Delta \overline{V} = \sum_{i=1}^{n} (V_i - \hat{V}_i)/n$$

为了验证方法的有效性,可以计算系统误差的精度,如下式:

$$\sigma_{\Delta V} = \left[\sum_{i=1}^{n} (\Delta V_i - \Delta \overline{V})^2/(n-1) \right]^{1/2}$$

如果 $\sigma_{\Delta V} = 0$,或其值很小,则说明已经消除了系统误差,否则就需要用上述第四种方法,再进行一次迭代运算。

(2) 以正态总体均值的假设检验的方法,来验证雷达测速数据经速度差分自校准后是否还存在测速系统误差。

σ_V 已知时,正态总体均值 μ_V 的假设检验为 U 检验法。

设 $\Delta V \sim N(\mu_V, \sigma_V)$，$\sigma_V$ 已知，μ_V 未知，给定统计假设：

$$H_0 : E[\Delta V] = \mu_V$$

在 H_0 为真的情况下：

$$P\{|U| \geqslant U_\alpha | H_0\} = \alpha$$

其中

$$U = \sqrt{n}\,(\Delta \overline{V} - \mu_V)/\sigma_V, \Delta \overline{V} = \frac{1}{n}\sum_{i=1}^{n}\Delta V_i$$

如果所算得的 U 满足 $|U| \geqslant U_\alpha$，那么表示在 N 次试验中这种小概率事件出现了，于是拒绝 H_0 这个假设。它表示 $\Delta \overline{V}$ 的大小已超出了测速误差随机性所容许的偏差。

如果 $|U| < U_\alpha$，那么没有足够理由认为 H_0 是不正确的，至少在没有获得进一步的资料之前，我们认为 H_0 是应该被采纳的假设。

4) 计算初速 $\widetilde{V}_0$

最后就是用 $\hat{V}_i$ 计算雷达初速：

$$\widetilde{V}_0 = \sum_{i=1}^{n} w_i \hat{V}_i, i = 1, 2, \cdots, n$$

其中，权序列为

$$w_i = \frac{1}{n} + 12\left(\frac{n-1}{2} - i\right)\left(\frac{n+1}{2} + k\right)\Big/n/(n^2 - 1)$$

外推步数为

$$k = t_y/t_p$$

初速精度为

$$\sigma_{\hat{V}_0} = \mu_1 \sigma_{\hat{V}_r}$$

式中，平滑系数为

$$\mu_1^2 = \frac{1}{N} + \frac{12\left[k_0 + (N-1)/2\right]^2}{N(N^2 - 1)}$$

外推步数为

$$k_0 = t_y/t_p$$

雷达的初速测量精度 $\sigma_{\hat{V}_0}$ 就是校准了系统误差后经过平滑压缩的随机误差。

5) 测速雷达测速精度的速度差分自校准流程(图 9-3)

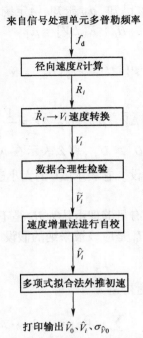

来自信号处理单元多普勒频率

f_d

径向速度R计算

$\dot{R}_i$

$\dot{R}_i \rightarrow V_i$速度转换

V_i

数据合理性检验

$\tilde{V}_i$

速度增量法进行自校

$\hat{V}_i$

多项式拟合法外推初速

打印输出$\hat{V}_0$、$\hat{V}_i$、$\sigma_{\hat{v}0}$

图 9-3　测速雷达测速精度的速度差分自校准流程图

4. H 型测速雷达精度测试举例

以 H 型测速雷达对舰炮测速数据为例进行分析计算。数据见表9-3。时间参数为:开始测量时间 $t_y = 0.15\mathrm{s}$;采样间隔时间 $t_p = 0.015\mathrm{s}$。

射角 $\varphi = 0$ 情况下的实弹测速数据算出的精度测试结果为:原始测速数据的误差,$\Delta V = 0.06329$,$\sigma_{V_r} = 0.08988$,$\sigma_V = 0.1099$;经过自校和平滑处理,$\mu_1 = 0.2645$,$\sigma_{\hat{v}} = 0.02377$,$\sigma_V/\sigma_{\hat{v}} = 4.62$。

采用速度差分自校准方法,单100舰炮的初速的测速精度提高了近5倍。

表 9-3　H 型测速雷达对舰炮测速数据

i	1	2	3	4	5	6	7	8	9	10
$\tilde{V}_i$	858.9297	857.8560	856.8207	855.5688	854.6388	853.3895	852.2904	851.2256	850.0274	848.8604
i	11	12	13	14	15	16	17	18	19	20
$\tilde{V}_i$	847.8244	846.6992	845.6422	844.5958	843.4073	842.2418	841.1841	840.0741	838.8794	837.9800
i	21	22	23	24	25	26	27	28	29	30

$\widetilde{V}_i$	836.9483	835.6991	834.6651	833.4539	832.4826	831.2740	830.2405	828.9670	828.0436	826.8754
i	31	32	33	34	35	36	37	38	39	40
$\widetilde{V}_i$	825.8771	824.6415	823.6933	822.4676	821.3764	820.3641	819.2786	818.0006	816.9401	815.8698
i	41	42	43	44	45	46	47	48	49	50
$\widetilde{V}_i$	814.8244	813.5291	812.5838	811.3709	810.2931	809.2478	808.0750	807.1823	806.0695	804.8668
i	51	52	53	54	55	56	57	58	59	60
$\widetilde{V}_i$	803.5390	802.7813	801.4436	800.3549	799.0658	798.2056	797.0205	796.1503	794.8751	793.7724
i	61	62	63	64	65	66	67	68	69	70
$\widetilde{V}_i$	792.6973	791.4521	790.3845	789.2995	788.2843	787.1167	785.9391	784.6665	783.7814	782.6263
i	71	72	73	74	75	76	77	78	79	80
$\widetilde{V}_i$	781.5136	780.3384	779.2435	778.0210	777.1309	776.0258	774.7257	773.8056	772.7080	771.5456

5. 速度差分自校准方法的正确性验证

我们用数学模拟的方法进行验证。仍以 H 型雷达对舰炮测速为例。

采用蒙特卡洛方法获得了以下三条弹道：

（1）理论弹道（数值精准）：$\widetilde{V} \sim t$。

（2）测量弹道（或称干扰弹道）：$V \sim t$。

（3）估值弹道（用速度差分法算出的弹道）：$\hat{V} \sim t$。

比较估值弹道值和理论弹道值，以检验测速系统误差是否得到了修正。

设有 80 个测速数据（表 9-4），三种弹道算出的弹丸初速分别为：$\widetilde{V}_0 = 870\text{m/s}$；$V_0 = 870.2826\text{m/s}$；$\hat{V}_0 = 870.0535\text{m/s}$。

测量弹道的系统误差 $\Delta V = 0.06329\text{m/s}$。

从理论上讲，估值弹道的误差就是随机误差 $\sigma_V = 0.02377\text{m/s}$。

设用速度差分算法得到估值数据计算系统误差，则有

$$\Delta \overline{V} = \sum_{i=1}^{n} \left[\hat{V}(i) - \widetilde{V}(i) \right]/n$$

取 $i = 1, 2, \cdots, n, n = 80$, 算得

$$\Delta \bar{V} = 3.3569 \times 10^{-4} \text{m/s} = 0.3 \text{mm/s}$$

假设 H_0：$E[\Delta V] = \mu_V$, 系统误差 $\mu_V = 0$, 检验假设 H_0：$E[\Delta V] = 0$ 是否成立。算得

$$U = \sqrt{n}\, \Delta \bar{V}/\sigma_V = 0.1263$$

取置信水平 $\alpha = 0.05$, $1 - \alpha/2 = 0.975$,

$$U_\alpha = 1.960, |U| < U_\alpha$$

推断：以 $1 - \alpha = 97.5\%$ 的置信概率接受假设 H_0, 即认为 H 型雷达对单 100 舰炮测速数据经速度差分自校准后已经没有系统误差。

这就是说，用速度差分自校准算法，其残余系统误差仅为 0.3mm/s, 只是实际系统误差的千分之 1.5, 这样的结果，可以认为已经不存在系统误差了。

9.4　测速雷达测速精度自校准的评说

（1）本章讨论了火炮测速雷达自校准方法，自校准方法的特点是不需要高精度测速雷达作比较标准，便可解出参校雷达的系统误差。

（2）自校准方法和外测设备随机误差计算方法（第 8 章）一起，构成了一套完整的测速雷达精度测试方法。表 9-2 测速雷达精度测试结果就是这套方法应用结果。

（3）测试出测速雷达的精度只是目的之一。由此可以确定应用测速雷达在靶场试验和炮兵在战场使用时雷达测速数据的可靠性和有效性。

（4）测速雷达自校准的另一个更重要的目的，是修正系统误差，提高雷达的测速精度。本章在论证测速雷达误差模型时已经指出，火炮测速雷达的系统误差是个常量。因此，在计算结果中扣除系统误差，测速总误差只剩下随机误差。即

$$\hat{V}_0 = V_0 - \Delta V$$

式中：ΔV 为自校准方法解算出的系统误差；V_0 为未修正系统误差时的初速。

V_0 的精度为

$$\sigma_{V_0} = \sqrt{\sigma_{V_{0r}}^2 + \Delta V^2}$$

由于已经修正了系统误差，所以 $\hat{V}_0$ 的精度为

$$\sigma_{\hat{V}_0} = \sigma_{\hat{V}_{0r}}$$

修正系统误差后，雷达测速精度有所提高（$\sigma_{V_0}/\sigma_{\hat{V}_0} = 3 \sim 10$）。

（5）测速雷达的速度差分自校准算法，能够实时修正系统误差。这种自校准方法不但靶场能用，炮兵部队也能用。这是一种具有创新意义的测速雷达自校技术。测速雷达的速度差分自校准算法有两个作用：其一是计算测速雷达的系统误差，其准确度不低于其他精度测试方法；第二是可以用消除了系统误差的数据计算火炮初速，初速的精度提高了 2~5 倍。

速度差分自校准法利用了雷达测速数据强相关性特点，只利用雷达自测数据即可完成精度测试和校准。不像其他精度测试方法，在误差模型上还有一些近似的假设，而且不需两台或多台雷达同时测量，这在精度测试的组织实施上要方便得多。

测速雷达速度差分自校准算法可应用于提高雷达性能。只要在雷达软件设计时增加部分软件，就能使雷达的系统误差得以消除，从而提高了输出数据的精度，也就是说提高了雷达对火炮初速测量精度。

第 10 章　对火炮测速雷达精度测试数据的分析

10.1　精度测试数据的分析引言

在火炮测速雷达的研制生产过程中,常常缺少高精度的比较标准,而且有的评定方法不尽合理。好在可以通过试验留下的宝贵数据,使得我们有可能对这些数据进行事后分析研究,并尽可能合理地评定雷达的精度性能。

由于这些试验中的测速数据只有每发弹的初速 V_0,不能采用变量差分方法计算雷达的随机误差。但是可以采用 Grubbs 变差方法分离每台雷达的初速随机误差。另外可以利用多台雷达的最佳估计作相对比较标准,估计被试雷达的系统误差,从而对被试雷达做出较为合理的评定。

10.2　Grubbs 方法和加权平均法

1. 计算测速雷达随机误差的 Grubbs 方法

Grubbs 方法又称变差方法,是一种计算随机误差的方法。这种方法能够利用多台雷达测量的初速数据,分离出每台雷达的初速随机误差。计算方法如下:

设雷达测得弹丸初速为 V_{oji},其中,$j=1,2,\cdots,m,m$ 为雷达台数;$i=1,2,\cdots,N,N$ 为雷达测量的发数。

每两台雷达测量的初速之差记作

$$e_{jh}(i) = V_{0ji} - V_{0hi}, j,h = 1,2,\cdots,m, j \neq h$$

$e_{jh}(i)$ 的统计方差为

$$S_{e_{jh}}^2 = \frac{1}{N-1} \sum_{i=1}^{N} [e_{jh}(i) - \bar{e}_{jh}]^2$$

式中

$$\bar{e}_{jh} = \frac{1}{N} \sum_{i=1}^{N} e_{jh}(i)$$

则各台雷达的初速随机误差为

$$S^2_{V_{ojr}} = \frac{1}{m-1}\Big[\sum_{h=1,h\neq j]}^{m} S^2_{e_{jh}} - \frac{1}{m-2}\sum_{2\leq q<m,q\neq j}^{m} S^2_{e_{qh}}\Big]$$

例如利用 5 台雷达,即 $m=5$ 时,各台雷达测量初速随机误差的方差分别为

$$
\begin{cases}
S^2_{V_{01r}} = \frac{1}{4}\big[\,S^2_{e_{12}} + S^2_{e_{13}} + S^2_{e_{14}} + S^2_{e_{15}}\,\big] - \frac{1}{3}(S^2_{e_{25}} + S^2_{e_{24}} + S^2_{e_{23}} + S^2_{e_{35}} + S^2_{e_{34}} + S^2_{e_{45}})\,\big] \\[2mm]
S^2_{V_{02r}} = \frac{1}{4}\big[\,S^2_{e_{21}} + S^2_{e_{23}} + S^2_{e_{24}} + S^2_{e_{25}}\,\big] - \frac{1}{3}(S^2_{e_{15}} + S^2_{e_{14}} + S^2_{e_{13}} + S^2_{e_{35}} + S^2_{e_{34}} + S^2_{e_{45}})\,\big] \\[2mm]
S^2_{V_{03r}} = \frac{1}{4}\big[\,S^2_{e_{31}} + S^2_{e_{32}} + S^2_{e_{34}} + S^2_{e_{35}}\,\big] - \frac{1}{3}(S^2_{e_{15}} + S^2_{e_{14}} + S^2_{e_{12}} + S^2_{e_{25}} + S^2_{e_{24}} + S^2_{e_{45}})\,\big] \\[2mm]
S^2_{V_{04r}} = \frac{1}{4}\big[\,S^2_{e_{41}} + S^2_{e_{42}} + S^2_{e_{43}} + S^2_{e_{45}}\,\big] - \frac{1}{3}(S^2_{e_{15}} + S^2_{e_{13}} + S^2_{e_{25}} + S^2_{e_{23}} + S^2_{e_{23}} + S^2_{e_{35}})\,\big] \\[2mm]
S^2_{V_{52r}} = \frac{1}{4}\big[\,S^2_{e_{51}} + S^2_{e_{52}} + S^2_{e_{53}} + S^2_{e_{54}}\,\big] - \frac{1}{3}(S^2_{e_{14}} + S^2_{e_{13}} + S^2_{e_{12}} + S^2_{e_{24}} + S^2_{e_{23}} + S^2_{e_{34}})\,\big]
\end{cases}
$$

利用四台雷达,即 $m=4$ 时,各台雷达测量初速随机误差的方差分别为

$$
\begin{cases}
S^2_{V_{01r}} = \frac{1}{3}\big[\,S^2_{e_{12}} + S^2_{e_{13}} + S^2_{e_{14}} - \frac{1}{2}(S^2_{e_{23}} + S^2_{e_{24}} + S^2_{e_{34}})\,\big] \\[2mm]
S^2_{V_{02r}} = \frac{1}{3}\big[\,S^2_{e_{12}} + S^2_{e_{23}} + S^2_{e_{24}} - \frac{1}{2}(S^2_{e_{13}} + S^2_{e_{14}} + S^2_{e_{34}})\,\big] \\[2mm]
S^2_{V_{03r}} = \frac{1}{3}\big[\,S^2_{e_{13}} + S^2_{e_{23}} + S^2_{e_{34}} - \frac{1}{2}(S^2_{e_{12}} + S^2_{e_{14}} + S^2_{e_{24}})\,\big] \\[2mm]
S^2_{V_{04r}} = \frac{1}{3}\big[\,S^2_{e_{14}} + S^2_{e_{24}} + S^2_{e_{34}} - \frac{1}{2}(S^2_{e_{12}} + S^2_{e_{13}} + S^2_{e_{23}})\,\big]
\end{cases}
$$

利用三台雷达,即 $m=3$ 时,各台雷达测量初速随机误差的方差分别为

$$
\begin{cases}
S^2_{V_{01r}} = \frac{1}{2}(S^2_{e_{12}} + S^2_{e_{13}} - S^2_{e_{23}}) \\[2mm]
S^2_{V_{02r}} = \frac{1}{2}(S^2_{e_{12}} + S^2_{e_{23}} - S^2_{e_{13}}) \\[2mm]
S^2_{V_{03r}} = \frac{1}{2}(S^2_{e_{13}} + S^2_{e_{23}} - S^2_{e_{12}})
\end{cases}
$$

利用二台雷达,即 $m=2$ 时,各台雷达测量初速随机误差的方差分别为

$$
\begin{cases}
S^2_{V_{01r}} = \frac{1}{2}(S^2_{e_{12}} + S^2_{V_{01}} - S^2_{V_{02}}) \\[2mm]
S^2_{V_{02}} = \frac{1}{2}(S^2_{e_{12}} + S^2_{V_{02}} - S^2_{V_{01}})
\end{cases}
$$

式中

$$\begin{cases} S_{V_{0j}}^2 = \dfrac{1}{N-1} \sum_{i=1}^{N} (V_{oji} - \bar{V}_{0j})^2 \\ \bar{V}_{0j} = \dfrac{1}{N} \sum_{i=1}^{N} V_{0ji} \end{cases}$$

这里需指出,变差方法计算各雷达的随机误差时,各雷达的随机误差互相之间有一定的影响。如果其中有一台雷达误差较大,它会使别的雷达计算结果的精度都有所下降。补救的办法是剔出误差较大的雷达采用其他方法计算。另外,要保证计算结果准确可信,必需使样本量达到30~50。

2. 测速雷达系统误差估计方法

1) 雷达系统误差的相对比较标准

为了得到被试雷达的系统误差,必须找到一种测速系统误差很小或"没有系统误差"的设备作比较标准。测速系统误差很小的设备是存在的,但绝对没有系统误差的设备则难以找到。统计意义上系统误差为0的设备却是有的。

例如,GD-79 型天幕靶测速仪在对 X155 自行火炮进行测速试验获得:随机误差 $S_{v_0} = 0.1929\text{m/s}$,系统误差 $\Delta \bar{V}_0 = -0.05392\text{m/s}$,样本 $N = 16$。这能否认为该测速仪的系统误差是 0,即检验统计假设 $H_0 : \Delta V_0 = 0$。

给出显著水平 $\alpha = 5\%$,查 $N-1 = 15$ 自由度 t-分布表得 $t_{0.05} = 2.131$。而统计量 $t = \sqrt{N}\Delta \bar{V}_0 / S_{V_{0r}} = \sqrt{16} \times 0.05392 / 0.1929 = 1.118 |t| < t_{0.05}$。故以95%的置信概率接受假设 $H_0 : \Delta V_0 = 0$,即认为该测速仪没有系统误差。但是用 $N = 16$ 的样本得到的系统误差并不是 0。这可以理解为系统误差很小,是统计意义上的"0";另外样本量小,受随机误差影响也可使系统误差不为0。

这样,我们可以用 GD-79 型天幕靶测速仪作相对比较标准,来求其他雷达的系统误差。

2) 用多台雷达综合处理结果作相对比较标准

在雷达测速系统误差比较小的情况下,用多台雷达综合处理获得的最佳估计作相对比较标准(即比较标准比被试对象精度高 2~3 倍)是工程技术中经常采用的方案。例如,鉴定 M 型测速雷达时,曾用四台 640 雷达的平均值作相对比较标准。在一次雷达国际演示试验中,曾以丹麦威伯尔公司的 W-1000 雷达作相对比较标准。

3) 测速系统误差解法

设两台雷达同时测量弹丸初速,则初速之差为

$$\Delta V_{0i} = V_{0i} - \widetilde{V}_{0i}, i = 1, 2, \cdots, N$$

式中:V_{0i} 为被试雷达测量的初速;$\widetilde{V}_{0i}$ 为比较标准测量的初速。

当试验次数很多时,有

$$\Delta \overline{V}_0 = \frac{1}{N} \sum_{i=1}^{N} \Delta V_{0i} = \frac{1}{N} \sum_{i=1}^{N} (b_2 + \varepsilon_{2i} - b_1 - \varepsilon_{1i})$$

式中:b_1、b_2 分别为比较标准和被试雷达的系统误差;ε_{1i}、ε_{2i} 分别为比较标准和被试雷达的随机误差。

当 $N \to \infty$ 时,$\Delta \overline{V}_0 = b_2 - b_1 = b$。

如果比较标准的系统误差 b_1 很小,则 $\Delta \overline{V}_0 = b$ 就是被试雷达的系统误差。

由于试验次数不可能无穷多,两台雷达的随机误差都会影响系统误差的精度。其表达式为

$$\sigma_{\Delta V_0} = \sqrt{(\sigma_{V_{01}}^2 + \sigma_{V_{02}}^2)/N}$$

增加试验发数 N,会提高 $\Delta \overline{V}_0 = b = b_2 - b_1$ 的精度。但当试验次数达到一定数量后(如 $N = 30$),再增加试验次数对精度的提高已不显著了,因此取 $N = 30$ 左右即可。

3. 加权平均方法

在计算各台雷达的初速随机误差的基础上,可以利用加权平均方法计算初速的最佳估计 $\hat{V}_{0i}$。此估计综合利用了多台雷达的测速数据。计算公式如下:

$$\hat{V} = \sum_{j=1}^{m} p_j V_{0ji}$$

式中

$$p_j = \sigma_{V_{0j}}^{-2} P$$

最佳估计 $\hat{V}_{0i}$ 的精度为

$$\sigma_{V_{0i}}^2 = 1 / \sum_{j=1}^{m} \sigma_{V_{0i}}^{-2} = P$$

设各台雷达测速精度相同,当有四台雷达同时测量时,则 $\sigma_{\hat{V}_{0i}} = 0.5 \sigma_{V_{0ji}}$。测速精度提高一倍。可见综合利用多台雷达测速数据对提高精度的作用是明显的。

既然采用多台雷达的加权平均值的精度较高（高于其中精度最高的设备），那么我们就可以用它来作相对比较标准。精度较高的设备其权也较大，其在加权平均中影响就大。而精度较低的设备其权也较小，其在加权平均中的影响也小。因此不用担心精度低的设备会影响精度高的设备。

4. 关于精度测试结果的统计结论

至此，我们得到了被试雷达的随机误差和系统误差测试计算方法。将所得结果合成得到测速总误差：

$$\sigma_{V_0} = \sqrt{\Delta \hat{V}_0^2 + \sigma_{V0r}^2}$$

相对误差为 $\sigma_{V_0} / \overline{V}_0$。

假定被试雷达精度指标为 $e = 0.15\%$。如果比较标准的测速精度为 $n = 0.05\%$，二者比较，后者不可忽略。这样，就要求被试雷达精度保持在？$(e-n)$ 之内才算合格。即应在精度测试结果中扣除比较标准所产生的误差。这就是 $(e-n)$ 准则。根据 $(e-n)$ 准则，对被试雷达精度性能评定方法如下：

（1）当 $\sigma_{V_0} / \overline{V}_0 \leqslant (0.15-0.05)\%$ 时，判定被试雷达精度满足指标 0.15%。

（2）当 $(0.15-0.05)\% < \sigma_{V_0} / \overline{V}_0 < (0.15+0.05)\%$ 时，上述结论便因说明不了问题而失效，这种情况下，不能对被试雷达的精度是否达到指标做出结论。

（3）当 $\sigma_{V_0} / \overline{V}_0 > (0.15+0.05)\%$ 时，判定被试雷达精度不满足 0.15% 精度指标。

10.3 M 型雷达和 H 型雷达精度测试数据分析

1. 通过对 152 加农榴弹炮测速数据分析雷达精度

M 型雷达在进行鉴定试验时，获得了一些测速数据。我们进行精度分析如下。

1）四台雷达对 152 加农榴弹炮测量的初速数据

表 10-1 中为四台雷达对 152 加农榴弹炮测速数据，共 29 发弹。表 10-1 中：V_{01} 为 M 型雷达（1#）对 152 加农榴弹炮测量的初速；V_{02} 为 M 型雷达（2#）对 152 加农榴弹炮测量的初速；V_{03} 为 640A 雷达（1#）对 152 加农榴弹炮测量的初

速;V_{04}为640A 雷达(2#)对152加农榴弹炮测量的初速;$\hat{V}_0$为多台雷达对152加农榴弹炮测量初速加权平均值。

四台雷达的权系数分别为

$$p_1 = 0.2283, p_2 = 0.4297, p_3 = 0.2097, p_4 = 0.1322$$

四台雷达对152加农榴弹炮初速加权平均值的精度为

$$\sigma_{\hat{V}_0} = 0.2898 \text{m/s}$$

四台雷达对152加农榴弹炮初速加权平均值的相对误差为

$$\sigma_{\hat{V}_0/V_0} = 4.4070 \times 10^{-4}$$

表 10-1　四台雷达对 152 加农榴弹炮的测速数据

序号	V_{01}	V_{02}	V_{03}	V_{04}	$\hat{V}_0$
1	655.2	655.2	655.0	654.5	655.1
2	661.5	661.0	661.0	660.4	660.9
3	659.6	659.6	658.8	658.2	659.2
4	660.0	660.2	659.4	658.8	659.8
5	656.0	655.9	655.8	655.0	655.8
6	660.0	660.1	659.6	659.3	659.9
7	659.8	659.2	654.7	655.0	657.8
8	659.3	659.6	659.5	658.8	659.4
9	655.3	655.3	655.0	654.4	655.1
10	661.3	661.1	660.7	660.1	661.0
11	656.8	656.6	656.3	656.0	656.5
12	661.6	661.3	661.5	660.6	661.3
13	654.9	654.8	654.6	654.0	654.7
14	659.1	658.7	658.4	658.8	658.7
15	655.2	655.3	654.8	654.2	655.0
16	660.5	660.4	660.6	659.9	660.4
17	656.2	656.2	656.2	655.5	656.1
18	658.4	658.3	658.3	657.3	658.2
19	652.4	652.3	652.5	652.0	652.3
20	660.3	660.2	660.2	659.1	660.1
21	653.8	653.7	653.8	653.4	653.7
22	657.6	657.9	657.6	657.0	657.5

序号	V_{01}	V_{02}	V_{03}	V_{04}	$\hat{V}_0$
23	655.2	655.0	654.7	654.2	654.9
24	658.7	658.6	658.2	657.5	658.4
25	659.3	659.2	659.0	658.4	659.1
26	661.5	660.7	661.2	660.2	660.9
27	653.3	653.2	653.6	653.0	653.3
28	654.9	654.9	655.1	654.5	654.9
29	654.9	654.8	655.1	654.5	654.9

四台雷达对 152 加农榴弹炮初速的精度见表 10-2。

表 10-2　四台雷达对 152 加农榴弹炮初速测量精度

序号	雷达型号	ΔV_0	$\sigma_{V_{0r}}$	σ_{V_0}	σ_{V_0}/V_0
1	M 型雷达(1#)	0.2482	0.5534	0.6065	9.2219×10^{-4}
2	M 型雷达(2#)	0.1516	0.4153	0.4421	6.7240×10^{-4}
3	640 雷达(1#)	-0.1311	0.6192	0.6329	9.6295×10^{-4}
4	640 雷达(2#)	-0.7138	0.3545	0.7970	1.2136×10^{-3}

2) 雷达测速精度分析

测速雷达精度评定：

评定标准为

$$\begin{cases} (e-n)=(0.15-0.044)\%=0.106\% \\ (e+n)=(0.15+0.044)\%=0.194\% \end{cases}$$

（1）M 型雷达(1#)：

$$\sigma_{V_0}/V_0=0.092\%,\sigma_{V_0}/\sigma_0<0.106\%$$

判定 M 型雷达(1#)精度满足 0.15%指标要求。

（2）M 型雷达(2#)：

$$\sigma_{V_0}/V_0=0.067\%,\sigma_{V_0}/V_0\leqslant0.106\%$$

判定 M 型雷达(2#)精度满足 0.15%指标要求。

（3）640 雷达(1#)：

$$\sigma_{V_0}/V_0=0.096\%,\ \sigma_{V_0}/V_0\leqslant0.106\%$$

判定 640 雷达(1#)精度满足 0.15%指标要求。

（4）640 雷达(2#)：

$$\sigma_{V_0}/V_0 = 0.121\%, (e - n)\% = 0.106\% < \sigma_{V_0}/V_0 < (e + n)\% = 0.194\%$$

640 雷达(2#)精度范围处在上述区间之内,不宜做出是否满足 0.15% 指标要求的结论。

2. 通过对 60mm 迫击炮测速数据分析雷达精度

M 型雷达在进行鉴定试验时,获得了一些对 60mm 迫击炮测速数据。精度分析如下。

1）三台雷达对 60mm 迫击炮测量的初速数据

表 10-3 中为三台雷达对 60mm 迫击炮测速数据,共 20 发弹。

表 10-3　雷达对 60mm 迫击炮的测速数据

序号	V_{01}	V_{02}	V_{03}	$\hat{V}_0$
1	65.3	65.5	65.5	65.4
2	64.4	64.7	64.6	64.5
3	66.2	66.2	66.9	66.3
4	64.0	63.8	63.9	64.0
5	64.5	64.3	64.9	64.5
6	64.0	63.8	64.0	64.0
7	64.4	64.4	64.8	64.4
8	64.7	65.2	64.7	64.8
9	65.2	65.2	65.7	65.2
10	64.7	64.0	64.6	64.6
11	64.8	64.9	65.2	64.9
12	65.4	65.2	65.8	65.4
13	65.5	65.7	65.8	65.6
14	66.8	66.7	67.1	66.8
15	65.0	64.8	65.2	65.0
16	65.6	65.6	65.6	65.6
17	65.7	65.6	66.1	65.7
18	64.8	64.7	64.8	64.8
19	64.4	64.4	64.3	64.4
20	65.0	65.1	65.6	65.1

表 10-3 中：V_{01} 为 M 型雷达(1#)对 60mm 迫击炮测量的初速；V_{02} 为 640 雷达(1#)对 60mm 迫击炮测量的初速；V_{03} 为 640 雷达(2#)对 60mm 迫击炮测量的初速；$\hat{V}$ 为多台雷达对 60mm 迫击炮测量初速加权平均值。

三台雷达的权系数分别为

$$p_1 = 0.7354, p_2 = 0.1729, p_3 = 0.0917$$

三台雷达的测速精度见表 10-4。

表 10-4　三台雷达对 60mm 迫击炮初速测量精度

序号	雷达型号	ΔV_0	$\sigma_{V_{0r}}$	σ_{V_0}
1	M 型雷达	−0.01637	0.1078	0.1091
2	640 雷达(1#)	−0.04637	0.2202	0.2250
3	640 雷达(2#)	0.2186	0.2182	0.3089

2) 雷达测速精度分析

三台雷达对 60 毫米迫击炮初速加权平均值的精度为

$$\sigma_{\hat{V}_0} = 0.09352\text{m/s}$$

测速雷达精度评定：

评定标准：由于在低速挡，允许指标降低为 $e = 0.3$m/s。
于是

$$\begin{cases} (e - n) = (0.3 - 0.09) = 0.21 \\ (e + n) = (0.3 + 0.09) = 0.39 \end{cases}$$

（1）M 型测速雷达：

$$\sigma_{V_0} = 0.11\text{m/s}, \ \sigma_{V_0} < 0.21\text{m/s}$$

判定 M 型雷达精度满足 0.3m/s 指标要求。

（2）640 雷达(1#)：

$$\sigma_{V_0} = 0.225\text{m/s}, (e - n) = 0.21\text{m/s} < \sigma_{V_0} < (e + n) = 0.39\text{m/s}.$$

640 雷达(1#)精度范围处在上述区间之内，不宜做出是否满足 0.3m/s 指标要求的结论。

（3）640 雷达(2#)：

$$\sigma_{V_0} = 0.3089\text{m/s}, (e - n) = 0.21\text{m/s} < \sigma_{V_0} < (e + n) = 0.39\text{m/s}$$

640 雷达(2#)精度范围处在上述区间之内，不宜做出是否满足 0.3m/s 指标要求的结论。

10.4　通过对某型舰炮测速数据分析雷达精度

H 型雷达在进行鉴定试验时，获得了一些对某舰炮的测速数据，现对其进行精度分析。

1. 四台雷达对某舰炮测量的初速数据

表 10-5 中为四台雷达对某舰炮测速数据,共 37 发弹。

表 10-5 中: V_{01} 为 H 型雷达(1#)对某舰炮测量的初速; V_{02} 为 H 型雷达(2#) 对某舰炮测量的初速; V_{03} 为 640 雷达(1#)对某舰炮测量的初速; V_{04} 为 640 雷达 (2#)对某舰炮测量的初速; $\hat{V}_0$ 为多台雷达对某舰炮测量初速加权平均值。

表 10-5　雷达对某舰炮的测速数据

序号	V_{01}	V_{02}	V_{03}	V_{04}	$\hat{V}_0$
1	855.28	856.11	857.40	858.18	856.51
2	858.80	861.18	859.61	860.58	860.14
3	870.59	870.32	870.55	870.85	870.52
4	865.38	866.17	865.81	866.76	865.99
5	864.91	864.51	865.21	865.89	864.99
6	867.37	865.71	867.33	864.44	866.28
7	860.00	860.78	860.85	860.50	860.55
8	863.77	863.11	863.67	864.29	863.59
9	865.98	864.88	865.06	866.06	865.39
10	866.60	867.39	867.39	867.93	867.27
11	864.53	865.86	866.24	866.20	865.65
12	857.83	857.11	858.65	858.53	857.85
13	865.41	864.64	864.47	865.65	864.97
14	854.53	855.87	855.41	855.54	855.37
15	857.46	858.26	855.18	856.71	857.14
16	856.96	858.49	858.59	859.01	858.20
17	862.88	862.06	862.26	863.39	862.53
18	864.59	864.28	863.65	863.98	864.18
19	865.33	864.55	867.41	865.48	865.51
20	863.39	863.95	864.95	864.76	864.15
21	853.43	853.69	852.23	852.01	853.04
22	856.36	856.71	855.98	855.06	856.20
23	860.54	860.62	861.71	859.36	860.63
24	859.02	859.22	860.10	859.33	859.37

序号	V_{01}	V_{02}	V_{03}	V_{04}	$\hat{V}_0$
25	862.46	862.61	863.65	861.28	862.58
26	865.06	865.01	865.31	865.52	865.17
27	862.34	862.86	865.08	864.99	863.54
28	854.93	855.19	856.11	855.29	855.33
29	861.40	861.55	863.30	862.15	861.98
30	861.91	862.26	864.08	864.64	862.94
31	865.76	866.33	867.11	867.73	866.58
32	868.60	868.83	868.37	968.82	868.67
33	853.37	853.60	853.38	854.88	853.70
34	864.90	864.88	866.86	867.12	865.67
35	866.30	866.04	868.29	867.98	866.90
36	865.29	865.34	866.22	867.81	865.92
37	868.72	868.44	868.69	869.09	868.67

表 10-6 为四台雷达的测速精度计算结果。

四台雷达的权系数分别为

$$p_1 = 0.2572, p_2 = 0.3678, p_3 = 0.2126, p_4 = 0.1624$$

表 10-6　四台雷达对某舰炮初速测量精度

序号	雷达型号	ΔV_0	$\sigma_{V_{0r}}$	σ_{V_0}	σ_{V_0}/V_0
1	H 型雷达(1#)	−0.3161	0.7391	0.8038	9.3230
2	H 型雷达(2#)	−0.1424	0.6569	0.6722	7.7943
3	640 雷达(1#)	0.3374	0.8173	0.8842	1.0247
4	640 雷达(2#)	0.3814	1.0116	0.7970	1.1723

2. 雷达测速精度分析

四台雷达对某舰炮初速加权平均值的精度为

$$\sigma_{\hat{V}_0} = 0.4077 \mathrm{m/s}$$

四台雷达对某舰炮初速加权平均值的相对误差为

$$\sigma_{\hat{V}_0} = 4.7281 \times 10^{-4}$$

测速雷达精度评定：

评定标准为

$$\begin{cases} (e-n) = (0.15 - 0.047)\% = 0.103\% \\ (e+n) = (0.15 + 0.047)\% = 0.197\% \end{cases}$$

（1）H 型雷达（1#）：

$$\sigma_{V_0}/V_0 = 0.093\%, \sigma_{V_0}/V_0 < 0.103\%$$

判定 H 型雷达（1#）精度满足 0.15% 精度指标要求。

（2）H 型雷达（2#）：

$$\sigma_{V_0}/V_0 = 0.078\%, \sigma_{V_0}/V_0 \leqslant 0.103\%$$

判定 H/CS-2（2#）雷达精度满足 0.15% 指标要求。

（3）640 雷达（1#）：

$$\sigma_{V_0}/V_0 = 0.0102\%, 其误差为 \sqrt{\sigma_{V_0}^2 + \sigma_{V_{0r}}^2}/\sqrt{N}/\overline{V}_0 = 0.017\%$$

则

$$\sigma_{V_0}/V_0 \leqslant 0.103\%$$

判定 640 雷达（1#）精度满足 0.15% 指标要求。

（4）640（2#）雷（2#）：

$$\sigma_{V_0}/V_0 = 0.117\%, 其误差为 \sqrt{\sigma_{V_0}^2 + \sigma_{V_{0r}}^2}/\sqrt{N}/\overline{V}_0 = 0.019\%$$

$$(e-n)\% = 0.103\% < \sigma_{V_0}/V_0 < (e+n)\% = 0.197\%$$

640 雷达（2#）精度范围处在上述区间之内，不宜做出是否满足 0.15% 指标要求的结论。

10.5 通过对火炮测速雷达国际演示试验数据分析雷达精度

在一次中国、丹麦、澳大利亚和南非四国有关测速雷达参加的实弹测速演示试验中，有 5 种型号的火炮参加试验，共发射炮弹 31 发。各国测速雷达型号见表 10-7。

表 10-7　各国测速雷达型号

雷达型号	国　名	备注
CTI-2	中国	即 M 型雷达，被试雷达
W-1000	丹麦	作为比较标准
MVRS-700		被试雷达
MVA-201	澳大利亚	被试雷达
MVS-470	南非	被试雷达

各雷达测量初速数据见表 10-8。

表 10-8　各型雷达测量的初速数据表

序号	V_{01}	V_{02}	V_{03}	V_{04}	V_{05}
1	369.7	377.6	377.6	377.6	377.6
2	369.7	377.3	377.2	377.3	377.3
3	360.6	368.0	368.0	368.0	368.0
4	369.2	376.7	376.6	376.6	376.6
5	366.6	374.1	374.0	374.0	374.0
6	369.7	377.4	377.3	377.4	377.4
7	477.2	453.9	453.8	453.9	453.8
8	—	451.0	450.8	451.1	451.0
9	—	475.2	457.1	475.3	475.1
10	468.7	476.0	475.9	475.9	476.0
11	466.0	472.8	472.8	472.8	472.9
12	467.6	474.2	474.1	474.2	474.1
13	522.5	527.9	528.4	529.1	528.0
14	514.0	519.8	527.5	—	519.7
15	522.0	527.5	527.5	—	527.5
16	371.1	375.0	374.9	—	—
17	370.0	373.8	373.6	373.7	373.7
18	372.7	376.5	376.6	376.5	376.5
19	373.6	377.5	376.0	377.5	377.5
20	375.7	379.7	378.2	379.7	379.7
21	378.2	382.0	380.6	382.1	382.0
22	378.2	381.9	380.4	382.0	381.9
23	374.5	376.5	376.6	376.3	376.3
24	—	380.2	380.2	380.0	380.0
25	—	479.1	378.9	479.0	478.9
26	421.2	424.6	424.5	424.4	424.5
27	419.7	425.2	425.0	425.1	425.1
28	420.6	424.5	424.3	424.4	424.4
29	414.2	418.5	418.5	418.4	418.4
30	414.7	419.1	419.0	418.9	419.1
31	414.1	418.7	418.6	418.5	418.6

表 10-8 中:V_{01} 为 MVA-201 雷达测量的初速;V_{02} 为 CTI-2 雷达测量的初速;V_{03} 为 MVS-470 雷达测量的初速;V_{04} 为 MVRS-700 雷达测量的初速;V_{05} 为 W-1000 雷达测量的初速。

1. 采用比较法分析各雷达测速精度

当以丹麦 W-1000 雷达作比较标准时,按以下公式计算各雷达的测速精度:

$$
\begin{cases}
\Delta \overline{V_0} = \sum_{i=1}^{N} (V_{0i} - \widetilde{V}_{0i})/N \\
\sigma_{V_{0r}}^2 = \sum_{i=1}^{N} (\Delta V_{0i} - \Delta \overline{V})^2/(N-1) \\
\sigma_{V_0} = (\Delta \overline{V_0}^2 + \sigma_{V_{0r}}^2)^{1/2}
\end{cases}
$$

式中:$\widetilde{V}_{0i}$ 为比较标准 W-1000 雷达的初速测量值;V_{0i} 为被鉴定雷达的初速测量值;$N=31$ 为测量的发数;$i=1,2,\cdots,N$ 为测速值序号。V_{05} 为 W-1000 雷达测量的初速;$\Delta \overline{V}_0$ 为多台雷达对初速的加权平均值。

对四种雷达测速数据计算结果见表 10-9。

表 10-9　四种雷达精度测试结果

雷达型号	MVA-201	CTI-2	MVS-470	MVRS-700
$\Delta \overline{V}_0$	−4.2074	0.05484	0.06129	0.04643
$\sigma_{V_{0r}}$	5.7751	0.08099	1.5261	0.2219
σ_{V_0}	7.1452	0.09781	1.5274	0.2267

对上述计算结果有两点值得商榷:其一,W-1000 雷达的测速精度能否作为比较标准。由于缺少 W-1000 雷达的有关技术资料。其二,上述计算结果是对各雷达测量的原始数据直接处理的结果,并未经过去粗取精去伪存真的工作,即未进行数据合理性检验。虽然 CTI-2 雷达获得了全部高质量数据,而其他雷达尚有未测到的数据。W-1000 雷达本身也有一发弹未测到数据。有的雷达所测数据还包含少数野值(异常数据)。如果在精度计算时不剔除这些数据,对该雷达是不公正的。当然在评定雷达综合性能时要考虑这些因素。

2. 采用变差方法和加权平均法分析雷达测速精度

采用变差方法和加权平均法,将能计算包括 W-1000 雷达在内的所有雷达的测速精度。

  雷达国际演示时测量的初速数据见表 10-10。表中所列为国际演示的 5 种雷达对 8 种火炮测量的数据。因为 MVA-201 雷达有 4 发未测到数据，MVRS-700 有 3 发弹未测到数据，W-1000 雷达也有 1 发弹未测到初速。因此只能使用各参试雷达共有的 24 发弹的初速数据参加精度评定。

表 10-10 各型雷达测量的初速数据表

序号	V_{01}	V_{02}	V_{03}	V_{04}	V_{05}
1	369.7	377.6	377.6	377.6	377.6
2	369.7	377.3	377.2	377.3	377.3
3	360.6	368.0	368.0	368.0	368.0
4	369.2	376.7	376.6	376.6	376.6
5	366.6	374.1	374.0	374.0	374.0
6	369.7	377.4	377.3	377.4	377.4
7	477.2	453.9	453.8	453.9	453.8
8	468.7	476.0	475.9	475.9	476.0
9	466.0	472.8	472.8	472.8	472.9
10	467.6	474.2	474.1	474.2	474.1
11	522.5	527.9	528.4	529.1	528.0
12	370.0	373.8	373.6	373.7	373.7
13	372.7	376.5	376.6	376.5	376.5
14	373.6	377.5	376.0	377.5	377.5
15	375.7	379.7	378.2	379.7	379.7
16	378.2	382.0	380.6	382.1	382.0
17	378.2	381.9	380.4	382.0	381.9
18	374.5	376.5	376.6	376.3	376.3
19	421.2	424.6	424.5	424.4	424.5
20	419.7	425.2	425.0	425.1	425.1
21	420.6	424.5	424.3	424.4	424.4
22	414.2	418.5	418.5	418.4	418.4
23	414.7	419.1	419.0	418.9	419.1
24	414.1	418.7	418.6	418.5	418.6

  表 10-10 中：V_{01} 为 MVA-201 雷达测量的初速；V_{02} 为 CTI-2 雷达测量的初速；V_{03} 为 MVS-470 雷达测量的初速；V_{04} 为 MVRS-700 雷达测量的初速。V_{05} 为

W-1000 雷达测量的初速。

5 种雷达测速精度计算结果见表 10-11。

5 种雷达加权平均值的测速精度为。

$$\sigma_{\hat{V}_0}/\hat{V}_0 = 2.6783 \times 10^{-4}$$

式中：$\hat{V}_0$ 为多台雷达对初速的加权平均值。

5 台雷达的权系数分别为

$$p_1 = 3.218 \times 10^{-4}, p_2 = 0.2958, p_3 = 0.0346, p_4 = 0.3332, P_5 = 0.3360$$

表 10-11   国际演示的 5 种雷达的初速测量精度

序号	雷达型号	ΔV_0	$\sigma_{V_{0r}}$	σ_{V_0}	σ_{V_0}/V_0
1	MVA-201	−4.1193	6.1176	7.3575	1.818×10^{-2}
2	CTI-2	0.02654	0.2017	0.2035	4.9664×10^{-4}
3	MVS-470	−0.2568	0.5900	0.6435	1.5714×10^{-3}
4	MVRS-700	0.02236	0.1910	0.1914	4.6714×10^{-4}
5	W-1000	−0.01513	0.1893	0.1899	4.6352×10^{-4}

上述结果大体上可以说明问题。但由于在计算随机误差的变差运算中低精度雷达数据的影响，使高精度雷达误差偏大。因此需要剔除雷达数据中的野值，对精度彼此接近的雷达进行更精细的计算。

3. 对精度相近雷达的精度分析

表 10-12 中给出了四种雷达的数据。其中 MVS-470 雷达剔除了 5 个野值，MVRS-700 雷达有 1 个野值和 3 发未测到数据，W-1000 雷达有 1 发未测到。因此只有 23 发弹的数据参加精度评定。

表 10-12   国际演示的四种雷达测速数数

序号	V_{01}	V_{02}	V_{03}	V_{04}	$\hat{V}_0$
1	377.6	377.6	377.6	377.6	377.6
2	377.3	377.2	377.3	377.3	377.3
3	368.0	368.0	368.0	368.0	368.0
4	376.7	376.6	376.6	376.6	376.6
5	374.1	374.0	374.0	374.0	374.0
6	377.4	377.3	377.4	377.4	377.4
7	453.9	453.8	453.9	453.8	453.8

序号	V_{01}	V_{02}	V_{03}	V_{04}	$\hat{V}_0$
8	451.0	450.8	451.1	451.0	451.0
9	457.2	457.1	457.3	457.1	457.2
10	476.0	475.9	475.9	476.0	476.0
11	472.8	472.8	472.8	472.9	472.9
12	474.2	471.1	474.2	474.1	474.1
13	373.8	373.6	373.7	373.7	373.7
14	376.5	376.6	376.5	376.5	376.5
15	376.5	376.6	376.3	376.3	376.4
16	380.2	380.2	380.0	380.0	380.1
17	379.1	378.9	379.0	378.9	379.0
18	424.6	424.5	424.4	424.5	424.5
19	425.2	425.0	425.1	425.1	425.1
20	424.5	424.3	424.4	424.4	424.4
21	418.5	418.5	418.4	418.4	418.4
22	419.1	419.0	418.9	419.1	419.1
23	418.7	418.6	418.5	418.6	418.6

表 10-12 中：V_{01} 为 CTI-2 雷达测量的初速；V_{02} 为 MVS-470 雷达测量的初速；V_{03} 为 MVRS-700 雷达测量的初速；V_{04} 为 W-1000 雷达测量的初速；$\hat{V}_0$ 为多台雷达对初速的加权平均值。

4 台雷达的权系数分别为

$$p_1 = 0.3492, p_2 = 0.0047, p_3 = 0.1156, p_4 = 0.5305$$

4 种雷达精度计算结果见表 10-13。

表 10-13　国际演示的 4 种雷达的初速测量精度

序号	雷达型号	ΔV_0	$\sigma_{V_{0r}}$	σ_{V_0}	σ_{V_0}/V_0
1	CTI-2	0.04598	0.07439	0.08745	2.1279×10^{-4}
2	MVS-470	-0.1671	0.6396	0.6610	1.6092×10^{-3}
3	MVRS-700	-0.02359	0.1293	0.1314	3.1986×10^{-4}
4	W-1000	-0.02359	0.06038	0.06480	1.5770×10^{-4}

雷达测速精度分析：

四台雷达对初速加权平均值的精度为

$$\sigma_{\dot{V}_0} = 0.04396\text{m/s}$$

四台雷达对初速加权平均值的相对误差为

$$\sigma_{\dot{V}_0}/V_0 = 1.0698 \times 10^{-4}$$

测速雷达精度评定：

评定标准：指标定为 0.05%，即

$$\begin{cases} (e - n) = (0.05 - 0.01)\% = 0.04\% \\ (e + n) = (0.05 + 0.01)\% = 0.06\% \end{cases}$$

（1）CTI-2 雷达：

$$\sigma_{V_0}/V_0 = 0.021\%, \sigma_{V_0}/V_0 < 0.04\%$$

判定 CTI-2 雷达精度满足 0.05% 指标要求。

（2）MVS-470 雷达：

$$\sigma_{V_0}/V_0 = 0.16\%, \sigma_{V_0}/V_0 > 0.06\%$$

判定 MVS-470 雷达精度不满足 0.05% 指标要求。

（3）MVRS-700 雷达：

$$\sigma_{V_0}/V_0 = 0.032\% \quad \sigma_{V_0}/V_0 \leqslant 0.04\%$$

判定 MVRS-700 雷达精度满足 0.05% 指标要求。

（4）W-1000 雷达：

$$V_{V_0}/V_0 = 0.016\%，其误差为 \sqrt{\sigma_{V_0}^2 + \sigma_{V_{0r}}^2}/\sqrt{n}/\overline{V}_0 = 0.0009\%$$

$$\sigma_{V_0}/V_0 < 0.04\%$$

判定 W-1000 雷达精度满足 0.05% 指标要求。

4. 对 MVA-201 雷达精度分析

MVA-201 雷达初速测量数据的随机误差和系统误差都很大，而且有 4 发弹未测到初速。当以 W-1000 雷达为比较标准时，因其也有 1 发弹未测到，因此只有 26 发弹的初速数据参加精度评定。计算结果为：测速随机误差 $\sigma_{V_{0r}} = 1.7601\text{m/s}$；测速系统误差 $\Delta V_0 = -5.3160\text{m/s}$；测速总误差 $\sigma_{V_0} = 5.5998\text{m/s}$；测速总误差的相对误差 $\sigma_{V_0}/V_0 = 1.364\%$。

10.6 通过对 X155 自行火炮测速数据分析雷达精度

1. 测速试验概况

在一次试验中，X155 雷达、NLG 雷达、640 雷达和 GD-79 水平天幕测速仪对 X155 自行火炮进行了雷达精度测试试验，获得了一些数据。现利用这些测速数据对雷达、测速仪进行精度分析。

表 10-14 中：V_{01} 为 X155 雷达（1#）测量的初速；V_{02} 为 X155 雷达（2#）测量的初速；V_{03} 为 640 雷达测量的初速；V_{04} 为 NLG 雷达测量的初速；V_{05} 为 GD-79 测速仪测量的初速；$\hat{V}_0$ 为多台测速设备对所测初速的加权平均值。

表 10-14 各型雷达测速仪测量的初速数据表

序号	V_{01}	V_{02}	V_{03}	V_{04}	V_{05}	$\hat{V}_0$
1	925.64	923.76	923.30	925.20	923.68	923.84
2	922.87	921.85	922.90	923.50	922.70	922.69
3	924.19	922.76	922.70	925.11	923.25	923.35
4	924.07	922.91	922.75	925.10	923.30	923.40
5	921.50	920.91	921.80	922.45	921.60	921.60
6	923.21	922.82	923.20	925.30	923.00	923.19
7	924.10	923.65	921.30	925.30	924.10	924.05
8	929.87	925.31	925.42	926.82	926.20	926.20
9	922.91	922.25	922.83	923.84	923.00	922.98
10	925.78	923.26	926.13	926.27	925.20	925.13
11	923.36	922.79	922.08	924.06	923.00	923.04
12	926.72	926.36	926.90	929.29	927.70	927.64
13	921.74	921.84	921.31	923.55	922.10	922.16
14	926.06	925.99	926.00	928.35	926.20	926.27
15	921.83	922.00	920.96	923.42	921.90	922.00
16	925.17	925.32	926.35	928.50	925.90	926.06

5 种雷达、测速仪精度计算结果见表 10-15。

表 10-15 五种雷达、测速仪的初速测量精度

序号	雷达型号	ΔV_0	$\sigma_{V_{0r}}$	σ_{V_0}	σ_{V_0}/V_0
1	X155 雷达（1#）	0.3392	1.1732	1.2212	1.3212×10^{-3}

序号	雷达型号	ΔV_0	$\sigma_{V_{0r}}$	σ_{V_0}	σ_{V_0}/V_0
2	X155 雷达(2#)	−0.6133	0.5074	0.7959	8.6201×10^{-4}
3	640 雷达	−0.4789	0.8637	0.9876	1.0694×10^{-3}
4	NLG 雷达	1.4042	0.5764	1.5179	1.6403×10^{-3}
5	GD−79 测速仪	−0.05392	0.1929	0.2003	2.1681×10^{-4}

加权平均值的精度为

$$\sigma_{\hat{V}_0}/\hat{V}_0 = 1.8081 \times 10^{-4}$$

五台雷达的权系数分别为

$$p_1 = 0.02342, p_2 = 0.05513, p_3 = 0.03581, p_4 = 0.01515, p_5 = 0.8705。$$

2. 雷达测速精度分析

测速雷达精度评定标准为

$$\begin{cases} (e - n) = (0.15 - 0.018)\% = 0.132\% \\ (e + n) = (0.15 + 0.018)\% = 0.17\% \end{cases}$$

（1）X155 雷达(1#)：

$$\sigma_{V_0}/V_0 = 0.132\%, \sigma_{V_0}/V_0 \leqslant 0.132\%$$

判定 X155−1#雷达精度满足 0.15%指标要求。

（2）X155 雷达(2#)：

$$\sigma_{V_0}/V_0 = 0.086\%, \sigma_{V_0}/V_0 \leqslant 0.132\%$$

判定 X155−2#雷达精度满足 0.15%指标要求。

（3）640A 雷达：

$$\sigma_{V_0}/V_0 = 0.107\%, \sigma_{V_0}/V_0 \leqslant 0.132\%$$

判定 640A 雷达精度满足 0.15%指标要求。

（4）NLG 雷达：

$$\sigma_{V_0}/V_0 = 0.164\%, (e - n)\% = 0.132\% < \sigma_{V_0}/V_0 \leqslant (e + n)\% = 0.17\%$$

NLG 雷达精度范围处在上述区间之内,不宜做出是否满足 0.15%指标要求的结论。

参 考 文 献

[1] 张金槐. 飞行器试验统计学[M]. 长沙:国防科技大学出版社,1984.

[2] 浦发,芮筱亭. 外弹道学[M]. 北京:国防工业出版社,1989.

[3] 张世英,刘智敏. 测量实践的数据处理[M]. 北京:科学出版社,1977.

[4] 徐钟济. 蒙特卡洛方法[M]. 上海:上海科学技术出版社,1985.

[5] 斯科尔尼克 M. 雷达手册[M]. 北京:国防工业出版社,1978.

[6] 蔡希尧. 雷达系统概论[M]. 北京:科学出版社 1983.

[7] 娄希宇. 雷达精度分析[M]. 北京:国防工业出版社. 1979.

[8] 谷学敏,等. 航天无线电测控技术[M]. 长沙:国防科技大学出版社,1984.

[9] 杨福生. 随机信号分析[M]. 北京:清华大学出版社,1991.

[10] 蔡季斌. 随机信号辨识[M]. 北京:北京理工大学出版社,1991.

[11] 朗 M. 陆地和海面的雷达波散射特性[M]. 北京:科学出版社 1981.

[12] 宗孔德,胡广书. 数字信号处理[M]. 北京:清华大学出版社,1988.

[13] 孙仲康. 雷达数字数据处理[M]. 长沙:国防科技大学出版社,1978.

[14] 肖明耀. 实验误差估计与数据处理[M]. 北京:科学出版社,1980.

[15] 温特切勒 E. 概率论[M]. 上海:上海科学技术出版社,1961.

[16] 周概容. 概率论与数理统计[M]. 北京:高等教育出版社,1985.

[17] 刘立生,等. 外弹道测量精度与评定[M]. 北京:国防工业出版社,2010.

[18] 杨更新,陆民. 零点型干涉仪[J]. 无线电工程,1978,3:1-11.

[19] 陆民. 脱靶量误差转换[J]. 无线电工程,1978,3:12-21.

[20] 王昌宝. 国外遭遇段参数测量和脱靶量测量技术概况[J]. 无线电工程,1979,3:1-12.

[21] 陆善民. 多站制脱靶量测量[J]. 无线电工程,1979,3:43-50.

[22] 张锦斌. 采用数据平滑(滤波)方法处理标量脱靶量[J]. 无线电工程,1983,1:10-24.

[23] 张锦斌. 双站干涉仪方向余弦几何误差修正方法[J]. 无线电工程,1984,2:14-20.

[24] 张锦斌. 无线电干涉仪多站交汇测量的一种方法[J]. 无线电工程,1989,2:73-83.

[25] 张锦斌. 火炮测速雷达随机误差的稳健估计[J]. 无线电工程,1990,1:64-69,79.

[26] 彭平,张锦斌. 低空测量雷达数据实时处理方法研究[J]. 无线电工程,1990,3:21-34.

[27] 张锦斌. 火炮测速雷达自校准方法[J]. 无线电通信技术,1991,1:41-52.

[28] 张锦斌. 火炮运动对炮载雷达测速精度的影响[J]. 无线电工程,1992,5:17-31.

[29] 张锦斌. 火炮测速雷达数据合理性检验方法[J]. 无线电通信技术,1992,2:83-93.

[30] 张锦斌. 火炮初速测量方法浅析[J]. 无线电通信技术,1993,4:23-30,55.

[31] 张锦斌. 火炮测速雷达的应用与发展[J]. 无线电工程,1994,1:9-19.

[32] 张锦斌. 飞行器相遇过程参数的数据处理方法[J]. 无线电工程,1994,4:1-18.

[33] 张锦斌. 火炮测速雷达随机误差计算方法[J]. 无线电工程,1996,4:13-22, 39.

[34] 张锦斌,黄巍. 我国连续波多普勒雷达在火炮测速中的应用[J]. 测试技术学报,1996,
    2:63-68.

226

[35] 张锦斌,船体运动对雷达测量舰炮弹丸初速的影响[J]. 无线电工程,1998,3：1-5,63-64.

[36] 张锦斌. 火炮测速雷达的最小测量点数和作用距离[J]. 无线电工程,1999,2：5-10, 42.

[37] 张锦斌,马万权,黄巍,等. 运用卡尔曼滤波理论求解测速雷达系统误差[J]. 飞行器测控学报,2000,4：80-86.

[38] 张锦斌,马万权. 用差分法处理相关性测量数据方法探讨[J]. 飞行器测控学报,2014,1：44-51.

[39] 张锦斌,马万权. 数字差分技术在测量系统中的应用[J]. 无线电工程,2015,11：64-68.